U0218973

弗赖登塔尔论数学教育科学——

除草与播种：数学教育科学的序言

［荷］汉斯·弗赖登塔尔（Hans Freudenthal）著

刘鹏飞　程晓亮　胡卓群　译

机械工业出版社

本书是已故世界著名数学家和数学教育家弗赖登塔尔的著作，被公认为全球数学教育科学的奠基之作。本书秉持数学教育应是一门科学的观点，呼吁学术界认识数学教育的本质，将教育学的研究成果与人类认知数学的特殊性相融合，建立和完善数学教育科学，提高数学教学质量。

本书主要内容包括4章，分别是：什么是科学、论教育、论教育科学、论数学教育科学。

本书有关教学设计方面的内容有很强的启发性，适合所有讲授数学内容的教师阅读，也适合研究数学教育的学者、师范类学生和数学爱好者阅读。

图书在版编目（CIP）数据

弗赖登塔尔论数学教育科学：除草与播种：数学教育科学的序言/（荷）汉斯·弗赖登塔尔（Hans Freudenthal）著；刘鹏飞，程晓亮，胡卓群译. —北京：机械工业出版社，2024. 6

书名原文：Weeding and Sowing: Preface to a Science of Mathematical Education

ISBN 978-7-111-75886-0

Ⅰ. ①弗…　Ⅱ. ①汉…　②刘…　③程…　④胡…　Ⅲ. ①数学教学-教育科学-研究　Ⅳ. ①O1-4

中国国家版本馆CIP数据核字（2024）第104946号

机械工业出版社（北京市百万庄大街22号　邮政编码100037）
策划编辑：韩效杰　　　　责任编辑：韩效杰　赵晓峰
责任校对：郑　雪　李小宝　　封面设计：王　旭
责任印制：单爱军
保定市中画美凯印刷有限公司印刷
2024年10月第1版第1次印刷
184mm×260mm · 17.25印张 · 2插页 · 212千字
标准书号：ISBN 978-7-111-75886-0
定价：89.00元

电话服务　　　　　　　　网络服务
客服电话：010-88361066　　机　工　官　网：www.cmpbook.com
　　　　　010-88379833　　机　工　官　博：weibo.com/cmp1952
　　　　　010-68326294　　金　　书　　网：www.golden-book.com
封底无防伪标均为盗版　　机工教育服务网：www.cmpedu.com

译者序

弗赖登塔尔：数学教育科学的奠基人㊀

汉斯·弗赖登塔尔（Hans Freudenthal，1905—1990）作为著名数学家，早年专注于拓扑学研究，后来又转而研究几何学与李群，且在数学教育领域给世人留下极为深刻的研究成果，成为数学教育科学的奠基人。

一、弗赖登塔尔的纯数学研究

1923年，18岁的犹太学生弗赖登塔尔进入柏林大学学习数学和物理。数学老师有霍普夫（H. Hopf）、比伯巴赫（L. Bieberbach）、施密特（E. Schmidt）、冯·诺依曼（J. von Neumann）、洛纳（K. Löwner）等，其中对弗赖登塔尔影响最深的是霍普夫与洛纳，霍普夫的影响主要在拓扑学，洛纳则在李群和直觉主义方面深刻启发了他。

1927年，两件大事改变了弗赖登塔尔此后的人生走向。其一，荷兰数学家布劳威尔（L. E. J. Brouwer）于1926年、1927年相交之际在柏林大学的演讲，使得弗赖登塔尔进一步接触了直觉主义。布劳威尔从事拓扑学研究，后期转向数学基础；前者源于他对几何学的热爱，而后者直接致使他提出直觉主义数学哲学。随后的几年里，弗赖登塔尔经常同布劳威尔探讨，布劳威尔也会将自己的研究成果与他交流；其二，1927年夏天，弗赖登塔尔赴巴黎大学学习，听了阿达玛（J. Hadamard）等人的讲座，回国后在数学学院获得助理职务，这在很大程度上拓宽了他的视野和兴趣范围，进而使他对博士论文有了初步构思。

㊀ 屈美玉，刘鹏飞，胡卓群．弗赖登塔尔：数学教育科学的奠基人［J］．自然辩证法通讯，2024，第3期．

弗赖登塔尔以拓扑学为题做博士论文，除潮流因素影响外，是因他在自己导师——年轻的数学家霍普夫，以及另一位数学教授施密特身上得到启发。事实上，施密特是最早研究和理解布劳威尔论文的人，致力于宣扬布劳威尔的学说。霍普夫第一次接受布劳威尔的理论，就是听了施密特1917年一场关于“布劳威尔证明维度不变性”的讲座。施密特在1920年前后激发许多年轻人对拓扑学的兴趣，霍普夫是其中的佼佼者。霍普夫影响了弗赖登塔尔的研究取向，此后，弗赖登塔尔对霍普夫的钦慕始终不减，二人保持多年的良好友谊。

弗赖登塔尔的博士论文，研究拓扑空间和拓扑群端点问题。在弗赖登塔尔的紧集理论中，原始空间中被紧集分割的部分仍被同一紧集分割。文章第一个目标是把这个简单的直觉观点建立在坚实基础上。此外，他还证明局部紧群有0个、1个或2个端点，其中“0个端点”仅在紧性条件下出现。

1930年，弗赖登塔尔通过博士论文答辩，答辩组由比伯巴赫担任主席。但直到1931年论文被一家期刊收录后，学位才正式授予，此前他已接受布劳威尔邀请担任助教，投奔布劳威尔并非受到直觉主义吸引。相反，完全是拓扑学兴趣驱动，尽管那时布劳威尔的主要研究兴趣已不在拓扑学上，接纳弗赖登塔尔则是出于对其直觉主义观点的欣赏。布劳威尔所在的阿姆斯特丹大学，因纽曼（M. H. A. Newman）、乌雷松（P. Urysohn）、亚历山德罗夫（P. S. Alexandrov）等数学大师先后访问、交流工作，而成为拓扑学胜地。弗赖登塔尔在这学荷兰语，并很快可熟练写作，写作风格独特。

1934年，布劳威尔创立《数学集刊》（*Compositio Mathematica*）杂志，弗赖登塔尔在布劳威尔指导下负责它的日常工作，后来逐渐转变为弗赖登塔尔自主管理。布劳威尔仅在名义上是期刊负责人，弗赖登塔尔虽不是教授，也未被列入编委名单，但大部分工作都是弗赖登塔尔做的，他是期刊事实上的主编。

在阿姆斯特丹大学，弗赖登塔尔结识同为犹太人、又同为布劳威尔助教的数学家胡列维茨（W. Hurewicz），他的同伦论研究启发弗赖登塔尔在“双角锥”上的工作，二人合作过同伦论文章。

胡列维茨将庞加莱提出的“基本群”概念从一维推广到了高维，后来又得出“在序大于或等于2的零伦空间中，同伦群完全由基本群决定”。而这个结果是后来发展起来的数学分支——同调代数的萌芽之一。1937年弗赖登塔尔引入“同纬映射”，巧妙解决了当时同伦论的计算问题：将不同维球面不同维同伦群联系起来、发现稳定同伦范畴、通过同纬映射研究同伦与同调（上同调）的关系，证明了对于 n 维球面 S^n，有

$$\pi_i(S^n,p)=\begin{cases}0,i<n\\ \mathbb{Z},i=n\end{cases}$$

这个理论为 $\pi_3(S^n,\ p)=\mathbb{Z}$ 提供了另一个非常简洁的证明，使得人们的注意力集中在球面的同伦群上。在这之后，弗赖登塔尔又在胡列维茨的基础上，得到一个更显著的结果：当 $i\leqslant 2n-2$ 时，$\pi_i(S^n)=\pi_{i+1}(S^{n+1})$ （忽略基点）。或可以写成：当 $d\leqslant n-2$ 时，令 $i=n+d$，则有 $\pi_{n+d}(S^n)=\pi_{n+d+1}(S^{n+1})$。这个结果表达了同伦群的某种稳定性：当一个球面的维数超过某个固定值，它的同伦群保持不变。因此，我们完全可以说，同伦论实际上是弗赖登塔尔和胡列维茨共同创造和发展的。很久以后，人们又发现了更多相似类型的稳定性结果。到了 50 年代，人们又推动了这个课题的研究进展。

总地来说，在 1941 年以前，弗赖登塔尔的生活过得相当愉快。他在这段时间同苏珊娜（S. J. C. Lutter）女士结了婚，苏珊娜出身工人家庭，但她的家庭却很开明地允许她接受了良好的教育。她不是犹太人，夫妇两人育有四个孩子。几年后，德国占领了这个国家，《数学集刊》被迫停办，弗赖登塔尔也于 1941 年被停职，不得不过上了颠沛流离的生活。此时，弗赖登塔尔的数学研究已扩展到殆周期函数、李群、代数拓扑、泛函分析和直觉主义等领域。他的名字很快为国际数学界所熟知。

纳粹上台大肆迫害犹太人时，弗赖登塔尔正在荷兰从事研究工作。迫于纳粹政治压力，许多犹太科学家不得不离开欧洲，前往美国等地，胡列维茨就是其中之一，但弗赖登塔尔却选择留在荷兰，战争没能阻挡他对数学的热情。他不定期与霍普夫通信，还在战乱期间写了两篇和霍普夫有关的论文："关于离散空间和群的端点""基本群对贝蒂群的影响"。战争期间，他创作了一些不错的文学作品，还获得过一次为被迫停学的犹太学生教授数学的工作，但也只做了一年。幸运的是，因为他妻子的种族，也因为她的机智周旋，使得弗赖登塔尔几次在纳粹的迫害下脱身，甚至从盖世太保监狱中死里逃生。

1945 年 5 月，弗赖登塔尔恢复在阿姆斯特丹大学的教学和研究工作。1946 年，乌得勒支州立大学理学院向他抛出橄榄枝，请他全职出任几何学教授一职。相对于在阿姆斯特丹大学评教授职位的遥遥无期，他接受了乌得勒支州立大学的邀请，并搬到乌得

勒支。

1872年克莱因（F. Klein）提出“爱尔兰根纲领”以来，几何学与其对称群间的精确联系，被作为数学研究的主题。在乌得勒支，形成一个重点研究几何学和李群的“乌得勒支学派”。在讲授多年射影几何基础上，弗赖登塔尔对该主题产生浓厚兴趣。他关注的问题之一是：李群的拓扑结构与其抽象群结构之间的关系。这个问题与“给定一个抽象的李群同构，在什么条件下它是解析的”密切相关。

例如，观察复数的任意域自同构 Φ：$\mathbb{C}\to\mathbb{C}$，通过将其应用于矩阵元素，将得到群 $SL(n, \mathbb{C})$ 的一个自同构。由于复数域存在高度不连续的自同构，因此存在 $SL(n, \mathbb{C})$ 的不连续抽象群自同构；$SL(n, \mathbb{C})$ 和 $SP(n, \mathbb{C})$ 也有类似的现象。从而，弗赖登塔尔证明了复单李群的实形式的同构必然是解析的。这个结果再一次被搁置了很长时间，直到70年代才被重新提起。

弗赖登塔尔始终对《数学集刊》念念不忘，最终在他的奔走下，期刊在20世纪50年代得以重新开办，并由他亲自担任编委。1970年，他亲自创办了另一份纯数学期刊——《几何学报》（*Geometriae Dedicata*），直到1981年他都担任主编。他在乌得勒支大学一直待到1976年退休，在乌得勒支的几十年里，除纯数学研究外，他把主要精力集中在数学教育领域，尤其是在20世纪60年代以后。

二、弗赖登塔尔的数学教育贡献

弗赖登塔尔最令世界瞩目的成就，主要是在数学教育领域。他自己描述做数学教育研究的初衷非常简单：“我一生都是做教师，之所以从很早就开始思考教育方面的问题，是为了把教师这一行做好。”他担心数学教育落后于数学的发展，开始围绕数学的历史和文化基础分析问题。弗赖登塔尔坚持认为数学问题由数学家解决，而数学教育问题则应由教育的参与者，即教育工作者和受教育者来解决，数学教育的主要问题即是教育的主要问题。这一基本观点贯穿弗赖登塔尔数学教育研究的始终。

1. 弗赖登塔尔独到的教学方法

20世纪30年代，尽管布劳威尔的研究兴趣已由拓扑学转为直觉主义，但胡列维茨和弗赖登塔尔都认为给他做助教是种荣誉，也是挑战。他们获得了“私人讲师”的职位，这个工作没有底薪，收入多少完全取决于选他们课的学生人数。二人讲授过代数场论、群论、测度论、复分析、拓扑、线性算子等课程。弗赖登塔尔工作的一个显著特点是，他强调拓扑学、代数和分析等不同学科之间的相互作用，他的同事 1975 年高度评价他："几何学家弗赖登塔尔在阿姆斯特丹教授分析，在乌得勒支教授代数。"

胡列维茨出走美国时，1937 年的阿姆斯特丹大学还有两位数学教授退休。原来教授几何和分析课程的重担，就交到弗赖登塔尔和另一位同事海廷（A. Heyting）手中。海廷负责几何和代数课程，弗赖登塔尔负责教授分析学课程。

弗赖登塔尔对传统的授课方式做出了很大的改变。第一年和第二年的课程，有些符合布尔巴基学派的精神。数的概念从自然数皮亚诺公理，发展到实数和复数范围。在处理幂级数和达朗贝尔对代数主要定理的证明中，弗赖登塔尔从不回避将数系扩充到复数域，并从一开始就使用集合语言，引入度量空间作为分析中一些基本定理的自然背景；多变量分析是在赋范（有限维）线性空间框架内进行的。弗赖登塔尔还引入微分形式，证明广义斯托克斯定理，以勒贝格积分理论结束这门为期两年的课程。

这种抽象的方法确实给学生理解造成一定困难，但也令那些年轻人们印象深刻。随后的几年，弗赖登塔尔还为学生们开设了复变量理论、微分方程（常微分方程和偏微分方程）、泛函分析（巴拿赫空间、谱定理、遍历定理、殆周期函数）等课程。课余时间，海廷和弗赖登塔尔还经常以自己感兴趣的话题为基础做演讲：海廷喜欢讲直觉主义，弗赖登塔尔喜欢讲拓扑学。

2. 弗赖登塔尔的数学教育研究

处于工业化大浪潮和一战后创伤之中的荷兰，对数学和科技越来越重视。但人们显然更注重数学的实用价值。为扭转这种根深蒂固的观念，许多数学家、数学教育家起到推动性作用。在第一次和第二次世界大战之间，人们进行数学教育和教育的广泛讨论。他们以报刊为阵地发表观点，形成百家争鸣之势。当时争辩的论题包括但不限于：数学的形成价值问题和数学史在数学教育中的推动问题；"空间的直觉和逻辑推理哪一个是几何学的基础"问题；对于当时还是数学分支的力学，究竟是将力学纳入实验物理中，还是通过公理形式力学引入数学；数学教师的培训问题。

1936 年，随上述有争议问题的逐渐演化，31 岁的弗赖登塔尔在荷兰组织成立"数学教育研究小组"（WVO），旨在促进世界范围内的教育教学改进与改革。WVO 负责组织定期会议，讨论教学法、数学教育方法等问题。二战前，WVO 成员主要关注几何教育和从小学到中学的过渡问题。战争爆发使 WVO 的活动被迫终止，但弗赖登塔尔还是利用在家里教两个儿子的机会，思考很多教育问题。战后 WVO 很快恢复正常工作，在荷兰数学教育改革的持续讨论中发挥作用。正是通过这个战后工作组，弗赖登塔尔在数学教育领域成名。他不光在数学教育和数学教学法领域发表观点，并能够将自己的理论付诸实践，同时通过实践的反馈来改进自己的思想。

1967 年，弗赖登塔尔正式担任国际数学教育委员会主席，并于 1968 年和妻子苏珊娜创办杂志《数学教育研究》（*Educational Studies in Mathematics*），这是一个真正致力于数学教育研究的国际化刊物，影响力至今不衰。弗赖登塔尔的另一个革命性的创新，是组织了首届国际数学教育大会（ICMI），为全世界数学教育工作者提供了交流平台。组织这项大会的初衷是弗赖登塔尔等人感到原来的国际数学家大会，已不能满足数学教育的飞速发展需求。国际数学教育大会每四年举办一次，1967 到 1971 年间，弗赖登塔尔担任国际数学教育研究会主席。1971 年，他又参与创建乌得勒支数学教育发展研究所（IOWO），并被任命为第一任所长。该研究所于 1981 年并入乌得勒支大学数学和计算机科学学院，1991 年 9 月更名为弗赖登塔尔研究所。

弗赖登塔尔根据自己对数学教育的理解阐述观点，形成一系列文章和书籍。他非常不赞同美国的“新数运动”，并力促荷兰开始新的数学教育改革。退休之后十多年里，弗赖登塔尔仍保持数学教育研究习惯，人们几乎每天都可以在研究所里看到他。他一生撰写 100 多篇学术论文。除此之外，还撰写了数学教育著作《作为教育任务的数学》（1973）、《除草与播种——数学教育科学的序言》（1978）、《数学结构的教学现象学》（1983）。

《作为教育任务的数学》一书集中反映弗赖登塔尔的主要数学教育观点，包括人们熟悉的“现实数学”“数学化”“再创造”等理论。“现实数学”是指数学来源于现实，也扎根于现实，并且应用于现实。这是弗赖登塔尔数学教育理论的出发点。从数学的发展历史来看，不管是数学概念，还是数学定理与公式，都是基于现实世界需要而一步一步形成的。弗赖登塔尔的基本教育信念是，将数学看成一种人类活动，所以他不只着眼于寻找和解决问题，更关注从真实情境和在数学范畴本身整理学科知识的活动过程。这其中寻找合适情境的方法又被他称为“教学现象学”，并逐渐演变为一种独立于各种问题情境，可供高层次形式数学思考的数学模型。数学作为现实世界人类经验的系统化总结，要求数学教学必须联系日常生活实际，注重培养和发展学生从客观现象找出数学问题的能力。用数学方法组织现实世界的过程也就是“数学化”。“再创造”是他数学教育理论最核心的部分，它建立在数学是人类的一种活动基础上。数学发展的历程应在个人身上重现，但不是机械的重复。他反复强调学习数学唯一正确的方法是实行再创造，教师的任务是引导和帮助学生去进行这种再创造的工作，而不是把现成的知识灌输给学生。

《除草与播种：数学教育科学的序言》一书是弗赖登塔尔思考数学教育作为一个学科领域的奠基性著作。作为对数学教育科学的基础理论研究尝试，弗赖登塔尔从科学、教育、教育科学，进而讨论到数学教育科学，分析各自之间的区别、联系，以及它们相应的哲学基础，特别强调数学教育科学必须从研究特定数学内容的数学理论出发，绝不是将一般的教育理论用之于特殊的数学领域。他还在书中阐述科学、教育、数学教育与社会、人类文化之间的密切联系。

《数学结构的教学现象学》一书，弗赖登塔尔首次正式提到“教学现象学”这一术语，他认为数学概念、结构和思想是用来组织物理、社会和精神世界现象的工具。数学概念、结构或思想的现象学，描述了它们与现象的关系，它们是为这些现象而产生的，并在人类的学习过程中被延伸到这些现象。就这种描述所涉及的学习过程而言，就是向老师展示学习者可能进入人类学习过程的地方，是教学的现象学。他认为概念是我们认知结构的支柱。概念并不是一种教学科目，而是一种精神对象和精神活动。如果从教学角度可行的话，那么，精神对象和活动的教学范围，以及意识概念化的开始就是这一现象学的主题。

3. 弗赖登塔尔的数学史研究

弗赖登塔尔对几何学的历史非常感兴趣，20 世纪 50 年代后期，继施密特、外尔（H. Weyl）等人之后，再次研究了 1900 年前后的几何学文献，着重分析了希尔伯特（D. Hilbert）的《几何基础》，讨论书中主要理论的发展史。在他看来，正是由于希尔伯特的工作，现代数学才完成公理化转变。《几何基础》最关键的是希尔伯特对与几何相关的当代哲学问题的态度。他特别肯定希尔伯特对几何学基础的创新方法，并未机械延续前人秉承的“从经验中推导或证明几何学公理”的理念，也不拘泥于将几何学放在狭隘的真实空间内，而是坚持认为几何学基础研究，是对公理系统间逻辑关系的研究。弗赖登塔尔虽肯定希尔伯特的贡献，但认为他的方法过于笨重，充斥着不必要的复杂。他阐述了令希尔伯特理论体系更简洁的方法。这一批评激怒了同时代的学者，博特马（O. Bottema）认为他缺乏基本的“敬意”。

弗赖登塔尔虽然做了大量数学史研究工作，为《科学传记词典》撰写的文章涉及柯西、霍普夫、黎曼、舍恩弗里斯、惠更斯、莱布尼茨等知名数学家。但他并不喜欢以“数学史家”自居，他喜欢以数学家的身份写作，他对数学历史发展的看法无疑是进步的，他不惮于评判早期著名数学家成就，且主要基于两个标准评价前人：他们论点的数学质量和他们接受现代进步数学观点的意愿。弗赖登塔尔对《几何基础》的历史研究，已成为研究 19 世纪和 20 世纪几何学史的重要参考。

4. 弗赖登塔尔在中国

1980 年，弗赖登塔尔在第四届国际数学教育大会上发表演讲《数学教育的主要问题》，被翻译成多国语言广为传播，他的数学教育观念逐渐走入各国研究者视野。1986 年，华东师范大学陈昌平、张奠宙、唐瑞芬等人成立数学教育教研室。他们在一本国际刊物上了解到弗赖登塔尔的教育学思想，大受震撼，于是产生邀请弗赖登塔尔来华讲学的想法。

1987 年，弗赖登塔尔来到中国，尽管当时中国的数学教学方式在他眼里十分奇怪，但他还是非常乐意向中国学者展示自己的想法。他在华东师大做了 6 场报告和演讲，参会者除华东师大的教师外，还包括其他高等院校和中学数学教师。这无疑给当时的中国数学教育界带来最为前沿的国际信息。在上海的三个星期，华东师大授予他名誉教授称号。但非常遗憾，虽然中国学者抱有极大热情学习他的数学教育思想，但由于当时中西方巨大差异，中国学者并未完全理解弗赖登塔尔的讲座内容。两年后，弗赖登塔尔研究所的凯特尔（C. Keitel）访华时，中国学者还请他“解释弗赖登塔尔”。与大多数学者相反的是，弗赖登塔尔将自己所遇到的“不被理解”解释为一种义务和挑战，即重新审视自己的数学教育理念，并寻求更好、更全面的表现。上海之旅结束后，弗赖登塔尔又应邀到北京。回国后，弗赖登塔尔将在中国的一系列演讲文稿整理成文集《数学教育再探——在中国的讲学》。可以看到他在中国讲学重点论述了教学现象学、再创造、现实数学、数学化，以及数学教育的理论研究与实践问题。

弗赖登塔尔来华后的三十余年间，已有多位中国学者前往弗赖登塔尔研究所交流访问。中央民族大学孙晓天教授，先后几次访问弗赖登塔尔研究所，回国后撰写了“Freudenthal 研究所印象”、“荷兰 Freudenthal 研究所研究项目近况评述”等文章，向国内学界介绍研究所的最新数学教育研究动向。

结语

有学者指出，发展数学教育一般有三种可能的途径，即对教育感兴趣、思考数学教育和促进数学教育发展。如果要做好的话，这通常是三个人的全职工作，但弗赖登塔尔似乎是“兼职”的。基于他对数学教育的突出贡献，许多学者给予他高度评价，认为在数学教育方面 20 世纪前半叶是克莱因做了大量工作，是当时数学教育研究的领头羊，而 20 世纪下半叶则主要是弗赖登塔尔。在为庆祝《数学教育研究》出刊 100 卷而选择的代表性纪念文章中，第一篇就是弗赖登塔尔的论文。为纪念弗赖登塔尔在数学教育领域的贡献，2000 年设立弗赖登塔尔奖，与克莱因奖同为数学教育界最高奖项，并于 2003 年的第十届国际数学教育大会上首次颁发。2013 年，中国数学教育学者梁贯成荣获该奖项，这也是亚洲学者第一次获此殊荣。

1990 年 10 月 13 日，弗赖登塔尔在散步时，坐在长椅上自然安详地去世，享年 85 岁。后世学者对他的评价非常客观且中肯：

许多与他一起学习或工作过的人，都会感激地记住他鲜明而鼓舞人心的个性。作为一名优秀的数学家，他不仅对数学的大部分内容有广泛了解，同时对这门科学的社会和教育意义也有非常敏锐的认识。他是一个心思活络的人，总是追求一些吸引他注意，或他认为重要的新事物。

前　言

本书的原书名（指“除草与播种”）听起来像诗歌，而原副书名（指“数学教育科学的序言”）又看起来与它矛盾。但这个原副书名又是确切的，原来本书书名恰恰就是这个。“数学教育科学的序言”，真是个奇怪的书名，不是吗？我们知道所有这类科学著述在正文前都会有序言，当然不只用“序言”这一术语，另如“绪论”，两者意思是相同的㊀，尽管后者听起来更正式些。事实上，绪论类作品比现在的前言页数要多十倍。在一门学科诞生前，我们可说的话比诞生后要多得多，但首要的还是要适度。

这是一本永远写不完之书的序言：我不能写完，其他人也不能。只要数学教育科学存在，它就应该有这篇序言。不过我发自肺腑地认为这篇序言定会产生很大作用：加速数学教育科学的诞生，因其一直饱受无端非议的阻碍。为了反驳那些非议，我不得不说：那些观点都建立在对“什么才算是科学”的错误估计之上——既高估了也低估了。本书第 1 章就来解释“什么是科学”，针对各种各样的反科学、伪科学，针对技术、信仰，在这章里科学被以各种目的而界定。出于对明确“什么是科学”的渴望，第 1 章将所阐述的内容延伸到许多科学领域，尤其是社会科学领域。无论在哪些领域，科学都身陷高度发达的技术和理性积极的信仰之间，人们很难找到一条通向科学的途径。在这些领域中教育是最重要的，所以本书第 2 章的题目为“论教育”，旨在探讨教育在技术与信仰之间所扮演的角色。

我们期待的不仅仅是一门数学教育科学。我们需要一门教育科学，而这门科学不加任何形容词地说，在目前甚至更长远的时期内表现还很差。教育科学不是数学教育科学的先决条件。恰恰相反，正如科学史所展现的出现顺序：数学先于力学，力学先于物理学，物理学先于自然科学，自然科学先于语言学。这种存在关系说明本书为何从第 3 章

㊀ 事实上，“preface”一词来源于 prolegomena（绪论）一词的拉丁语 praefatio。

“教育科学” 过渡到第 4 章 “数学教育科学”，而且基调也从批判 “摆科学谱儿”，逐渐转向去寻找一线希望。这里甚至没有数学教育科学的入门知识，最多也就是表明在哪儿可找到这些入门知识，仅此而已。我不做任何承诺，但我将会兑现我所有的承诺。我不做任何承诺并不是为了让我更容易遵守我的承诺，而是为了防止任何领域在它还不是一门科学的时候被提升到科学的层级。

有人说我写的《作为教育任务的数学》是一本反数学的总结。本书不妨被称为一本 “反教学的总结”。两者是互为补充的，这很好。各司其职。

从标题开始，这篇序言属于一本尚不存在的书，这本书未来才会形成：由于另一本书是献给我这一代朋友们的，把这本书献给我亲爱的 3~13 岁的小伙伴们是很公平的。

汉斯 · 弗赖登塔尔

数学教育发展研究所

乌德勒支大学

目录

第1章

什么是科学

摘要

“什么是科学?”这个问题无法用一个明确的定义或一系列完整的特征来回答。科学是通过准则与人类活动的其他领域区分开来的，其中一些准则（相关性、一致性和公开性）在本章中有明确规定。

这些准则中并没有提到真实性，因为真实性具备陈述属性。而科学并非具备陈述属性的活动，而是一种提出问题的方法。

我所说的“相关性”不仅是陈述的属性，也是问题和方法的属性，因此，它甚至比陈述的属性更为重要。相关性也可以是定义、符号、概念、分类的属性，更全面地说，还可以是问题复合体、理论、知识领域的属性。总的来看，它与客观现实息息相关，而非虚无缥缈、高不可攀。

作为科学的准则，“一致性”看起来更像真实性，虽然它似乎更强调其逻辑成分。但这只是一致性的客观要求。作为一种面对后果、提出相关问题和剥离出有价值线索的态度，一致性也是行动和活动模式的一种属性。对逻辑学家来说，一致性的最终形态，是逻辑上的封闭系统。然而，这是一种理想状态，只有在现代数学中才能实现——即使是理论物理也与此状态相去甚远。物理学是一种几乎脱离这种理想状态的科学。物理学中的一般理论不是推理发生的基础，而是推理完成的结果。物理学就像一个小理论商店，由一般理论监督，但不是由一般理论推导而来。遗憾的是，对物理学和自然科学的错误认识，一直是社会科学和人文科学的典例，即使现在也仍旧如此。

科学是公共财产，而除了所谓的秘密科学之外，“公开性”是真正科学的特点之一。在能够学习和实践科学之前，任何人都不能被强迫接受非科学的启蒙。只要肯学习其语言，科学对任何人都是公开的。从长远来看，无论是学校还是学者都不能垄断科学的某个领域，尽管有时很难决定一门特定的科学是否比它的语言更有意义。

相关性、一致性和公开性是科学与其“边缘”（伪科学和非科学）对比的准则。飞碟、胡夫金字塔之谜和超感知者对科学来说并非心腹大患，但纳粹的伪科学种族主义对人类却如同附骨之疽，新的伪科学可能更会危及人类。一般来说，伪科学听起来像是对公共科学的抗议，因为宣传意味着公众的认可，而被怀疑意味着公众的认可带有被胁迫的成分。边缘科学是一种值得研究的社会危机，这也可能意味着严肃科学已处于危险境地。招惹上伪科学，可能会使得严肃的科学领域患上不治之症。从严肃科学中借用的语言可能在其他科学中被滥用。就像函数、信息、模型和结构，这些起源于数学的术语，在许多其他科学中变得毫无意义。

科学必须与“工艺”、科学仪器、技术区分开来。科学是由科学家实践的，而工艺是由“工程师”实践的——在我们的术语中，工程师包括医生、律师和教师。对于科学家来说，知识和认知是主要的；而对于工程师而言，行动和创建则是首要的，尽管事实上工程师们的工作可能是基于科学的。在历史上，技术往往先于科学。几个世纪以来，医学在成为一门科学前是一种有着哲学背景的技术；甚至在今天也有自称为科学的活动，实际上只不过是附加一点工艺和大量哲学背景的技术。当然，技术可以是好东西，并且工艺是有价值的工具，但两者都应与科学仔细区分开来，它们的哲学背景没权力让它们表现得好像有科学依据似的。

自然科学为我们绘制了一幅世界图景。然而我们还需要人类的图景和社会的图景。这是个“信仰”问题。信仰的理性表达是一种哲学，它可能仅仅是一种背景，或者事实上，这与将价值归因于经验、行动以及操纵技术有关。我们的生存不能失去价值观，但我们应该认识到，为价值观辩护的哲学是信仰问题，而不是科学问题。

1.1 简　介

我不打算用“科学是……”的模式去明确回答“什么是科学”的问题。如果我试着这么做了，我定会否认我们在过去一个世纪里从数学中学到的所有方法论事实。当在平衡可靠的经验和语言表达的基础上时，明确的定义可能是有效的，但在某个想象中的系统上时则并非如此。

读者也不应期望进行概念分析，或者列出必要的标准或备选方案。在这样的标准或备选方案中，我们使用“叉号”选择“是”和“否”，以决定某件事物是否值得使用“科学的”或“科学”的谓词。当方法论几乎还没有突破其前科学阶段的前沿时，我应该到哪里去寻找这样的分析或准则呢？作为一门以现有科学为主体的实证科学，方法论几乎不存在。当人们把目光集中在数学和数学物理的一些表面特征上时，就产生了庞大而自命不凡的方法论体系。不幸的是，这些体系缺乏与被称为科学的真相的联系。

我不会列出某件事是否属于科学的准则，也不会在一个单一案例汇总中证明它不是科学。在讨论科学这种一般性概念时，不可能期望有现成的决策公式。随着任何一门科学的发展，科学的方法论准则也随之产生和发展。

我们也因此可以做出对“科学是人们所说的那样吗?”这一问题的正确预测，以寻求最终的答案。那么为什么要做这样的准备呢？因为它们所表达的意义存在细微差别，直截了当的回答必须使人明白易懂。事实上，在“人们所说的某某叫作什么”这样的句子中，“什么”“人们”“叫作”“某某”是什么意思？“什么”指的是一件事，还是其他不相关的事物？谁是“人们”？“某某”的目标是什么？还有，“叫作”一词真的是现在时态吗？还是应该表示过去或将来呢？它的语气是指示性的、虚拟语气的还是条件语气的？

此外，如果认为答案是“科学是人们的行为”不是更好吗？我曾多次指出，像“语言”“音乐”“数学”这样的表达，不仅意味着像股票之类人类活动的结果，而且还意味着活动本身。虽然这在语言和音乐方面是微不足道的，但在数学方面却不一样。事实上，数学是鲜为人注意并了解的活动，可能“科学”的双重含义也没有被更好地理解。

我旨在说明与此问题相关的一些事实：科学中的科学真实性，不是更多地由它的执行方式而非它本身决定的吗？

1.2 相关性

难道不应该首先审视科学和真实性之间的关系吗？难道真实性不是科学的第一准

则吗？

当然，真实性不是一个“普遍的”准则。数学领域的真实性，比无机自然科学中更容易检验，后者又比生物学要容易。社会科学涵盖了从“硬”到“软”的真实性，其范围远远超出了语言学和历史学。但这并不意味着处于硬端的科学更不受非科学和伪科学的影响。相反，正如例子所示，科学的恶作剧在硬端更为猖獗。同样地，对非科学和伪科学的诊断，硬的不一定比软的容易。值得强调的是，因为在硬端，人们容易否认软端的科学性，而在软端，人们对这种态度的反应往往是自卑感和更难估计的科学态度。

但这并不是不应该把真实性作为评判科学品格之标准的原因。让我恼火的是那些谬论。真实性是命题的属性，但科学并非命题的集合。最为明显的是，科学也知道“质疑”，这往往比“命题”更重要。真实性作为衡量科学性的标准，其目的在于把科学作为一种储备。但科学性或缺乏科学性可以归因于一个问题、一个方式、一个方法，即使它们产生的结果是不对的。然而，可以判断一个问题科学性的标准是：这个问题是否符合我们的科学活动？它有用吗？它有前途吗？是不是太容易了？是不是太难了？最重要的是，它是正确的主张吗？此外，一个问题最重要的特征，除了答案之外，难道不是希望问题表述得尽量清晰准确吗？

问题应该是“相关的”。举个例子：据说，在公元前3世纪，埃拉托色尼（Eratosthenes）测量了地球。通过日晷可以确定，在第一次尼罗河大泛滥时，从他的住所亚历山大港到亚历山大港以南的热带地区赛伊尼的经向弧是地球周长的五十分之一。事实上，在赛伊尼的仲夏日，太阳位于天顶，这是亚历山大港离天顶整整五十分之一圈的距离。据说埃拉托色尼已经测量了从亚历山大港到赛伊尼的距离，它的长度相当于5000个体育场，这意味着整个地球周长是25万个体育场。但我们对场地的长度（=100英寻=短跑运动员的距离）了解多少呢？奥林匹克体育场有180米长，但它是古希腊所有体育场中最长的。在过去的一个世纪，文献学家试图找出埃拉托色尼使用的是哪个体育场，尽管经过多方努力，这个问题仍然没有解决。直到半个世纪后，有人快刀斩乱麻地断定“埃拉托色尼所指的是哪个体育场”这一问题是无关紧要的。5000体育场的取整数字表明，即使埃拉托色尼真的测量而不是估计了从亚历山大港到赛伊尼的距离，他的测量也不可能十分精确。数字5000使得我们可以假定实际结果在4500和5500个体育场之间，这意味着两侧都有10%的误差。由于计量精度较差，“埃拉托色尼使用的是哪个体育场”这个问题也就无关紧要了。

这并不意味着提出这个问题的19世纪文献学家不是科学家。即使他们高估了它们的价值范围，他们对古代各个体育场的调查也是有科学价值的；即使一些调查的结果是错误的，其方法也不一定是非科学的。然而，如果某个人从地球周长的现代数值中获得了关于埃拉托色尼体育场的信息，那么他就可能被指责为使用了不科学的方法，这是因为不相关的不是问题本身而是论点。如果最后有人以米为单位测量各个体育场，并用数字理论找出了哪个是埃拉托色尼的体育场，他会一直朝着伪科学而不是非科学的领域发展。这里论点的不相关性和相关关系的匮乏是一个原则问题。

当然，“命题”也可能是相关的或不相关的。命题“3+2=2+3”在任何情况下都正确。是否相关取决于它的上下文语境。作为“3+2等于多少?”这个问题的答案，虽然它在形式上是正确的，但却是不相关的，因此老师们把它标记为错误，这没什么问题。作为加法交换律的一个例子，它是相关的，因此是有效的。对“狗为什么摇尾巴?”，回答者可以如实说“因为尾巴摇不动狗”，但我们想要的具有相关性的回答却是“因为狗感到高兴”。如果一个问题存在一个相关的答案，那么它就是相关的；如果一个语句是作为一个相关问题的答案来表述的，那么它就是相关的——这看起来像是车轱辘话来回说，严格来说形式上它是这样的，但就精神而言都不是。

不仅表达经验或知识的陈述是相关或不相关的，定义、符号、概念和分类等也可以这么描述。在几何学中四季无关紧要，但在地理学上它们很重要。根据长度对单词分类可能是印刷厂需要做的事，但它在语法中没有任何意义。引入生物学分类的变化往往是由相关性争论引起的。“人们是怎么知道这颗恒星的名字是天狼星的?”是一个无关的问题，而“你怎么知道这是它的名字?”可能是相关的。

相关性不只是单一问题和陈述的局部属性，也是整个问题群、理论、知识领域的全局属性。“相关”意味着“充满关系”，即与某些现实的关系，而不是系统的内部关系。无关就是没有关系，它虚无缥缈、脱离现实。有不少智力活动，都声称具有科学性质，但都与现实缺乏任何联系，许多哲学都是这样的。

如果没有全局相关性，没有与现实的相关性，我们剩下的就只是一串文字。这在最有利的条件下可能受到学科和一致性努力的约束，而在最坏的条件下可能意味着语言的无限制自主权，这在诗歌与预言方面并不罕见。但毕竟，全局相关性往往受到历史条件的制约，曾经引起热烈讨论的问题，很可能在后来被打入历史的冷宫。

一个问题或答案的全局相关性可以重新表述如下：以这样或那样的方式回答问题的世界，其中一些答案必须被接受或拒绝，是相同的还是不同的？如果它们都是相同的，我的选择并不重要；如果它们是不同的，相关性就占上风。几个世纪以来，“同质异体”㊀的中的“iota”问题一直没有被讨论过，但有段时间它点燃了基督教的战争。然而，我不需要神学来寻找那些经过长时间讨论却无定论，但被认为是无关紧要、与现实毫无关系的问题范例。许多哲学问题都是这样的，但即使在包括数学在内的更现实的科学中，这样的例子也并不罕见。

毫无疑问，如果爱因斯坦没有提出相对论，其他人也会代替他这样做，但如果没有伊曼纽尔·康德，就不会有《纯粹理性批判》或任何类似的著作——这说明了与现实相关和不相关（或几乎不相关）的理论之间的区别。在《纯粹理性批判》中具有历史操作性的是一个具体化的假版本，它的具体性在某种程度上与现实有关。

再看伪科学，我们可以更清楚地看到无关意味着什么：缺乏内容，或者处理为自身利益而创造的现实，以便能够自称相关；缺乏问题，或者处理一个虚构的问题世界。

数学似乎是这个论断的一个反例。数学的抽象不是脱离了任何现实吗？不，这是外行们经常谈及或认为的关于数学的误判。数学不仅仅是一种语言，而且是一种智力活动，数学概念不是话语而是现实。它并非柏拉图主义，而是对实际数学行为的反思。但它还有更多内容。除了与现实数学的直接关系外，它还可以拥有许多间接的关系，如应用和实用数学。当每一门科学应用于另一门科学时，每一门科学都会发生这种情况。

每个科学的从业者都要从事一门特定的科学。科学的专业化要比艺术和手工艺晚得多。科学的专业化在今天是一个不容置疑的事实。另一方面，在不断交织和相互作用的过程中，各领域的科学比以往任何时候都更加紧密地联系在一起。一门科学的创新立即应用于另一门科学。仅凭个人力量就将专业化与跨领域联动相结合并不容易。大多数情

㊀ 这是关于基督的本质是否与上帝相同或相似的问题。译者注——这里弗赖登塔尔指的是，君士坦丁皈依基督教后，尼西亚会议上讨论基督与上帝的关系问题，一派坚持基督是 homo-ousios（同质），与上帝是相同的实体，而另一派主张基督是 homo-iousios（二词区别归结为一个“i”和 iota），即与上帝不是同体，但本质上相似，又称“同质异体”。

况下，肤浅地浏览其他领域的前沿动向是不够的。我们需要在这两个领域活跃的中间人，但谁能保证他们同时精通这两个领域呢？有个广为流传的老笑话：“根据 X 专家的说法，他是 Y 领域的权威；根据 Y 专家的说法，他又在 X 领域是权威。”然而，假如这两个专家之间没有交流，这种对称性的谣言可能需要很长时间才能在国外学术圈传播开来。如果没有，只能是一方吞并了另一方。有时候，科学的前沿不是没有人，而是每个人都有他自己的领域。

这是伪科学、江湖骗子和庸医盛行的地方——如果讨论科学，它们就不能被忽略。经验、分类、概念、理论并不是仅仅通过传播就能渗透到科学活动的其他领域，转移它们需要付出努力，有时这种转移可能造就一流的科学成就。越容易做到的事，可能就越肤浅，而结果往往也是无效的。虽然二者表现出明显的联系，但其相关性可能只是一种幻觉。人们肤浅地引用“自然力量和能量的普遍性”或类似的原理进行泛化，用科学的碎片拼凑成虚假的理论，鹦鹉学舌地使用科学语言和风格。庸医就是这样来的，现在还是这样。从 18 世纪起，磁性和电现象按照这种模式被“普遍化”，从而催生动物磁性和电子骗子的行为。从力的守恒定律出发——今天它是所谓的能量守恒定律，当即被庸医用于对男性性能力的保护，甚至用于制造维生素和激素含量超高的肥皂和面霜，每一个新的科学发现都得到了伪科学家的普遍认可。聚光镜、电磁感应、绝缘、射线、波以及最重要的包括原子被迅速有效地滥用。没有什么是安全的。

科学粉饰的无知和愚蠢、博学的江湖骗子、浮夸和科学般的语言、对科学态度的模仿，都是明显的症状，但它们背后的动机是多种多样的：从人们真诚地相信科学术语，到唯利是图的江湖骗子通过科学广告进行的公然欺诈，无关紧要的伪科学有着多种多样的表现形式。尽管真诚的人们并不明白自己重复的这些术语，并非只是听起来悦耳的隐喻，而是在所模仿的科学中确有所指。

但在学科之间的交流中，从一个学科到另一个学科的交流通常只限于行话，缺乏任何内容——这不仅适用于伪科学和庸医，也适用于正常的科学活动。这真值得被强烈谴责，并不是因为术语可能危害真正的科学，而是因为虚假关系的存在，可能会拖缓产生真正的关系。作为一个数学家，我谴责这种对数学的强烈扭曲。如果我把过去应用数学的领域和经济学排除在外，我应该说，数学的转移往往是肤浅的，其应用是无关紧要的。掌握缺乏内容的数学术语是江湖骗子的惯用伎俩，但即便是真正的科学也无法幸免。斯宾格勒的《西方的没落》是这一发展过程中的一个里程碑，它是一堆晦涩难懂的数学大杂烩。在20世纪20年代，“泛函”的口号是从数学中借来的，在20世纪中叶是“信息”和“熵”，现在是“模型”，再过几年就会变成“结构”。

最有启发性的案例是“信息”。对数学的高度尊重并不总是意味着对数学有很深的了解。如果对数学不那么熟悉的人，不断面对的“信息”和量化它的公式，他们将最终相信其中可能有一些什么东西，并人云亦云。幸运的是，它不会持续很长时间。纯洁的科学能迅速确认并清除症结所在。“控制论”这个名字是在这门学科出现之前就有的，并得到了那些江湖骗子的滋养，但影响持续的时间不长。它只是一种令人印象深刻但永远不会被应用的信息公式——一种伪科学的中立化“信息”。大家可以理解，数学家们要么觉得这事儿很滑稽，要么只是不以为意。令人遗憾的是，他们没有采取更有力的行动。当数学被滥用时，他们袖手旁观，不是因为无辜，而是因为无知。

因此，“模型”就出现了。这个词本来是数学术语，而像往常一样，没人关心这个词是否在数学中有什么意义。不幸的是，在数学和邻近科学中，这个术语有两个几乎相反的意思，一个在数学中，另一个在数学与其他科学的关系中，这一事实可能导致了“模型”的误用和成功。今天“模型”之伪科学先天缺陷已经被原谅甚至遗忘了。“模型”已成为一个华而不实的名词，引发了科学联想，这可能是毫无意义的。或者说，它也可能意味着一切：议程、合同、分配、公式、度假旅行（度假模型）、菜单（膳食模型）、模式、规则、时间表、理论（按字母顺序排列）。

更糟糕的是滥用“数学模型”，而这意味着一种对数学本身的滥用。在这一点上，数学只是作为无关的跨学科应用的一个例子，我在此处暂不详细说明这种滥用的数学以及类似的弊端。但到适当的时候，我会重新讨论这一点。

1.3 一致性

前面我可能过于随意地放弃了将真实性作为科学性的准则，在我看来它似乎更切题。我回想起这个事实，并不是因为我对此感到遗憾，而是因为我现在要考虑的新准则与真实性更密切相关，那就是“一致性”。在“真实性”中可以听到的绝对主义、形而上学的基调，听起来并没有“一致性”，而一致性似乎充满了逻辑。但我的意思并不是说完全逻辑上的一致性。一致性不仅应从客观意义上解释为系统的一种属性，而且应从行为主体的角度解释为行为的特征和模式。粗略地说，系统的一致性意味着，该系统不会在肯定命题的同时否定命题。一个人如果说了A，他在相关的地方记住它以便重述它，并在B是必然结果时加上B，在B严重妨碍一致性时故意拒绝B，那么他就是一致的。但还有更多的情况存在。不光是陈述时这样，在问问题和提问题时要求一致性也是有意义的。不仅答案要受到强制，问题也要受到强制。回避紧迫的问题可能意味着主观不一致，而一致性要求我们主动寻找问题，怀疑并将其塑造成批评，找到经验和知识储备中的缺陷和缺口并修补。如果一个概念脱离现成的体系，并与正在形成的体系相结合，那么它将获得更大的好处，并再次显现出来。

一些人认为，一致性发展到极致，会形成逻辑上封闭的系统；研究数学和自然科学的方法学家在这个有限的意义上理解一致性。不幸的是，封闭的系统在数学中是最有可能实现的，即使在最严格的科学中，只要现实被忽视或不被注意，它也只是一种吸引眼球的理想状态。像理论物理学这样的科学，不是由一般理论支配的，也不是由一般理论派生的。相反，一般理论是组织和承载的工具、概念和方法的储备、认识论验证的背景和手段。牛顿—拉格朗日方程就像麦克斯韦方程在电磁学中一样，回答了可能在力学中遇见的问题。通常问题是通过“特别的”方法来解决，而不是通过从一般理论中得出的推论。从一般理论中推导出纯粹的数学结果是一项令人振奋的工作，但这不是物理学家肩负的唯一任务，也不是他最重要的任务。人们期望他能以数学的方式解释现实领域中出现的问题，在这种工作中，一般理论以方法论的方式发挥作用，但不像一个大前提那样，加上一个适当的小前提，就可以得出结论。从来没有人从麦克斯韦方程中推导出电是如何在绝缘导体中传播的，在这样的情况下，人们更愿意应用欧姆定律。在量子理论的众多应用中，例如解释化学价态，几乎没有一个是从量子理论得出的逻辑结论。我们甚至不能想当然地认为，除了最简单的原子光谱之外，量子理论还能从数学上解释原子光谱。事实上，每一个真正的问题都是通过“特别的”方法来解决的，毫无疑问，物理学家有权按照这一原则行事。

我并不是要通过陈述这一事实来贬低精确自然科学的成就，但我的意图是警告人们不要高估这些科学中的演绎成分。历史经验告诉我们，在数学上强加一种超越局部演绎的结构是多么困难。因此，目前所谓的精确科学几乎缺乏实现这种理想状态的所有先决条件，这一点也不奇怪。如果这个观点是固定在现实而非理想状态上，那么科学就是一个在一般理论监督下的一系列微观理论。从任何一部科学史中都可以看出，在亚里士多德或笛卡儿时代，科学只是与哲学家们所描述的稍有相似之处。很少有人知道，即使在今天，科学与其方法论之间的关系也没有改善多少。如果这是最硬的科学的现状，那么在这一点上，我们能从最软的科学中期待什么呢？或者，对于真正的方法论来说，缺乏一般理论难道不是一种优势吗？

我之所以强调这一点，是因为精确的科学常常被视为典范。在社会文化学科中，方法论常被标榜为自然科学的特性。尽管所提供的方法更符合方法学家对自然科学的看法，而不是实际情况。这些夸张的说法，仅仅是由于夸张，这是毫无疑问的。社会文化科学的未来发展，很大程度上取决于对所谓科学方法被错误地给予高度尊重，是否会让位于更具有批判性的欣赏。

这个警告是为了防止客观一致性被认为是演绎性的。可以肯定的是，当尝试一致性时，演绎就会发生，但尽管一些演绎不足以产生演绎系统，一致性也暂时没什么危险。相反，在个人领域，系统演绎法可以描述教条主义者和争论者，而不是始终如一的科学家。由精神分裂症患者提供的有条理的疯狂成果，可能是彻底系统化和奇怪演绎性的显著例子。每个时代都有系统性滥用语言的例子，它们的知名度或高或低。这些作品的创造者生活在一个以语言为唯一现实的世界里，这使得一致性更容易顺应一个模拟的现实，因为其语言缺乏正常的内容。咬文嚼字，更像是一些存在主义者的习惯；更普遍的是，某些哲学倾向于使语言独立于内容，这在一定程度上是病态的。

1.4 公开性

从相关性和一致性开始，我已经得出了科学的第三个特征：公开性。然而，正如它所表现的那样，它是消极的。科学是一种社会事实，是公开行使的、可接近的、接受公众毁誉的东西，是一种公共财产，一种普遍性。自古以来，就存在着所谓的秘密科学、回避公开的科学、神奇的艺术和未解之谜的奥秘、大师的秘密教导和秘密兄弟会的神圣盟约。如果这个秘密涉及真正的科学，那么这个秘密就不会持续下去。曾几何时，毕达哥拉斯学派所谓的“秘密数学”就被大肆宣扬。

甚至在学术界，也有人严肃地认为，从爱因斯坦开始的物理学家，应该意识到他们的责任，并对核弹涉及的科学保密。摇头是对这种根深蒂固的缺乏理解最起码的反应，如果康德一直保密他在《纯粹理性批判》中的观点，至少在他去世一个世纪后出版，就没有人会注意它（同时黑格尔和马克思也不能详细阐述它）；但是，如果迈克尔·文屈斯没有破译线性文字B，还会有其他人发明并发表它；自然科学的发现也同样如此，甚至更为肯定。

但是我介绍科学的公开性准则时，并不仅仅指这个意思。它包括更多，更重要的特性。今天，没有人在想要学习某种科学的时候，需要经历启蒙仪式。人们不需要满足个人的先决条件，也不需要宣誓和做出信仰的誓言，就可以被接纳到一些科学活动的知识和练习中。

这些都不是小事，因为通过陈述这些事实，我描述了一些科学界长久以来都无法吹嘘的事情，我不理会那些与我声明相矛盾的遗物。每一门科学都有它的学派，从前学派不得不传播贤者的学说；而今天的学派，都或多或少是紧密相连的合作群体。但是，有足够的例子可以证明，“学派”也意味着一个组织或派别在向顺从的人分配职位和津贴，并拒绝向不服从的人提供这些。然而，从长远来看，用这种方法确定“什么是科学”并不那么容易。

往往一些学派是无辜的。的确，他们喜欢培养特有的语言风格，谁不知道暗号，谁不能说出特定风格的语言，就会被学派所排斥。这是否排除了公开性？难道不是每个人都有权学习相关内容吗？

是的，但说比做更容易。如果一位心理学家向我解释，什么是一个“基本确定的多歧视反应”，那他一定会浪费很多口舌才行，而且不确定是否在他解释清楚之前我还在听。我本可以理解他的话，这是一个相当简单的概念，只是有许多佶屈聱牙的词语使其变得复杂。但他会向我解释，声称在系统的结构中，所有这些词语都是必不可少的，就像植物的拉丁名称之于生物学家一样。然而，如果一个人文学者想知道物理学中的“熵”是什么，这个词的词源对他来说是没有用的，而在字典里找到的定义也就没什么用处了。他必须学习大量的热力学知识来理解这个概念，并且为了学习这一块热力学知识，另需大量的数学训练，这不是马上能学会的。

事实上，认为一门科学可用其语言来确定；而了解这门语言就足以掌握这门科学，这是不正确的。语言是表达内容的工具，包括科学内容；如果没有什么东西可以表达，语言就是一串串的文字；如果没有什么东西可以理解，那就是空谈。

但是，要判断某件事是否只是空谈，需要承担一项局外人会望而却步的责任，尽管这并不那么困难。可能有人说自己的术语，却没有和任何人交流，甚至没和他自己交流，因为他的话语是不连贯的。也有可能他是和自己交流，而未曾和其他人交流。可以是一小群人假装彼此交流，尽管事实上每个人都在滔滔不绝地自说自话。

所有这些情况都可以被忽视，真正的问题在于部分沟通。例如，在某些学科中，大师发表了晦涩难懂的文章，同时也发表了通俗易懂的演讲，或者这种东西第一次出现就受到怀疑和评论，就像“我读到这一点，但从那开始我不能理解这个东西，所以我放弃了”。也许有一些勇敢的人会尝试，甚至最终能解释他们掌握的含义，可以讲述并写下他们掌握了什么。后来，更多人加入了他们的行列，正如他们声称的那样，他们也成功地理解了这些晦涩难懂的东西，虽然开始时有些犹豫，但随着时间的推移，他们越来越勇敢。这种进化存在一个临界数。如果有一定比例的人，比如10%或20%的相关人士，表示他们已经理解了这件事，那么这个比例会一直增加到100%。事实上，任何拒绝加入人群的人要么是犯傻，要么就是自掘坟墓。找出他们是否真正理解了方法和在口语考试的“应试真经”是一样的。别人问“请找到这个问题的应用之处”，或者它不容易被应用，“那就请用你自己的语言表述它”。事实上，许多令人怀疑的晦涩之处都有一个显著特点，即那些声称已经理解了这些晦涩之处的人，却不敢按照大师或他授权的翻译人员的措辞去运用这些晦涩之处，或者几乎逐字地鹦鹉学舌。唯恐稍有偏差，就有可能证明自己并没有真正理解它。因此，未经内化的引文是一种不祥的预兆。

在一段时间内，如果人们在社会、哲学、政治上不能“理解”彼此，就会把责任推到语言上。据说他们在不知不觉中说着不同的术语。如果有人抱怨受到了侮辱，而所谓的“冒犯者”就会解释说这是一个误会，现在他们称之为“沟通中断”。在这样的社会环境中，一旦人们敢于清晰地表达自己的想法和感受，就会培养出这样的术语，就容易产生最深刻的误解。这可能是一个闻所未闻的态度，以至于会导致其他人怀疑这是种讽刺或肮脏的把戏。

即使在科学领域，坦率而清晰地表达自己的想法是不明智的——周围的人会说“他为公众而写作”。表达含糊可能是思想诞生费力的征兆——付出巨大努力获得的东西，必须付出更大的努力才能表达。这可以是背后的原因，但并不一定如此。讲话前言不搭后语、结结巴巴也可能表明说话者没有掌握主题。

后者当然是数学中的首选解释。一位数学家说了或写了不可理解的东西，他被要求提供更多的细节。如果他不这样做，或者他的解释不充分，这个问题就结束了。在数学领域，从未有任何人因为一个无人理解的想法而出名，即使最伟大的数学家提出的晦涩难懂的东西，人们也不会接受。在这方面我完全同意，数学是一个特别简单的例子。但我们可以从数学家身上学到一些东西，不是模仿他们的语言，而是模仿他们自我控制的作风。

但是我再重复一遍，语言不是最基本最重要的。我所说的科学公开性并不是由语言的可能性决定的。理应成为公共财产的东西最终也会被接受，通常不会有太久的拖延。今天，这一点区分了科学与艺术，后者可能需要一代或几代人才能成为公共财产。但是围绕着科学已形成了一圈沉积物，且现在仍不具备公共特性——至少不是科学。我在一个场合称它为科学的边缘。

1.5 科学的边缘

在人类经验、活动、理解的每一个核心周围都存在这样的边缘。艺术的边缘是艺术垃圾，信仰的边缘是迷信，科学有它的伪科学。在这些例子中，核心和边缘之间的关系各不相同。伪科学的无关性已经被讨论过了。现在的问题是，无论是内容层面还是方法层面，伪科学都没有与公众科学交流。和公众科学无关的，以及不相容的都可被认作病态表现。在这方面，如果不是健康科学存在偏离主流的现象，科学的边缘就不会如此重要了。人们想要将其与伪科学的病态区分开来，且想要突出表明伪科学的流行症状。

核心和边缘之间亦无明显界限，人们的看法也不断改变。昨天的艺术可能明天就被扫进垃圾堆，相反，曾经的垃圾也可能在明天被视作艺术珍宝。过去几个世纪人们奉若神明的东西，现在却被列为迷信。这似乎也适用于科学，例如占星术。但是占星术对于伪科学来说不是一个很好的例子。今天的占星术是一种伪科学，因为它缺乏与公共科学的交流。历史上占星术一直被认为是一种迷信，同样，目前很多蓬勃发展的伪科学是一种精致的迷信——所谓的超心理学继承了鬼魂信仰，江湖骗术也就延续了巫术。除此之外，有太多的伪科学无法用迷信来解释。

在科学边缘蓬勃发展的，有时是科学碎片的奇怪混合物，一种借用科学语言的大杂烩。有时它是一个具有典型特征的重要结构，甚至数学也难逃伪科学的边缘。对于这一点，可以找到很多例证：许多人声称已经解决了著名的难题——化圆为方、三等分角、费马定理。娴熟的数学家们证明这些问题在逻辑上的不可能，或经历了问题的巨大困难，他们却一眨眼就成功了，这是因为他们不受任何逻辑的束缚，或者他们自己发明了一种逻辑。另一个例子是，用天启数字或胡夫金字塔的测量来解码隐藏的秘密——在某种程度上，这是一种处于公共数学边缘的应用数学。

大多数伪科学家都单打独斗，但也有一些人团结在广泛的、有影响力的、狂热的教派内部。在两次世界大战之间，汉斯·贺尔碧格的“世界冰理论”，是对官方天文学的抗议，在欧洲有许多狂热的追随者。根据这一理论，月球是由冰组成的——这一理论不能通过直接观察来验证，只能通过公共科学的论据来反驳，因此被认为是无效的。我不知道在人类登上月球之后，这种理论是否仍然具有派别偏见，这也不是不可能的。对“世界冰理论”最谦虚的辩护是承认他们在月球问题上犯了错误，但在原则上维持这个理论。然而，更符合伪科学精神的是，指责宇航员在公众科学的压力下封锁或伪造证据，或将月球之旅定性为欺诈。这确实是“地平派”的做法：地球的圆形照片和南极以及飞行的卫星都被忽视，或被视为伪造。对于一个科学家来说，如果他注意到飞碟及其机组成员的相同描述，是直接来自赫伯特·威尔斯的小说，那么他就足够怀疑后者的真实性了，但是这个论点意味着什么呢？论点在科学中是有效的，但不能驳倒伪科学。

随着主流科学的发展，一种不成熟的科学被培育、保护起来。这种科学被“先验地”否定了所有来自官方科学的不利论点，官方科学嫉妒、甚至恶毒地掩盖了所有与自身矛盾的证据，完全控制着国家镇压机器。孤立系统在科学的边缘发展，有些系统具有令人印象深刻的一致性，因为它们的作者用自己的逻辑和权威来决定接受或拒绝哪些事实。碰巧的是，这些系统的症结，以及“精神分裂”的特征，与它们自己对应的创造者之个人特征相匹配。

它们的影响是不可否认的，我们最好不要低估它们。这些处于科学边缘的失意者博得了许多同情。当公共科学被视为国家和主流社会制度的一部分时，怨恨政治和社会的人便支持失意者。在许多人看来，科学处在高处不胜寒的位置上，而下面的边缘却是人人都能触及的。在那里，边缘科学使用一种普通人能听懂的语言，迎合普通人的胃口。没有熵，也没有基本确定的多歧视反应，只有飞碟之类的东西。在那里，他了解到公共科学要么是为了黑暗势力的利益，要么是为了自身的安全而隐瞒一切。人们不需要翻很多页历史就能记住伪科学的大规模影响是多么危险。从《伦勃朗-德意志》（*Rembrandt-deutsche*）到《锡安山先贤备忘录》（*Minutes of the Sages of Zion*），再到伪科学小说《反血之罪》（*The Sin Against the Blood*），伪科学畅销书一直是通往纳粹主义胜利这条致命道路上的里程碑。到目前为止，埃里希·丹尼肯还不能拥有类似的成功，只要伪科学的影响是通过版税而不是民意调查来表达的，就无须担心政治后果。

然而，让我不安的是，在患有“精神分裂症”的伪科学取得如此多的成功之后，这一现象还没有成为值得研究的社会心理问题。这个科学的边缘是否和人们所说的社会的边缘一样不可或缺？或者，我们的教学和教育体系中哪个环节的漏洞，可以导致伪科学的大规模成功？最终，在历史的长河中，幽灵屈服于电灯的光辉而不是启蒙运动的光辉，但没有启蒙运动，电灯可能就不会被发明出来。更好的科学教育会消灭这些以“para”为前缀的伪科学吗？我们应该如何教导年轻人在自己的世界中找到自己的方向，抵抗那些用虚假世界欺骗他们的企图？我们如何确保公共科学的公共性质被视为公共自由，而不是公共压制？或者，只要国家本身被视为公共压制，我们就不能成功吗？

如果科学是一门学科，为什么还要花这么长时间去考虑科学的边缘呢？作为真正科学的征兆，相关性和一致性比公开性更令人担忧。是什么塑造了科学的普通样貌？每一种普遍性都要求一种异端——科学和信仰都是如此吗？普通样貌是在自由中进化的，还是在权威的压力下形成的，就像 50 年代苏联的李森科主导的生物学一样？如果不是政府的压力，难道就没有其他手段，比如办公室和资助金，如果不是伪科学家用温和的方式操纵它们，那就是那些被允许和授权来解决公共科学问题的无能之人操纵的？众所周知，这些不仅仅是修辞性反问。

此外，如果一门学科发展成为相互竞争但几乎没有交流的强大学派，那么谁真正代表了公众科学，谁又是伪科学呢？如果人们想当然地认为，一块土地上允许多位合法租户，可为什么只允许两三个呢？为什么每个人不能都拥有永久居住权？除了创造者的天才之外，精神分析学与那些由天赋较低或不太成功的大脑的创作有什么区别呢？

我提出这些问题仅仅为了延缓对它们的讨论。我不会将此问题完全置之不理。我想说的是：在最后一段中提到或暗指的很多东西不是科学，或者根本算不上科学，那该如何将它们分类呢？

1.6 科学与技术

在最后的几页中，我将科学从它的边缘——伪科学中划分出来。我说了太多不该说的话，但更切中要害的是把科学同经验、活动和理解的其他核心划清界限。我提到信仰和艺术，在这种情况下，虽然艺术不需要关注，但信仰也不能完全被忽视。但现在我转向了一个广阔的领域，我称其为技术，虽然有时我更倾向于使用“实践”一词。几年前，当我尝试像现在这样的分析，并把医生、心理学家、教育学家、法官和牧师，以及桥梁建设者和电气工程师等人的活动，统统纳入“技术”的范畴时，我便受到了猛烈的攻击，就好像是我犯了死罪一样。在一场我并不想冒犯任何人的讨论中，我从来没有像现在这样受到严厉的诘问。但显然他们感到受到了伤害。像“工程师”“技术”这样的词能让人产生不愉快的联想。工程师让一些人想起了水管工，而技术在他们看来就像管道工程，尽管事实上“technology”这个词来自于同一个古老的单词“technè”，意思是“艺术”；可是艺术听起来就是阳春白雪，至少和科学等同。我对欧洲传统犯下的最大罪行可能是，我把大学研究与一个让人想起理工学院的术语联系在一起。20 世纪，欧洲各地建立了工程学、兽医学和经济学等不同学科的学院，其原因是各大学的教学人员僵化了，或者只是不愿承认互为姐妹学院。只有妇科成功地取得了突破，但其代表多年来仍被嘲笑为“男产婆”。二十多年前，把大学课程提升到其他课程之上的倾向仍很强烈。与此同时，事情已经发生了变化，所以我希望我可以更成功地将“技术”这个术语扩展到所有值得与工程技术相类比的学科。

然而，有时我会说“实践”。这是一个医生和律师都很熟悉的术语，他们能找到我身上的最大错误就是，我将他们和工程师相提并论，以便在同样的基础上对待他们。这仍然是一种冒险。

如果知识、理解、认知是科学家的主要任务，那么行动和创建就是工程师的主要任务，即使他是一个医生，法官或教师。一个人的科学背景或者是程序库和工作室里的科学设备，其活动的一般或特殊方法论要求使他比其他人更接近科学。人们不会接受大学教授的职业属于技术，因为如果“科学”被“技术”替代，就似乎低估了科学的价值。但一个专业人士诊断或治疗病人，法官或律师支持一个观点或诉状，从事教育或教学的人，与建造桥梁或设计开关电路的工程师一样，这些活动都不能体现一门科学。他们运用科学，但没有人有资格认为这是一项劣等的活动——如果这是我的意图，我永远也写不出这一章。在某些科学中，实践者远远超过了理论家。

在荷兰语中，有一个不太重要的术语——把 kunde（知识）当作一门科学的词缀，把 kunst（艺术）当作工艺的词缀；例如在医学上，一谈到“行医（geneeskunst）”就会想到“医学（geneeskunde）”；在大学里学过“医学”的医生，将在他的实践中练习“行医”；“医学”是“行医”工艺的技术。

事实上，工艺和技术之间是不断互动的，它们之间没有明显的边界线。实践者记录和分析自己的经验，理论家向实践者提出建议和说明，这不是科学；另一方面，在实践过程中会产生大量的基础知识和范式知识，以至于每个人都乐于将其视为科学。从科学知识到实践活动的道路是由大量基础知识作为中继连接起来的。化学领域有相当多的此类用于中继的基础知识；为了理解合成过程而合成产品，这与最终产品的生产是不同的，最终产品可能被用作其他合成或分析的中间成分——这是一个高度复杂的模式。应用科学也可以是一门科学，在生产链条的哪个环节出现该技术并不容易确定。那么，为什么我要坚持这种区别呢？我接下来会给出答案。

可以肯定的是，科学活动也可以解释为理论上的行动，行动者可能会有意识或无意识地受到实际目标的影响。然而在实践中，哪怕是在准备行动时，也不会在确定目标之前就开始。不难发现，每天的死记硬背也是一种技巧。对于较大的设计，我们很难判断理论在哪里结束，实践从哪里开始。

在历史上，许多技术的问世，要早于相应的科学。今天所谓“农业”的技术，是人类最早发展出来的；尽管作为一门科学的农业，在李比希之前尚不成熟。然而，强调“农民是靠经验收益，而科学家在理论基础上工作”的区别，并不恰当。甚至在李比希之后，直到今天，丰富的经验事实仍然可以看作是相关知识，包括那些不符合理论的客观事实。另一方面，从古代开始，人们巧妙地设计了各种各样的理论，来解释生长和生育能力，这已经超出了万物有灵论和魔法解释的范畴。现代农业技术与过去的真正区别是，现代农业技术是由技术支持的，而这种技术又受到物理、化学、生物学等非技术科学的决定性影响。这是一个应用长链，在很大程度上，它的目的在于引导知识、理解和认知为主的科学，发展成稳定的技术实践领域。

工艺构成了我们目前技术的另一个来源，经过几千年的持续发展，它们被制造商和工业继承。手工业，甚至最初的工业，都缺乏一种技术——工业技术并不比我们最古老的理工学院古老多少。从 16 世纪开始科学兴起是由三个世纪的发明和发现做铺垫的，即使在科学成熟之后，它也持续了几个世纪，直到自然科学从本质上影响了自然科学的工艺。

真正的科学不是最近才发明的，有些科学的历史就十分悠久。首先是数学，它的发展很快就超出了它的应用范围；然后是天文学，与占星术一样具有非常重要的实践意义——二者都向现代科学工作者揭示了现代科学的起源。

医学问题则是另一种情况。虽然历史上几乎没有比农业和工匠技术更早的，但医学并不比这二者晚多少，它的起源可追溯到古希腊时期，甚至是古巴比伦和埃及时期，医学就已经作为一种科学在实践中使用了。这种传统形式一直沿用到 18 世纪末。但仔细看来，这门科学是最令人失望的。那种医学理论和实践之间的关系，与我们今天熟知的情况有很大不同。毫无疑问，自古以来就有优秀的医学从业者，他们通过敏锐观察和丰富经验弥补了相关理论上的不足。但这一令人印象深刻的技术得到了农业和手工艺科学的补充和支持，或者更确切地说，这是医学与农业和手工艺的区别——所谓的医学科学和医学技术之间存在巨大的鸿沟。从 16 世纪到 19 世纪，一门真正发展中的医学科学，在这个鸿沟上建造了一座桥梁。到 18 世纪末，“医学院”对希波克拉底和其他经典著作进行了文献学解读。这种课堂上的学识和几篇论文，足以使一个人毕业后成为一名医生，然后在家里从他的父亲、叔父或理发师和女药师那里学习如何行医。医学生经过大学的学习，获得了一个学术头衔、一种星期天的哲学和一套学究式的术语。我为什么要间接地说这些呢？读者们都知道，目前医学学术专业程度，就像两个世纪前的医学一样先进。

希腊医学，本质上是一套经验规则的集合。为了符合病理和治疗的物理框架，它以哲学为背景：根据地球宇宙物理模式的四个元素——土、水、气和火，将人体的体液分为黑胆汁、黏液（淋巴液）、黄胆汁、血液；人的性格分为抑郁质、黏液质、胆汁质、多血质，以便使病理学和疗法纳入这个宇宙的物理框架，如图 1-1 所示。甚至直到 16 世纪初，人类对人体解剖学尚知之甚少，更不用说生理学了。像血液双重循环这样的基本事实，更是直到 17 世纪才为人所知。只有在显微镜发明后，人们才确定了精子和卵子是两种生殖细胞；传染病的诱因为人所知不超过一个世纪。我们已经走过了漫长的道路。

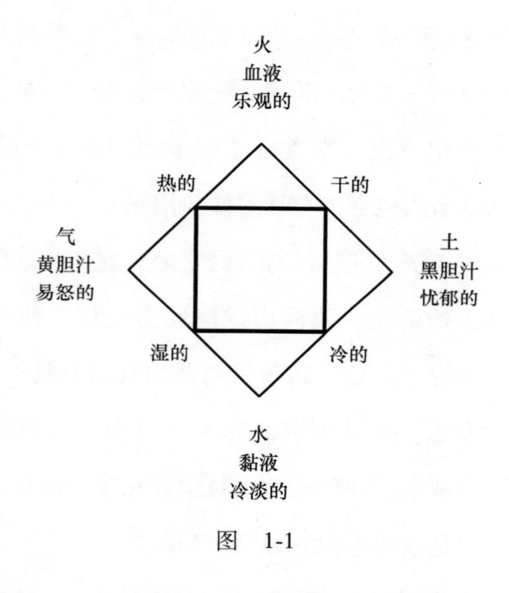

图 1-1

从工艺到科学的整合，今天的其他技术改进到什么程度？自从“智人”开始社会群体生活以来，就一直存在着政府、生产、分配等社会技术。在这些技术中，今天发展得最好的可能是所谓的“军事科学”，这是一种以众多科学和技术为基础的战争技术，而不仅仅是以自然界为基础的科学和技术。（我不讨论这个以理论为导向的政治军事科学和所谓的战争学是应该被视为一门科学，抑或是一门背景哲学。）

在下文中，当我讨论社会技术时，我将忽略战争技术，这是一个非常特殊的情况。社会技术在不同程度上都有效，今天我们用前缀“微观”“中观”“宏观”来区分这些尺度。特别是在宏观结构上，社会技术具有调节、转换和控制社会过程的趋势。交通规则和时间表的例子深入人心，这说明在一些明显的部分取得了某种成功，而在一些不那么明显的部分，如国民经济和社会分层，却没那么成功。没有人会把交通规则或时间表当作科学产品，也没有人会把它的设计当作科学成果，它们更确切地说是技术和工程活动的典型实例。在任何对社会进程进行或准备对社会进程进行干预的地方，情况肯定也是如此。

例如，微观经济是一种原始技术，宏观经济的痕迹可以追溯到古老的王朝。现代经济学的理论试图根据我们的每一个准则——相关性、一致性、公开性表现出完整的科学特征。我认为原因在于，经济学中所有的价值都可以用“唯一的”金钱标准来衡量——换言之，若仅研究经济学中的可解问题，该观点就是成立的。一旦比较经济体系，困难就会出现，因为经济体系之间的交流太少，以至于它们的价值衡量是不可比拟的。但另一个紧迫的问题是：经济学是一门真正的科学，或者说是一门以哲学为背景的技术，且不止一门而是多门——尤为活跃的——背景哲学，这是否取决于它们被期望解释和强化的技术体系呢？换句话说，难道行动和干预的前景不是如此之大，以至于知识、理解和认知没有得到适当的机会去有针对性应用吗？

社会学的起源和发展与经济学几乎没有共同之处。起初，它仅限于哲学，后来发展了许多技术，也发展了真正的理论。我认为这些理论是相互补充的，而不是相互矛盾的，但这些理论是作为技术的“后验”辩解，而非为其发展服务。

如果说有一门学科的专家，在其领域被称为“技术”时会感到震惊，那这个领域就是法律。我当然知道，也承认，即使不考虑哲学和法律的历史，所谓的法学也包含着真正的科学的全部内容，但是我将寻找它通常没局限性的部分。法律专业的学生是管理和组织的合适人选，这一传统不仅仅被轻视了。在社会领域，法律和法律程序知识迄今为止已经完成了自然科学中留给数学的任务：典型的概念分析和范式形式化的任务。尽管在法律中很少有（如果有的话）达到数学特征概念的演绎深度，但律师所追求的概念分析的对象更丰富、更多样。因此，至少到目前为止，数学特征的形式化不太可能实现。但从长远来看会发生什么呢？顺便说一句，我想，多亏了在计算机诞生之后出现的数学家，在概念分析和形式化方面的数学技能将超过那些基于法律的技能。总之，我要强调的不是这些限制，而是法学作为一种“技术”。我认为这种观点也与最近容易区分社会工程司法的自我意识的发展相一致，这种发展在其他社会职业中较早发生。

举这些例子的目的是什么？这次的问题是要展示科学和技术在各个领域之间的大量多样性关系。在自然科学领域，尽管还有许多有待改进的地方，科学与技术之间存在着密切联系，甚至相互作用，并被中介技术所强化；在社会领域，有些领域的科学与工艺和技术之间存在着巨大鸿沟，或者根本就不存在真正的科学——像经济学一样有统一的技术，像社会学一样有大量的技巧。

科学和技术——第三类比较不应被忽视。在前面几页，我放弃了“信仰”这个术语，并承诺会再来讨论它。虽然不会直截了当，但我仍会这么做。

1.7 科学与信仰

有一段时间，我一直拿不定主意，是否应该在这个小标题中将“信仰”与“科学”放在一起。读小标题的人将只会想到用科学来对抗教条和信条做出新的努力。仅仅是出于偶然，天平发生了转变。正是在通过阅读一篇经济学论文，作者在270页难以理解的数学知识之后，提出了一个问题：这一切的真相是什么？同时回答了这个问题。他说：“这是信仰的问题。”

事实上，作者并不担心他的公式是错误的。他想问的是，这些公式所包含的量及其关系是否符合某种现实——当然，是他自己所看到的现实。他不“知道”是否应验，他相信它是如此，这不仅仅是一种简单的信念，就像我说：“我相信他37岁了”或“我相信我以前见过他”。

对于最早的牧羊人和猎人来说，世界只是他们能驱赶羊群和狩猎的范围那么大；在定居下来的农民看来，世界显得更小了；不过，在他们所有的人看来，世界的四周似乎是无限的，只是从上面看，蓝天把它遮住了。谁也说不准，在一个晴朗的早晨，蓝天会不会掉落到地球上来。航海扩展了已知地球的范围，人们开始仰望天空，因此海洋和天体成了新领域，然后所谓的哥白尼革命发生了。太阳取代了地球成为宇宙中心，但这好像还不够，我们的太阳只是众多星球中的一个，后来，我们发现银河系也无非是众多星系中的一个。这里的众多——并不意味着数千万或上百万，而是以十亿和数十亿计。宇宙的大小和年龄以相似的比例增加。然后，它们又以人类的十次方的尺度被宇宙超越，在分子、原子、原子核、电子的微观世界中逐渐缩小。

只有对于科学家来说，这些数字才需要精确；除此之外没有人担心多出或减少一个十次方的问题。但这些科学事实确实对他有意义。它们构成了他的世界图景，虽然不常被人记住，但在某种程度上影响了他的每一天，或者至少影响了他每个星期天的思想和心境。

科学假装知道一些关于宇宙演化的东西，甚至关于我们星球的演化，科学知道得更多，而且有强有力的证据支持生命进化，尽管对其机制知之甚少。所有这一切，从空间和时间上简化和外推，都属于我们的世界图景，在这个图景中，我们人类似乎是进化的最后一个环节和顶点。

外推是一个古老的游戏。技术和宇宙的想象使世界图景开出了奇异的花朵。太空旅行和月球访问成为现实，但技术和宇宙的想象力遨游得越来越远，如泰亚尔·德·夏尔丹这样的进化论幻想家也没有落后太多。

这一切都是我们世界图景的一部分，是一种信仰的表达，它植根于科学，但仍然是一种信仰。说宇宙直径是 10^{10} 光年是科学，如果这样的尺度让我感到恐惧或快乐，或者我希望在其他星球上也能找到和我一样的同伴，那就是信仰。只有在信仰的领域里，我才可以对整体意义提出疑问。

但信仰要求的不仅仅是一幅世界图景，它也要求描绘人类和社会的图景。这些肯定没有科学上的“证明”或世界图景的证实：它们不是科学事实的外推，即使它们受到不断发展的科学的强烈影响。亚里士多德曾从生物学角度，将性别差异解释为质量和价值的差异，被动的物质女性原则和主动的精神男性原则之间的差异，并用一种关于效能和行为的哲学来解释这种二元论。今天，我们知道，如果把男性在性交中的活跃和女性在性交中的被动，甚至在精子主动冲向等待的卵子时，都理解为基本原理的象征，那么它们都是误导性的，它们没有指出受精过程中究竟发生了什么，这是一个由同等成分组成的联合体，为新生物的诞生贡献了同等份额。

这项科学发现有助于塑造我们的人类形象吗？我想是的——至少在这方面，目前还没有哲学家敢用亚里士多德的论点来证明女性的自卑。诚然，亚里士多德关于女性自卑的哲学不是社会歧视的原因，而是社会歧视的结果，但后来它在理论上很好地证明了歧视的正当性。因此，有理由认为这种辩护的最终失败对持续存在的歧视是不利的。

我不会试图估计自然科学在反对奴隶制、剥削、种族和社会歧视的斗争中有多大贡献。在以前，这种歧视是通过生物技术、农民和养牛人的技术来证明的。贵族和自己的家族之所以更好、更有价值，是因为一个品种的马或玉米可能强于另一个品种，这是由遗传特权决定的。自然科学很久以前就驳斥了这种观点，自然科学家们在任何情况下，都会比其他人更加批判性地看待它。尽管如此，这些养牛人的想法是根深蒂固的，尽管今天没有人鼓起勇气正式把它们引入，但从侧面的统计数据来看，这已经足够容易了。

二十多年前，我通读了所有的文献，发现人们试图证明，与环境相比，遗传更能影响子代的智力素质，孩子们继承父母的特质不是因为环境，而是因为遗传。我仔细检查的所有材料都非常糟糕，而且倾向性极强。前几年发表了一项轰动性的统计研究，证明了美国黑人的遗传劣势——80%的遗传和20%的环境，甚至更少。我猜不出这些数字是如何定义的，更不用说证明了，因为有了二十多年之前的研究经历，我不相信他们。令人惊讶的是，这些调查在欧洲国家被引用并用作论据，而人们却理所当然地认为，我们的"黑人"与"白人"的区别并非在于他们的肤色，而是在于他们父母的社会地位和居住环境。

人们会问，不相信"先验"的统计调查，难道不违背科学吗？我"不相信"这些调查试图证明的东西，就像我不相信超心理学家的统计尝试一样。这种态度根植于自然科学，但在其他地方更加坚定。

有许多因素有助于我们对人与社会的认识——首先是与人们的社会交往和社会成员身份。教育、布道和宣传影响着我们对人和社会的印象，并受到它们的影响。当然，心理学和社会学理论的贡献不容小觑，但其中大部分都不是科学，而是对人类和社会图景的反映。

我曾多次使用了"背景哲学"这一术语。我的意思是说，理性表达我所描述的世界图景和人与社会的图景。信仰至少在一定程度上塑造了这些图景，为了证明它们是合理的，于是产生了或多或少的背景哲学。我本可以进一步扩展背景哲学的概念：麦克斯韦理论，几乎从来没有被正确地应用过，而量子理论也没有更好地应用，但它的确是一种背景哲学——事实上和数学表达一样非常活跃；在我看来，理论经济学也具有同样的水准。但这些基于科学的背景哲学将被接下来的内容明确排除在外。我指的是那些使世界、人类和社会的图景合理化的背景哲学。

背景哲学为许多目标服务，尽管它们的动机是一致的：在我们自己和他人眼中，为技术和科学活动及其执行方式辩护。一个人可以在没有世界观的情况下研究自然科学，因为世界观是固有的，并从自然科学中发展而来的。自然科学技术已经是另一个例子，工程师们幻想的自然哲学，可能是在一种缺乏世界观的技术心理压力下产生的。但是，追求没有"世界观"的自然科学，并不意味着"人"和"社会"的世界观可以舍弃。正因为它们不是自然科学所固有的，它们不是作为客观条件，而是作为主观前提，把自己强加在追求者身上。为了保证个人名誉，它们在自然科学和自然科学技术中是不可或缺的，因为研究者觉得有义务在自己和他人面前证明自己的行为是正当的。

我把“以世界、人类和社会图景为中心，既不属于科学、也不属于技术的哲学”称为背景哲学。这种哲学是一个装饰，但也可以是主动且有影响力的。在自然科学及其技术领域，只要它是相关的，它就可以如此。长久以来，谴责技术进步一直是一种浪漫的风气，因为它是自然科学的产物，是违反自然的；有些人希望在礼仪、衣着等方面恢复传统的形式，或者至少他们希望这样做。与此同时，事实证明，没有伤寒病菌的牛奶更健康；黄油也许并不像人们过去认为的那样比油更健康。总的来说，这些替代品远远超过了“天然”的替代品。自然科学家们自己也发现并揭示了自然科学中的危机，但没有把它当成秘密。毫无疑问，就自然科学而言，它们也将消除这些危险的来源。有关的批评可以以相关的方式来回应。

所有这些在社会领域都要困难得多。其中的人类和社会图景并不局限于或多或少的矫正功能，就像它们在自然科学中那样。在医学领域，它们已经以一种更起决定性作用的方式进行干预；在社会科学中，也许是相同的。但是，如果是围绕着不同的人和社会的图景发展起来的哲学正在产生影响——谁能否认这一点呢——这种影响是直接发生的，它不是通过一门科学、一种技术、一种工艺发生的，而是直接口口相传的。从埋头于书案的社会哲学家到作为公民的旁听者和读者，他们都是社会现实的共同创造者。与分裂社会学的鸿沟相对应的是，可能存在能够弥合隔离鸿沟的捷径。显然，这既可能是美德、也可能是恶习。仅凭哲学无法开动纺织机，也不能教会孩子乘法表，这虽不重要但并不是对哲学的贬低；它也不能管理一个社会，这似乎不是那么容易解决的。我更喜欢一种运用相关技术的哲学，但这似乎在社会领域很难实现。

1.8 价 值

在这一章结束之前，我不得不谈到关于价值无涉的争论。如果社会学家讨论这个问题，我们这些局外人很容易就会相信，所有的社会学都转向了科学是否价值无涉的问题。他们总是说“科学”而不是“社会学”。如果你问他们是哪一个，他们的眼神就好像你会惭愧地相信还有其他的。

这不是开玩笑，这是非常严肃的。如果社会学家考虑他们自己职业上的不满——那还能是为了什么呢？——作为榜样，他们证明自己没有正确理解自己在他人中的处境。

“价值无涉”及其反义词，不是社会学的发明。“真”和“假”也是价值，但没有人会声称科学不受它们的影响。好吧，让我们忽略这些特殊的价值。毕达哥拉斯定理和牛顿万有引力定律的有效性，既没有商量的余地，也没有回旋的余地。它不能为了取悦某些宗教或政治信仰而遭到谴责，不能被警察监管，也不能申请专利。它们是不随世界观的变化而改变的命题和法则；相反，它们可以决定世界观，当然也不随人与社会图景变化而变化。人们可以把这些科学事实看作是相关的、有趣的、适用的，在这方面它们可能是有价值的——或者是毫无价值的——因此它并不是价值无涉的，但这对于科学事实来说是无关紧要的。我想说：科学不受价值制约。

然而，技术又是“先验的”另一回事。工程师设计一座桥的目的不可能是为宣扬某个科学事实，而是单纯地建造它。如果他设计了一座50公里长的大桥，却没有地方放置它，也没有人来为它支付费用，那么这个设计方案就只是个智力游戏。在成千上万的专利中，只有少数能被利用；尽管有很多巧妙的发明，但其余的都被认为是毫无价值的。

在科学中，当问题被提出时，价值至关重要——可能是有趣的、相关的、容易或困难的、有前途的、易于技术实现的；它们在科学方法上也很重要——这种方法可以是有用的、巧妙的、舒适的，可以吸引探索者大胆尝试。除此之外，产品的效用也是技术的一个价值所在。

到目前为止，科学和技术中的价值概念看起来并不是问题。价值能否赋予科学对象以科学权利，这是一个新的问题。“圆形是一个美丽的图形”“硫化氢气味难闻”“希特勒是一个罪犯”这样的说法科学吗？

这些例子太荒谬了，看起来像在开玩笑。但是，如果在最后一句话中，我用“反社会的”替代“罪犯”，并且意识到这个所谓反社会的人代表一个社会群体，问题就变得更严重了。

怎么可能有反社会的东西呢？如果“社会”是一个描述性概念，那么其反社会边缘是它的一部分，而“反社会的”是“矛盾术语”。只有当“社会”是规范的时候，“反社会的”才有意义。但依据的是什么规范呢？如果不变性是“社会”规范的一部分，那么任何革新的趋势都是反社会的。这取决于人们对压制的定义：什么是压制。

社会规范只是部分被编纂出来的，而真正被编纂出来的是行政和压制性的规定，而非规范本身。这些规范是由人类和社会图景所决定的，也许在某些背景哲学中是合理的。这和科学没有什么关系，但这不是我余下问题的重点。我不会放弃这是一种社会“技术”。作为自然科学的技术，它不能抛弃规范的观点。我不会只是简单说：社会必须以某种方式组织起来，而技术手段的使用取决于效用论证。

事情确实没那么简单。诚然，如果价值起决定性作用，那么该讨论的是技术而不是科学——这是因为背景哲学在技术方面比在科学方面作用更大。

为什么价值无涉问题在社会学中不断被提出？在我看来，社会学本质上是背景哲学，而且，更准确地说，社会学没有足够的前景。这里有丰富的社会技术；然而，这些技术并不受背景哲学的影响。他们所谓的社会学对局外人来说是一个奇怪的景象：他们看到大量的社会学家，这些人无疑是出类拔萃的，但没有看到社会学。其原因是显而易见的：社会学家的杰出之处在于，他们是某种背景哲学的创造者，根据社会的情况，这种背景哲学被划分为与之多少相关的哲学。我说的不是矛盾的哲学，因为这种差异是由不同压力以及多种因素造成的。

那么社会学的后遗症从何而来？一个经济学家或多或少地知道能控制经济杠杆和突变，但不幸的是，这还远远不够。例如，他知道银行利率增减后经济的变化情况。有人认为，社会学的技术还没有发展到那种程度。我还记得战争时期，当时我们生活在敌占区。有一天，为了抑制盟军广播宣传，德国人下令交出所有无线电接收设备，违令者将被处以“在德国监狱服刑五年”的惩罚。但无济于事——几乎都没有人上交。几天后，禁令中增加了一条“没收家具”的附加刑，这个警告起到了作用，上交的人不说百分之百也差不多了。

显然，一个威权主义或恐怖主义社会的反应相当可靠，只要人们知道正确的手段。了解这些手段有点像是一种科学，能够操作它们则是一种技术。但背景哲学并不是能够操纵手段的力量。

那么，背景哲学的用途是什么呢？之前我提到了捷径：它在于被教导。教学是为了让哲学家把学生当作社会的共同创造者。人们试图通过应有的方式宣传社会学，以此来改变社会。可以肯定的是，这种做法一直在持续，而且有时被证明是成功的。具有革命性的规律，是在社会成熟到可以接受的时候被采纳的，而成熟是通过宣传来实现的，这种成熟是通过反宣传来回应的：思维方式也受到宣传的影响。

然而，教授背景哲学与宣传是不同的，因为教授包括通过“考试”测试其结果。虽然我曾经参加过一次哲学考试—— 一个合理的考试——但我无法想象还有什么是比哲学考试更沉闷的事情，因此我完全怀疑这种“捷径”的有效性。哲学被审查，意识形态被审查——这难道不是自食其果吗？如果它不起作用，那怎么办？更多的背景哲学怎么办？

无论如何，在我看来，社会学家所说的价值无涉问题是没什么前景的背景哲学问题。哲学背景薄弱的社会学家会主张价值无涉，而那些背景哲学对他们来说意义重大的社会学家会否认价值无涉。

第 2 章 论教育

摘要

德语中有三个定义明确的术语“Unterricht、Erziehung、Bildung（教学、教育、教化）”，这在英语“instruction、education、culture（教学、教育、文化）”中得到了模糊的反映。教学与教育是人们获取“文化”和成为一个有教养的人的途径，但从文化的角度来看，没什么特定主题是不可或缺的。因为对于个人而言，文化意味着个人将所接受的教育和教学融会贯通的方式。

教育取决于人们对人类与社会图景的认识。人们可以在乘法表教学时，试图科学地找出奖惩的最佳分配，但是否接受或拒绝任何特定的奖惩教育制度则是一个信仰问题，也是人们对人类图景的认识问题。是否相信教学结果是可以测量的，这是一个信仰问题，尽管教育测量的科学借口如此。教育的技术需要一种哲学，这是信仰问题，而不是科学问题。

教育如何受到“社会”的影响，可以从荷兰教育体系的概述中看出，它在一定程度上是个范例。人们正在努力改变这一体制，并以一种“机会平等”的制度来取代它。这个世界上到处都有人认为，通过行政措施、通过对各种类型的学校或学校总人数进行表面上的整合，可以实现机会平等。可真正的整合正被多少有些复杂的“差异化体系”所阻碍，例如由一般的教育学家开发的“掌握学习法（Mastery Learning）”。所有这些体系的效果是：“凡有的，还要加给他，使他更富足；凡没有的，连他已有的，也要夺去。”许多差异化体系将学习的社会背景抛掷脑后，而这不能像一些人以为的那样，通过教授社会科学来恢复。

我提倡“异质学习小组”。我对数学学习过程的分析，揭示了学习过程中的各个层次，其中一个层次上的数学行为变成了下一个层次上的数学观察。在群体中，特别是在异质群体中，强调这种行为和观察的关系有利于学习过程本身。

教育“创新”是社会中一个伟大的学习过程，而这根本不能预先规划。在我看来，它从课堂上开始，以一个设计、试验、评估和适应的快速循环开始；它的第一个成果是提出供讨论的课题——这是创新的一个例子。

部分创新在根本上改变了“教师培养”的方式，一方面将其学科领域和教学内容结合在一起，另一方面强调学习者和观察者在观察学习过程中的课堂经验和意识。

所有这些都是“教育哲学”的一部分，在这种哲学中，每个单一主题与其适用性都值得融入整个教育中。

2.1 “教育”意味着什么

我的英语水平远远达不到完美，我同意那些对我写的《作为教育任务的数学》提出的评论，那些评论家们发现了其中的错误。他们中的大多数人都允许我擅自使用了一种非我母语的语言——我很感激地接受了这种特权。但其中有位先生觉得被冒犯了，以至于他无法注意到该书的内容，这一点我完全可以理解。

那本书最初是用德语写的。动笔的时候我身在美国，出于现实考虑，我尽量避免用我居住国家的语言来写论文和书籍。德文手稿写好后，我把它翻译成了英文。编辑文本是件烦人的事，难怪有些以英语为母语的文字编辑，也没有注意到一些不合规矩的地方。

同样，本书最初是用德语写的，然后由我自己再翻译成英语。尽管我过去失败过，但我还是照旧这么做了。唯一和从前不一样的是从英语文本开始。我认为，除了作者本人之外，任何人都无法有效地、有意义地翻译像我以前或现在这样的书，但也有少数人有更严肃的想法。

实际上，英语版本并不是翻译出来的。我把原来的文本摆在眼前，用另一种语言重新写了一本书。这个过程大约需要专业翻译人员所需时间的五分之一到三分之一，因为他觉得自己有义务照原样翻译。这是我喜欢自己的方法的一个原因。另一个原因是，翻译一本像本书这样的书，不仅需要完全理解其客观内容，而且需要了解作者的主观意图，还需要充分掌握这两种语言，这二者结合起来是很难的。

我提到这一点，是为了验证我的理论是否正确。我请了一位我心目中的高人，把德语版本中第2章的前几页翻译成英语。我承认这是一个至关重要的考验。他没有成功，或者说他并没有尝试。科学的传播超越了地理、政治和语言的界限。如果有些东西是不可翻译的，人们可能会怀疑这不是科学。哲学是不同的。康德的《纯粹理性批判》已被翻译成好几种语言。为术语“表象”“直观”“感觉”及标题中的“理性”所选择的对应术语是恰当的吗？虽然我不知道如何检验，但我不认为这是个大问题。

双义或者多义词通常难以翻译，但如果略过或替换掉它们，就不会有太大问题。“文科中学（Gymnasium）”“公立中学（lycée）”“文法学校（grammar school）”“高级中学（highschool）”这些词在其他语言中没有简单的对应词：它们被“翻译”成“体育馆”“中学”“文法学校”“高中”。如果你想知道这些词的意义，你就必须收集外国学校系统的相关信息，就像为了弄清楚“莎士比亚”这个名字的真正含义一样，你就必须读他的作品或者译著（书中的名字“莎士比亚”由“Shakespeare”翻译而成）。

本章的德语标题是“Vom Unterricht”，字面翻译是“教学”。在英语版本中我选择翻译成“教育”，因为这就是我想表达的意思，即使在德语版本没有这样表达。直译的“教育”是“Erziehung”，我却不能将它放入标题，因为“erziehen”主要是指父母教育孩子，“erzieher”不是教育者，而是在法律上或道德上充当父母角色的人。所以，当把“教学”放入本章的标题后，我首先解释了我不是那个意思，而这一解释就占据了好几页的篇幅。但是，当我在本章的英语标题中使用“education”一词时，我的意思真的是“教育”吗？

我已经介绍了本章，并解释了我的翻译原则。我相信读者已经明白我这样做的原因了。在有关“教育”的术语方面，各种语言之间存在着根本差异，这暴露出了国家之间的哲学差异。这种差异影响着术语，并反受术语的影响。某些语言将“教学”和“教育”（这两个术语的含义截然不同）明显区分开来。前者是通过正式的指导进行教学；后者是塑造人们的各种观念和认知，包括道德的、社会的、情感的、宗教的——当然也包括认知态度。因此，一些论文的作者谈论“数学教育”时，他们的目标比乘法表或解二次方程更高——我说的是发展数学态度的目标，不管这些目标是什么。所以当我把“教学”放进标题，我必须说明，我希望有更高的目标。或者更确切地说，在我看来，任何教学都先验地包含这些目标。

德语和英语的术语都有自己的优缺点。德语术语（Unterricht 和 Erziehung）让人想起了不同类型的教育目标，特别是涉及全局态度的存在和特定行为的重要性，它们表明存在不同的教育过程，即“教学”和“教育”。英语术语（education）表明了教育过程的统一，但忘记了将其目标区分开来，以及将全局态度与特定行为作为教育目标。德语术语提供了更好的目标描述，英语术语则更加适应教育过程。

首先，我要举出一些例子和论点以支持教育过程的统一性。这种统一性是孩子们在家里甚至幼儿园接受教育的一个自然特征。渐渐地，德语术语“Unterricht”和“Erziehung”分离开来。我给我的孙子出一个问题，或者和他一起散步，这是在教学还是在教育？我的一个孙子，为他的（第一个男性）老师骄傲。他报告说：“如果有一个孩子淘气，全班就得做算术。”这位老师肯定相信算术课程的道德价值，就像他之前的历代老师一样。没有人会否认算术的教学后果，尽管有些人会用不那么积极的语言来表达这一信念。我认为，从来没有人说教学可以脱离其一般的教育背景，但仍然有必要在这个背景下理解和解释教学。

如果在小学接受了几年的正规教育后，人们成功地根据孩子们学习算术和拼写的能力对他们进行等级划分：一方面是那些知道自己很愚蠢、对这些知识漠不关心或不愿承认事实的人；而在另一方面，是那些知道自己很聪明的人，也许他们会为自己的天赋感到自豪。不管你喜欢与否，这已经取得了显著的教学成果。如果学校根据这些原则对学生进行划分，以便继续进行与学生能力相适应的教学活动，那么就像许多国家发生的那样，一种具有决定性后果的教育组织行为已经发生。如果经过几年学生摆脱了教育的限制，那么这种教育将在他们的一生中留下印记。我不知道是否有人在某个地方采访了一群一直是同龄人中低收入的成年人，以便发现这种经历在道德和性格上的后果，但也许要让他们中最聪明的那批人接受这样的自我审视并不太难。我无法预测这种教学对调查结果的影响，但没有人会彻底否认它们的存在。

我也不能说我在最后一段提到的教学体系是否正确，是否不可避免。有些人倾向于摆脱它，但我不知道这样的尝试是否正确；或者是否怀着最好的意愿，人们不会陷入本应避免的沼泽。事实上，我怎么可能知道它，根本没有科学意识意义上的知识。尽管如此，我仍然有权相信这一点或那一点，从哲学上证明我对教育及其教育后果的信念是正确的，并将其与其他人的信念进行对比或区分。

制定一般的和可操作的教育目标，是当今通行的作风。虽然我将在后面讨论这个趋势，但我现在预测一个特定的主题：教学目标，它也可以从“教育”的意义上归类为教育目标。

在德语术语中，“Unterricht、Erziehung 与 Bildung”共同构成一个层次结构，“Bildung”是三者中最高的。从字面上看，“Bildung”的意思是“形成”，但其真正的翻译是“文化”，尽管后者缺乏教育方面的专业化，而教育是“Bildung”最显著的特征。“Bildung”是德国教育学中的一个关键术语，它出现在如下词语组合中，“如教育理想(Bildungsideal，教育的文化目标)”；“教育小说”（Bildungsromane，描述个人文化教育的小说）在许多国家的文学中都曾反复出现过，但这个词是德语特有的。如果我们把形容词“有教养的（gebildet)”用英语“受过教育的（educated)”和法语“受过教育的(instruit)”在“一个受过教育的人（an educated man)”和“一个受过教育的人（un homme instruit)”的组合中忠实地表达出来，那么围绕名词“Bildung”的所有翻译问题都会消失。在我们的文明中，每个人都接受教育（chaque homme recoit une instruction)，但只有少数受过教育的人（gensinstruits）是“有教养的”。

什么是“教化”？把文化作为教育目标是什么意思？它与“教学”和“教育”的区别是什么？区别在于受过教育的人如何“对待”他所“接受的”教育。一个人通过学习和训练，获得了经验和知识，以及身体和精神上的能力。如果他给这些东西打上自己的印记，如果他把这些东西的多样性融入自己的个性中，那么这些东西就会成为一个受过教育的人的文化财产。

把文化作为教育的目标，在今天听起来已经过时了。提出这样的要求，很冒险吗？风气是在改变的，旧的风气终将会回归。总有一天“教化”也会这样。然后，人们会一蹴而就地制定出十进分类法，并在没有意识到其从事工作自相矛盾的情况下，对受过教育的人的文化方面进行操纵。

人们怎么才能列举出一个受过教育的人的文化组成？会算 10 以内或 20 以内的乘法；会写 3000 到 6000 个常用词；知道英格兰红白玫瑰战争，美国有 50 个州，乔叟或埃兹尔·庞德，流行艺术和欧普艺术之间的区别，吉尔伽美什的叙事诗或《指环王》，塞缪尔·约翰逊或弗吉尼亚·伍尔夫，贝多芬或布鲁克纳；许许多多的音乐会和博物馆，以及每个受过教育的人都应该读过的，比如 19 世纪横穿意大利或抵达墨西哥之旅，一位诺贝尔奖最近一届得主或者所有得主的名字——所有这些都不属于作为教育目标的文化。重要的不是内容，而是它的个体同化、精雕细琢和修饰，而这不能通过解剖分类和简单操作来捕捉。同样，我们应该相信并竭力主张，“教化”（文化）是教育的目标之一，这个目标就是教育要抹去自己的踪迹与痕迹。

当然，文化并不是教学和教育的唯一目标。但或许不难达成这样的共识：教育应该避免阻碍文化或进一步助长伪文化与野蛮文化。从这个观点出发，文化作为教育目标的假设，可以推导出更精确的教育假设。例如，应该尽早整合经验和知识，如果整合的内容无法被接受，就应该避免再提供不相关的材料，本质相通的材料不应以间断方式提供。

当今的理论和实践，都倾向于通过逻辑和透彻分析来呈现主题，就像它在原子论上被粉碎一样——稍后我们将用几个可怕的例子来说明它。为了使教学适应精确衡量其所有后果的目标，人们做出了巨大的努力——我指的是直到下一次考试为止的短期后果，因为评估和责任并不是延伸到三天或三年后仍然铭记于心的东西。但会有什么东西能经久不忘吗？我想是有的，这就是文化。

我一直对历史很感兴趣，甚至有一段时间我还犹豫过是否从数学转行到历史学研究。作为一个大学生，我多次参加历史专业的课程，之后还做过细致的历史研究。例如，我研究了从 1670 年到 1750 年的所有历史细节。我知道很多历史时期所发生的事。虽然现在我已经忘了大部分，但我回顾历史的时候就像是在回顾我自己的生活。日期、国王、公爵、教皇、战争与和平，这些词是无用的吗？不，它们是我建立历史结构所依赖的脚手架。我在记忆中建立起了历史学大厦，但曾经的“脚手架”已经被我拆除，我不需要了，我已经获得了更多的有机结构化手段。如果没有年份和日期，这可能吗？可能的。它可能是硬币、外套、武器、血统或铠甲，而不是年代。一个人学到的很多东西最终被证明是多余的，但这也是获得文化的一个基本特征。经过筛选后能保留的知识很少，但这是人们自己造成的。

这导致很难（如果不是不可能的话）通过文化作为教育目标来激励哪怕是一门学科。每一个特定科目的主旨可能是可有可无的，但整体必须是整体。然而，有一件事可以被文化作为教育目标所激发：主旨内容的提供和获取方式。它不应该以原子方式进行，也不应该着眼于测量。“原子方式”：即列出历史日期，背诵拼写的小册子，原子的重量。“着眼于测量”：这意味着它忽略了测量专家无法测量的东西。

这还不是最坏的事。最糟糕的是，这样的设计基本上限制了学习者的选择。当然，没有人可以从现存一切事物中自由选择他所喜欢的东西，人们在选择的自由方面存在着限制——巨大的限制。但正是这种选择的自由，才使文化成为一种可行的教育目标：他们被教导，接受教育，并且通过自己的活动，使他们成为受过教育的人。然而，选择的自由并不意味着事事你都可以从几个选项中选择一个。选择也是一件必须学会的事，它开始在局部进行，才能在全局范围内推广。让初学者讨论他们想如何学习 3R 的内容[㊀]，或者让大学新生讨论应该开设哪些课程和练习，这都是可笑的。除此之外，如果决定是提前做出的，争论是通过操纵达成的，如果学习过程是高度合理化和直接引导的，情况就更糟了。在练习课上的新生或在口试中的考生问：“我可以称这个为 x 吗?”或者“我可以画出这个问题的图形吗?”或者“我可以应用中值定理吗?”作为一个无助的一年级学生，他甚至没有学会在局部层面进行选择，这使得他的研究在总体范围内的选择价值降低。可以肯定的是，一个仍然喜欢被牵着鼻子走的成年人，或者如果他假装喜欢被牵着鼻子走，他就会认为自己在取悦别人，这是没有什么可抱怨的。这是他自己的错，但如果没有什么诱因，他会这样做吗？当然，它们不是新发明，它们一直被用于教育。现代教育家说他对它们深恶痛绝；但也有相当一部分人会将教育过程合理化为一项业务，并将其作为一种工业过程加以引导。这样一来，过度的管教就好像是对学习者套好了缰绳，让其牵着教育马车走。

自由选择是要承担责任的，接受和承担责任必须从小事做起。对人类的伟大理想、对战争与和平、为反对剥削、饥饿和压迫做斗争的责任感意味着，如果考官可以要求其他东西的话，那么一个人会逃避称某个东西为“x”、阅读一个要从数字中证明的性质或应用中值定理的责任。或者一个更现代的例子：保护环境要从家庭做起。

通过剥夺责任感的道德成分，来贬低它这种崇高的道德价值，是正确的吗？我是故意为之。责任是选择自由的反面，它与道德相距甚远。我无意说教。我用过文化、选择自由、责任这样的词，因为我在讨论教育。那些认为自己不属于时代秩序的人，可能已

㊀ 指的是读、写、算，即 reading、writing、rithmetic。——译者注

经和真理站在了一起，我有权相信他们是不可或缺的。如此表态是我的选择，我必须这样做，这是我的信仰。当然，敢这样说这么做的人，我并不是第一个，甚至都不是第一千个，所以这样不算是我的功劳。

2.2 科学与人类图景

这部作品与科学唯一的共同之处，在于它的作者是一位科学家。人们可以科学地研究，一个人在背诵和应用乘法表以及完美地写出自己的母语时，能受到多大的约束，以及如何最有效地奖惩以获得最佳的教育效果。遗憾的是，70 年前，使用卡方检验和方差分析的教育研究理论尚未形成。想象一下这样的一项调查，比如在 1903 年，人们研究了使用竹戒尺是否可以使得小数更好地被灌输给学生——当然，这是根据竹子的长度和原产地进行区分的，也许还会得到一些戒尺产业的补贴。遗憾的是，人们对文学作品缺乏这样的贡献。然而，70 年后，无论谁读到现在这几页，都不会抱怨：今天，利用卡方检验和方差分析开展研究，关于无论是否有奖励或没有奖励的情况下，关系的传递性或组表结构都被大家习得得更好。（从文献中，我不知道如何区分奖励的大小，也不知道如何应用极大极小原则——用最少的花费追求最大的产出——但这只能证明我的无知。）有奖励的教育“当然”更有效，就像 70 年前的棍棒教育一样，也许这是毋庸置疑的。但是，如果否定了奖励和惩戒，那教育又有什么用呢？

在任何历史时期，教育技术的状况都取决于社会状况。70 年前，有些人反对用戒尺。如果调查一下用戒尺教乘法表的那些人是否有效，他们会说什么呢？从卡方检验和方差分析角度讲，这不是科学吗？而且——很抱歉我忘了说，这份报告不是关于戒尺的，而是关于一种“惩罚媒介”的，这听起来确实最科学。即使人们觉得这样的调查不可能是科学的，可是又怎么能科学地证明这种模糊的感觉呢？在第 1 章的术语中，我已经说过这是不相关的。不相关吗？但在 70 年前，是否使用戒尺，与是否能获得更好的教育产出是相关的，而对这个问题的调查——无论是科学的还是技术的——将与这个问题同样相关。

不管怎样，总有人要挨打。他们已经成功了（尽管据文献显示，戒尺仍在到处使用）。我们不知道如何能更好地学习乘法表和分数，然而，他们成功了。为什么呢？因为他们的父母说“我的孩子不应该因为算术差而挨打”。但也有人会说“我就是被鞭子打而灌输的乘法表，为什么我的孩子不会表现更好?”或者一些家长会说“打孩子是父母的独家权利”。

遗憾的是，也许我们不能再“科学地”研究打孩子是否有助于塑造性格，或者大棒下是否能培养出更好的士兵和公民，但这些结果将不再相关。反对体罚的人认为，无论这样的调查能证明什么，它们从来都不是相关的。棍棒教育学不再适合我们对人类图景的理解。人类图景是决定性的因素，即使在一个晴朗的早晨出现了一门能够详细解决所有问题的教育科学，这一因素仍将是决定性的。教学和教育是一种技术，这取决于我对人类图景的看法，我如何实践它们，我坚持哪种技术，我写的所有关于它们的东西，在第1章中，我称之为背景哲学。或许，在我接受数学教育之前，我必须徘徊在岔路上——或者看起来像是岔路上的东西——的原因已经变得更清楚了。可能有些事情我无法用科学力量证明；但我拒绝通过伪科学不劳而获。我想给他们提供合理的论据，作为合理信仰的结果。没有人被迫接受我对人类图景的描绘，它也不是什么专利。诸如文化理想、选择自由、责任这样的术语不是我发明的。我现在所说的早已是老生常谈——不光是70年前，甚至可能是7个70年前就有人谈论过此事，但它仍然是热门话题，也许70年后仍然如此。多亏了那些不相信棍棒教育的，殴打教育才被废除了。然而一些怀疑论者称，棍棒教育已经被其他类型的恐怖所取代，而这种恐怖则激起了整个受教育者群体的抱怨。即使它们不是用来恐吓的，人们也不应该忘记多项选择测试。它们更危险，因为它们不是坏脾气或邪恶的产物，而是仁慈的、科学行为技术的产物。奇怪的是，这么多东西都经过测试，但测试本身却没有。我承认已经有人测试过一个选择题设置四个选项是否比六个选项更合理、50%的难度是否是一个理想的鉴别标准、是否应为了某种目的而植入误导线索，以及在什么条件下进行时间限制是合适的。但“教育是否应该适应测试它的可能性和方法”还没有被研究过，也没有调查过“如果上述问题的答案是否定的，该怎样避免它”。事实上，这种疏忽也植根于一种信念，一种对教育方法可测量性的信念，这种信念与我将文化作为教育目标、教育过程中的选择自由以及运用所学知识建立责任感的信念很难相容。这只是一种信仰，像我的信仰一样，我之所以称另一种信仰为教条，是因为它大张旗鼓地宣扬科学，目的是指责我的信仰不科学。

我把我的书《作为教育任务的数学》描述为数学教育的哲学。它的基本陈述确实是由一种背景哲学驱动的。该书解释了苏格拉底问答法和再创造的方法，但除了是一种人类图景，我没有证据证明它们。我谴责体系化的教条是一种错误的信仰，因为它与我对人类图景的看法相矛盾。如果成年数学家有权发明自己的概念并重新创造他人的概念、有权将数学作为一种活动而不是知识储备来实践、有权探索新领域、犯错误并从错误中学习，那么从幼儿期开始，学习者就应享有同样的特权。我强烈谴责那些“只许州官放火，不许百姓点灯”（Quodlicet Iovi，non licet bovi）的成年数学家，作为一个教育理论家，他不仅为学习者规定了应该学习什么，而且还明确规定了应该朝哪个方向学习，并禁止他们做任何可能误入歧途的事。我并没有证明我渴望的更好，就像人们是否真正知道不打人的教学是否更有效——可能它并不是更好。我主张另一种方法，我相信这一点，因为我相信真正学习的孩子应被视为一个学习的人。这是我对教育的看法㊀，我捍卫我的教育哲学，但请别要求我提供科学证明。

指责别人不把孩子当成人来对待，难道不是傲慢吗？我不责备任何人。我谈到了学习的孩子，在我看来这是一个学习的人。在许多人的理论和实践中，学习只是儿童人性的终点。他们引用了大量发展心理学的观点，来证明这种理论和实践。但是如果我没弄错的话，发展心理学家们从未分析过学习过程。他们只是说，某个年龄的孩子并不具备某些心理结构和能力，而当他们长大后，他们就会利用这些结构和能力。发展心理学既不调查，也不讨论孩子是通过什么途径获得的这些结构和能力。这是一个非常典型的特征，即从来没有人调查是否发展，便意味着只有收益而没有损失——我认为这个问题甚至还没有被其他人提出。

而且我不主张孩子的学习和成人是一样的。我只说孩子和成人一样同样有学习自由权、同样的尝试和实验的自由、综合前的分析自由、同样的可以整合材料的权利、可以犯错误、可以临时思考、可以通过自己的努力获得语言表达。

作为解释人类图景的哲学的一个例子，我在我之前的书中重复了这一点。但我对人类的图景已经讨论得够多了。现在我转到信仰的另一个组成部分——社会的图景。

㊀ 我早期的书是关于学习数学的，它在某种程度上与学习其他科目不同，这是一个鲜为人知的事实，我希望稍后再讨论一下。

2.3 一个恰当的例子

孩子应该能够在社会上运用他在学校学到的东西，而且为了确定某人应该学习什么，他必须知道社会是什么样子，这是前期准备，是一个古老的需求，虽然不是我所说的社会图景。我并不是说一个理想社会的图景。那些大声疾呼反对打孩子的人，还描绘了一个新社会图景，但不是乌托邦式的。

社会成员意味着参与社会，社会成员的愿望和期望是影响未来结构的心理图景。多数人心中的想法是由少数人以某种尖锐的方式表达出来的，少数人的话语会影响寡言者的思想。社会对自身的认识影响着教育；反之教育会使社会产生变化。但不要把我的意思误解为：学校作为社会的一部分，也影响着社会。他们通过学科教学的方式，以及他们的社会环境来做到这一点。然而，我不相信社会可以因学校讲授有关社会的理论而做出改变；但这一点我稍后会讨论。

当我写《作为教育任务的数学》时，我认为教育的社会问题过于狭隘。的确，我好几次表达了对传统欧洲精英教育的不满㊀，但以不满做指导思想是不值得信赖的。我必须承认，在我的中学教育知识框架内——比如说在我自己的国家——教育系统中学术性最强的部分被过分强调了。为了使我表达得更清楚，我将解释一些荷兰学校系统的特点，欧洲读者可以通过类比考虑自己国家的情况；而且，那些教育制度看起来更民主的国家，可能仍然想知道他们的教育社会问题是否与我们的有很大不同。

我们的小学（一~六年级；6~12岁）在某种意义上是通识教育，因为孩子们在智力标准上没有被分开（虽然不是在公开性的意义上，因为我们的大多数小学孩子都在宗教学校上学）。从七年级开始，教育体系分成普通中等教育（AVO）和初等职业教育（L. B. O.），分流比例普通中等教育约占60%，初等职业教育约占40%。初等职业教育有五个主要分支。一两年之后，普通中等教育分为三个分支，六年制的学生最终升入大学，五年制的学生进入高等职业学校（如教育学院和高等技术学校），以及四年制的学生基本进入学生生涯的终点。术语初等职业教育，不是暗示这种分支的智力标准——而

㊀ 奇怪的是，对一些评论者来说，这句话是我早期书中最有争议的。

是表明初等职业教育学生进入这种类型的学校是出于一种积极的选择，也就是说，是为了未来投身的行业或从事的职业。普通中等教育学生是那些在小学结束时还没有做出任何决定，或者已经确定不进入职业教育的学生。下述观点无疑是正确的：一般来说，初等职业教育学生最后会发现，自己从事的职业是他们当初做出选择时所喜欢的，而普通中等教育学生将发现自己从事的是另一种职业，但这并不证明某些职业的前景在这里是决定性因素。初等职业教育一词已经是历史的回忆，但随着时间的推移，初等职业教育已经与职业学校教育的共同点越来越少，普通课程的压力越来越大，职业科目现在推迟到第三年和第四年才教授。那么为什么这种分流没有在两年内就完成呢?

今天，初等职业教育除了早期选择职业外，还有另一个功能。就这一功能而言，许多其他国家的教育类型可以与我们的初等职业教育相媲美。初等职业教育的任务是照顾那些不能满足普通中等教育要求的学生——更确切地说，是那些由于他们在小学和测试中的成绩，被认为不能满足普通中等教育培养需求的学生，因为普通中等教育的门槛不允许他们进入。这是一种基于算术和拼写成绩的消极选择，而不是一种早期的职业选择，导致孩子们进入了初等职业教育。

过去，人们常用“理论智力”和“实践智力”来描述普通中等教育和初等职业教育学生之间的差异。而今天，“实践智力”只不过是一种委婉说法。事实表明，初等职业教育的孩子远不如普通中等教育的孩子，不仅在智力上，而且在性格、创造力、艺术天赋、社会行为方面都是如此。正如每个人所预料的那样，这种落后只会因为在同一类型学校中学习不上进的学生累积而加剧。在教育水平较低的环境中，这些孩子接受的教育质量明显下降。

确切地说，我的案例描述仍过于简单。初等职业教育并不是一个具有完全相同性质的系统。它有五个主要分支，可以根据学生的智力水平来安排，排名最高的是初等技术学校，其次是初等国内经济和贸易学校（女生）和初等畜牧业学校；除了我们的普通中等教育分为三大类之外，我们的教育体系无疑是世界上最分化的。这种改进——教育家的唯利是图——在历史上根深蒂固，并在1960年的《教育法》中得到了详细阐述和加强。该法是在整个欧洲都有统一趋势的时候通过的。

另一方面，我们的初等教育理论一致性并不像它看起来那样与实践相匹配。小学本身已经根据其学生未来的去向划分了：大多数学生会参加普通中等教育考试，学生也会系统地备战这场决定性的考试，但是只有一小部分学生进入普通中等教育学校。此外，为了简单起见，普通中等教育设置了所谓的“过渡”班，在那里，学生被决定进入六年制、五年制、四年制的分支，通常是“均质化”的，这意味着学生在进入中学教育的时候就被分类。

小学生按智力水平被分开，当然是由于他们的生活环境造成的：城市、郊区、乡村、农舍、农场环境之间的差异，以及城市内部不同地区之间的差异，决定着特定学校的生源。而生活环境又是由社会决定的，因此，小学生在小学毕业后的选择中，最终的决定性因素是社会因素，这一点也不奇怪。这在一定程度上被学生的智力能力所修正，使得这种差异造成的影响略小了些，但两者是紧密联系在一起的，因为这是态度因素。

其他国家的读者肯定会在我谈到自己国家的情况时，发现一些熟悉的特点。虽然这是社会学调查意义上的个案研究，但在某种程度上具有范式性。因此，可以预期，它在我国的理论解释和实践结论，与在其他地方就这一主题所发表的言论类似。

2.4 环境与遗传

因为孩子是通过遗传与环境，即通过其父母决定的，有些人查明最终是遗传因素决定了孩子在教育系统中以何种方式走到哪一步。人是由“先天”还是“后天”决定的，是由遗传还是环境决定的，这是一个古老的问题，相当多的人断言遗传占主导地位，而环境的影响与之相比微不足道。20 多年前，我深入研究文献，仔细研究支持这一论点的证据和论据：我发现的材料是有偏见的，数据也是不科学的。最近，这个问题又重新被提起，并在耸人听闻的出版物中得到了答复。我没有再研究新材料，但他们所谓的数学公式呈现出的结果是一个警告，我们要做最坏的打算。例如，据说作者证明了环境和遗传的影响比例是 20：80——怎样定义这样的比例且找到这个数值超出了我的数学理解范畴。这些材料㊀是在美国收集的，作者比较了白人和黑人，于是研究结果很容易在欧洲被采纳——我早些时候提到过，可似乎没有人注意到。黑人与白人的区别，不是看他们皮肤的颜色，而是看学校的类型。在日本有一种等级制度，称作“部落民”，大约有 300 万人，生活在 5000 个聚居的村庄里。直到 16 世纪，当剥皮工、制革工和其他

㊀ 我写这段话在这些基本数据被揭露造假之前。

“不洁”的人被排除在社会之外时，这个等级制度才从主流中分离出来。尽管这一种等级制度在一个世纪前就被废除了，但歧视依然存在。这种歧视并非基于种族差异，这种差异在三个世纪内根本发展不起来，而是基于出生地的不同。在智力测试中，部落民的孩子平均比其他日本孩子低 15 个点，这与美国白人和黑人的差距差不多；部落民的青少年犯罪人口是其他人口的三倍半，这也与美国的情况相似；靠救济生活的人口比例是其余人口的两倍。既然这些差异不能用种族差异来解释，在这种情况下，估计环境对智力和社会成就的影响相当高，也许比遗传的影响还高，也就不足为怪了。另一个例子是上一代人在加拿大讲英语和讲法语的人之间的智力差异，以及类似的文化滞后案例：其实问“这是否归因于遗传”的问题太荒谬了。

毫无疑问，遗传是个体心理能力谱系的一个重要因素，但要计算出遗传和环境在影响因素中的占比，并不是一个简单的统计计算问题。从出生开始，环境因素就开始发挥作用，这种作用是不容低估的。一个孩子在最初几年里学习的最重要的东西就是母语，这是他在家庭环境中获得的。在那里他也学习自己的社会反应，进入学校后，环境的深远影响给孩子打上了烙印。这个新环境可以纠正此前家庭造成的影响，但家庭环境——或者缺乏家庭环境——仍然是最重要的因素。

今天，世界各地都在消除环境造成的偏见，并为所有人提供平等的机会。在我的国家，人们正在研究在小学毕业后的三到四年内，让孩子们在一种类型的学校——中等学校——共同学习的计划。英国设有综合学校，但它并没有取代古老的文法学校。在瑞典实行的是统一的学校系统；联邦德国正在进行“综合中学”实验。反对这种“民主化”的观点反复强调，对于 12~13 岁的孩子来说太晚了，不能给所有人平等的机会。反对是正确的。应该从初等教育开始就有这种平等（只会听到同样的反对意见，认为为时已晚，因为真正的解决办法是从出生开始就有平等的机会）。在美国，不同城市地区的学龄儿童被人为地混在一起，以消解种族歧视。在欧洲，没有人会提出这样的建议。显然，人们普遍认为社会环境的歧视没有“种族”歧视那么残酷。因此，如果生活条件只是“社会”歧视而不是“种族”歧视，就没有合理的理由使得欧洲去模仿美国的例子。

6 岁或 12 岁后，一个人的领先和另一个人的落后从何而来，无论是来自环境还是遗传，都无关紧要了。这种现象确实存在，但学校似乎对此无能为力，而是逐渐在减少弱势群体的机会。

2.5 人人机会平等

我在这里所概述的情况，在世界各地都是非常常见的。到处都有人在努力改变它，到处都有人在与巨大的困难做斗争。无论在哪里，人们都被分为进步派与保守派、乐观主义者和悲观主义者、计划者和懒散的旁观者。总有一个支持进步的理由，一个历史的理由：过去的进步，尽管反应是暂时的，但结果却是持久的。“不”，其他人说，“峰值已经过去了，我们现在正在走下坡路。”乐观派说：“这是过去每一代的保守派重新宣布的，他们错了。”悲观主义者回答：“这是真的”，“但今天的情况不同了。”

这就是讨论的模式，不仅是在每天拖延的教育问题上。谁是正确的？我认为相信未来是对的，只是人们所相信的未来往往是错误的。

曾经有一个时代，3R 作为一门艺术只被少数人掌握；甚至直到 18 世纪末，人们也普遍认为穷人家的孩子只需要学习读和唱，而写作和算术是多余的。也许在当时的社会是多余的，但是那些受启蒙运动影响的人确实学习了它们，并以此为基础改变社会。因此，对于一些学过它们的以及下一代的许多人来说，它们不再是多余的东西了。

它应该继续这样吗？无论如何，它还在继续。越来越多的孩子接受了越来越多的差异化教育（但持怀疑态度的人说，教育质量正在相应下降）。在我们的四年制的普通中等教育学校中，自六年前进行现代化课程改革后，三、四年级学生数学学习的数量增加了五倍（但是职业教育学校的老师们抱怨道：他们已经不知道学习海伦公式了）。我曾听到一个在物理实验室做兼职助理的大四学生，抱怨现在和他一起工作的大一年轻人，我认为这是一个专家的判断，可见今天的情况退化得有多快。

无论如何，呼吁更多孩子接受更好的教育，听起来是一个很容易接受的挑战。人们相信，教育质量取决于教育环境，尽管这一点也值得怀疑。因此，均等的机会要求他们，在接受中等教育时不与其他人分开。但是，如果事实证明，对低天赋的学生有利的群体，反而会对有天赋的学生有害，那又会怎样呢？很久以前，普通学校在许多国家被推广并最终引入小学，而反对者称，国家未来的精神、经济和政治领导人不可能和普通民众一起，在同一间教室里接受教育。虽然这一论点没有明确地表述出来，但可能很多人都这么想。但它也可以反过来想：未来高精尖行业和办公室的人才不能独自地接受教育，这是必要的——这是一种社会需要，而对相关人员来说是一种性格上的需要。这就是综合中学在提供智力、艺术和技术教育的同时提供社会教育的方式，而不是像一些人建议的那样，用社会科学（或者他们这样称呼它）填塞学生的大脑，而是让他们在一个具有不同数量和质量的人才的社会里，做好和其他人合作的准备。

此外，如果要求智力、艺术和技术教育不受社会教育需求的影响，这难道不过分吗？然而，在教育活动中，要求总是意味着要求过多。如果等级 C 代表通过的话，我们为什么还要求 A 和 B 呢？

然而，我完全知道这项任务的规模，我希望无论人们在哪里讨论这类问题，都能有更多人意识到这一点。如果读者觉得这听起来很傲慢，过几分钟他就会明白我的意思了。

虽然我不想贬低系统化思维活动和其发明者的能力，我不相信他们解决的这些表面上的问题基本或是他们提出解决方案的影响可以超过官方转换的速度，这只是无数问题的冰山一角。看起来很深奥的问题解决方案很简单，它们暴露出那些提出方案的人没有意识到真正的问题。但不应去责备他们，因为这不是他们的领域。就像我们不会去责备一个不会给奶牛挤奶的生物学家，对吗？教育中的创新项目是由通识教育工作者设计的，在许多国家，如果这些人以另一种方式了解教育，而不是通过消化理论文献，那完全是个例外——我的意思是教育在这里不是一个抽象物或官方结构，而是一种发生在学校和其他教育环境中的教育过程。站在现在流行的宏观结构角度甚至微观结构角度上来说，真正的教育问题都很遥远，但不幸的是此乃理论创新者喜欢逗留的避风港。在那里官方措施的效果被高估了，但真正重要的核心，教育和教学的重要问题却被忽视了。人们认为，教学可以通过法律、法令、条例和组织措施进行改革，可如果它不起作用，就会感到惊讶。最近几个国家创新项目和政策的失败，都是由同一种意识形态造成的：教育被视为官方问题来处理。更糟糕的是，如果创新由社会学家主导——就像在联邦德国一样——这是思维错误的致命后果。我毫不低估社会学和社会学家在创新过程中可能做出的贡献——就像我不会低估一般的教育家一样。相反，我对他们寄予厚望，我认为他们的工作是必不可少的，只要人们知道把他们及其工作摆正位置。最大的错误——我们将看到一个错误的原则，即相信一个人可以通过层次的演绎，从普遍性和抽象性（宏观结构）下降到局部和具体的现实性（微观结构）。这种演绎，或者他们口中的这种演绎，根本不是演绎，而是渐进的琐碎化。虽然这显然是错误的，但演绎视角在教育理论中如此常用，使得我不得不浪费很多时间来讨论它。（我的主题仍然是“机会平等”，我离题只为了反对简单化的解决方案。）

如果我不能信任社会学家和一般的教育家，我就有义务重新思考这些问题。第一个不幸的口号是机会均等，它让人想起了轮盘赌桌。哪里有这样的东西？每个精子在子宫中让卵子受精的概率是相同的，但一旦卵子受精，这件事就算完成了——我们现在先不讨论其他的百分比。新生婴儿不能选择他的父母和他们所处的社会环境，他们开始的机会就像在煤渣路上的短跑运动员一样少。如果失明是盲人的命运，我宁愿认为被蒙上眼睛的女神更值得拥有权利和正义，但前提是我知道什么是权利和正义。“公正”是比“机会平等”更重要的，但没有人能够做到这一点。“打击歧视”也许是最好的词，尽管这听起来不那么乐观。难道不应该通过允许特殊利益来消除劣势吗？这是不可避免的，正如对病人给予的照顾比对健康人多一样。

种族隔离是歧视的一种有效手段，因此自然要进行废除种族隔离的斗争——我之前解释过，为什么用美国的种族问题来说明这一点不是牵强附会的。就教学政策而言，废除种族隔离意味着建立综合的中学。但这不是一剂成药。除了把分开的合在一起，还有很多工作要做。这是共识，但方式存在争议。模式，或者他们所说的模式是组织和政治框架的细节。

但我们应该考虑到我们这是在逃避问题：普通的综合中学环境是否比我们荷兰的初等职业教育和普通中等教育分裂的学校环境更好吗？能起到改善教育的作用吗？保护能力强的学生不受“迟钝”的影响，不让“迟钝”的学生每天面对高智商的学生，不是更好吗？那么，如果新的综合中学期望继续旧的教学主题和方法，答案可能是：是的，最好不要整合。那些“迟钝”的学生已经充分证明了他们跟不上进程，他们讨厌这样的教学。纯粹的组织改变不了这一切。要想知道真正应该做些什么，需要从教学内容和方法开始讨论。我不久会说回到这一点。

综合学校环境应该是一个积极因素。但是如何解释其成员的多样性呢？答案是差异化。不仅是同一个学校，甚至是同一个教室的学生，让他们都获得差异化的教学。差异化在欧洲是最新的流行词，也是容易被一般的教育家们挂在嘴边的词汇。他们热衷于把计划细分、图示化、图表化——正是这种乐趣孕育和培育了我们荷兰中学教育体系的优秀分支。在过去的几年里，人们发明了几种差异化模式，它们不考虑也不负责实际的教学。但不管你如何选择，都是一般的教育家臆造出来的空盒，并且被那些所谓有教学与学科能力的人填充，他们被要求将传统的教学分成适合该系统规定的部分。此外，结果总是根据主题分化，而不是根据方法——我也不提倡这样做。如果出了问题，如果制度加剧了社会的多样性，社会学家们就会互相反对。他们都认为社会学掌握着教学改革的钥匙，虽然他们对“锁眼”的下落意见不一。一方说：我说过，在一个未改革的社会里没有教育改革。而他们的对手试图通过组织教育分化的新手段，来阻止“不必要的”社会分化。

德国社会学家试图通过所谓的“未改革社会中的教育改革”悖论来证明他们在教育创新中的不可或缺性，这一悖论可以用另一个更切题的答案来回答：教学改革要同未改革的课程和未改革的教师同在。这确实是我们在许多实验中尝试过的方法，但都没有成功。“改革教学”，即综合性学校，“综合中学（Gesamtschule）”和“中学（Midd en-school）”用纪念性文字写在中学入口处上方，在前门后面，现在在一个屋檐下沿着分叉的走廊把绵羊和山羊分开。这是必需的吗？是的，如果我们的选择是教学改革同未改革的课程和未改革教师一同存在，那就当然会这样了。然后“不必要的”分化或如德国社会学家所言是不可避免的。“差异化”的确是一个委婉说法。他们说“分化”实际上的意思是“分裂”。这是他们的宿命，因为整合只有从教学内容和方法开始才可行，但这不是那些设计者所关心的。

差异化是不可避免的。学生是有差异的，他们对以差异化的方式提供给他们的教学做出反应。新提出的体系不是以自然的整合应对这种自然差异化，而是通过一个比传统学校更剧烈的分离来进行。结果是“好学生”变得更好（就知识成就而言，不是社会融合）。那整合年龄组中表现较差的那一半学生怎么样了呢？原来聪明的学生现在被判定为平庸之才而自卑。于是，凯撒大帝这样的雄才宁愿做一个外省小镇的第一名，也不愿意在罗马做第二名。但这种偏爱并不是恺撒一个人的特征。这是任何知道第一、第二和最后排名的系统之后，不可避免出现的结果。或者它就像是一个弦乐四重奏，其中第二的小提琴不需要是二流的。优生和劣生之间距离越来越远，奥林匹克竞赛提高优生的地位而把劣生推向更深的深渊——这是综合年龄组真正的问题。并且无论谁都不要忘记思考这一点，也最好不要沉溺于实验。

我们不能避免这个迫切需要解决的问题：我们应该如何应对在学习过程中出现的自

然差异化？我只能再次回答：这样的问题只能依据教学内容和方法来讨论。关于基本教育问题的无休止的争论，一旦争论者决定讨论真正的事情而不是抽象的理论，就会有一个圆满的结局。之后，这一观点可以在坚实的能力基础上加以扩大和完善，况且也应该如此。如果在此之前是对概括性的归纳，也可能从概括性出发得出推论，如果已经走过从能力到一般教育的道路，那就走从一般教育到能力的道路。

2.6 瓶装教育与漏斗教育

是的，机会对所有人都平等。但是把山羊和绵羊，“黑人”和“白人”混在一起是没有用的。最重要的因素，都是由遗传而非环境决定的。“机会均等”意味着每个人都得到了为他创建和准备的教育，不论其程度如何。把弱势群体的利益放在心上，给他一个可以获得成功的教育，教他技巧，教他可以掌握的常规技能，但不要苛求他和他的老师能理解他所学的东西。这些观点被引用为报告的最终结论，这些报告本应证明，遗传和环境在被测智力中的占比为 80∶20 之间。事实上，如此轻率的结论是错误的，即使断言该比率是 80∶20 有一定意义。

毫无疑问，如果他们希望不让他进行智能学习，并通过一些技巧和他能掌握的日常技能让他高兴，那么他们的内心是为弱势群体着想的。但糟糕的是，他们秉持的是关于什么是学习及其用途的反常观点，尽管这种观点相当流行。事实上，教一个处于劣势的孩子永远不会应用的比如算术技能有什么用呢？有一个这样的问题，如果一辆汽车每升汽油可以跑 12 千米，那 60 升汽油可以跑多远？这个问题被一半以上初等职业教育一年级的学生（12~13 岁）使用除法回答了出来，但由于后进的孩子甚至都不能做到这一点，学校也会努力提高学生在长除法上的成绩。反正他们也学不会，所以我就教他们死记硬背，教他们算术，他们可以通过这样的手段记得很扎实。

最好的意图也不能弥补学习上的肤浅想法。肤浅的——这意味着创建学习计划和结构，其他人应该用学习内容和过程填充这些计划和结构。“掌握学习”的例子或许有启发性。他们说，如果每个人都有足够时间可以学习任何事，为了严谨，他们立刻解释这是一个格言。好吧，一个真正具有合法性的格言；凡感觉有必要将格言合法化的，都是在承认它是非法的。一句格言应该隐藏着深刻的真理。“每个人都可以学习一切”是肤浅的说法，也是大错特错的。事实上，这不是一句格言，而是广告口号，把它当作格言也仅仅是一瞬间的事。在广告中，你不能没有夸张。但即使是一瞬间的事，它也不会变得更真实。如果时间允许每个人都可以学习一切，这从根本上是错误的，因为它有悖于学习的基本概念。

如果时间允许，人们可以通过一根想要多少水就有多少水的细管道中抽出水——这并不是什么新想法（尽管在另一端他们可能会因口渴而死），“掌握学习”的基本想法也同样缺乏独创性。这只是一个所谓德国“纽伦堡漏斗”的一个新版本，描述一个木头人正在通过他头上的漏斗来获取知识。

学习并不像那些行为主义者所说的，是一个连续的过程。学习过程的本质是不连续和跳跃的——我经常强调这一点，我接下来会重新讨论这件事。事实上，死记硬背的学习是一小步一小步地进行的，但一旦掌握了这项技术，一小步一小步也没有任何帮助。在学习中，有的门槛对少数人来说太高了，还有一些是许多学习者无法逾越的，还有一些是绝大多数人无法逾越的，还有一些对大多数人来说是无法克服的，即使他们可以随时随地学习——这是每个理解什么是学习的人都知道的。

好吧，这是古老的智慧：勤奋能赢得胜利，勤奋能征服一切。我不需要老生常谈的谚语和反例，我知道很多这样的谚语和反例。例如：一个数学系学生在四年期间被定期强硬告知放弃自己的专业（尽管他的父亲相信他会成为一名出色的数学老师）。后来他在另一个大学待了四年，并且通过了中期考试，六年后通过了毕业考试。一共四年就可以完成的事情，他用了 14 年。我不知道他是否找到了工作，如果找到的话，在岗位上表现如何。好吧，这是一个掌握学习的模式，他已经完成了，但不要问我是如何完成的，更请不要问我，是出于什么目的。在实践中有很多这样掌握学习的证据，甚至在理论上，无论你喜欢与否，掌握学习的基本理念都可以被证明：对每个人来说，他通过某一考试的概率都是正的，即使这个概率低至 1%。而在 500 次测试中，通过的概率就会高达 99%。

这似乎是一个合理的证明，但它是错误的。不是因为测试是不独立的，而是因为这个问题已转移。它声称，如果时间允许，每个人都可以“学会”一切，但事实证明，如果允许任意重复，每个人都可以“通过任何考试”。“能够学会一件事”与“能够通过一次测试”被混为一谈。这是一种认同，我将在后面仔细剖析，但为了预测一个众所周知的行为主义缺陷，我现在就来讨论它。反对意见称，通过对比测试前和测试后的反应，我们可以发现，学习了一些东西后，行为发生了变化。不，我是说，如果我想知道是否有人学会了一些东西，单看测试前和测试后的行为变化，就好像相信减肥广告中“治疗前后”的图片一样有价值。这让我想起了刺猬和野兔的赛跑，比赛只有在开始和结束时才清点人头，于是刺猬太太就提早在终点代替她的丈夫接受点名。为了知道某人是否学到了什么，如果学到了，就必须确定是哪个学习过程学到的。如果这个过程本身不能被直接观察到，要想确定他是否学到了东西，就需要比测试前和测试后所能提供的更复杂的证据。

我使用了好几次广告这个词。这是恶意的夸张吗？我不这么认为。不管你喜欢与否，教育可以是一门生意，没有广告就没有生意。即使是现在被视为教育界前辈的人，也不反对它，我就不举例子了。事实上，每个对它感兴趣的人都可以很容易地找出这些例子。写作、编辑、出版教科书可以是一个很大的生意，我不会责怪或怨恨任何人，尤其是当它干得好的时候。但有一件事需要注意，广告宣传和科学合理的主张之间的区别。所谓的“掌握学习”的研究论文，读起来就像电视广告里吹嘘一种去污剂，说它能去除其他去污剂无法去除的所有污垢。今天，似乎有一些企业通过合同接管了整个地区的学校系统；他们出售的是完全标准化的教学，并且公平地要求只对成功的教学支付报酬；什么是成功，并且它的价值是多少，这个问题已经从测验前和测验后的区别中解决并得到相应补偿；前测与后测当然是由制造商自己提供并且包含讨价还价。没人会冲动消费去买一个没用的东西。到目前为止，这些企业似乎一半都已经失败了，但这是不可避免的“儿童疾病”，而仍在蓬勃发展的另一半，则证明了这是一个不错的生意。

不要指望会有令人憎恶的声音。这并不是说我害怕自己像那些在看到第一条铁路时，就以为世界末日已经到来的人那样受到嘲笑。不，这是合乎逻辑的发展。如果一个人可以计算测试前和测试后的差异，从而计算出某个人学习了多少，并且如果一个人必须知道到什么程度就意味着他掌握了学习，那么，教育就像其他任何东西一样成为一种商品，并服从于同样的经济规律。如果教育是一门生意，一个行业，那么生产就应该像其他经济领域一样，以一种理性且合理化的方式进行。

我偏题了吗？我将从“从机会均等”出发尝试迎接挑战。其中一个是“掌握学习”。“机会均等”意味着所有人都得到了基本的教学指导并有时间掌握它。至于是否掌握可以从测试结果看出来。测试有很多变种——“A. B. C. 模型”“基础和加法”

“I. M. U. 模型”“I. P. I”等其他类型的测试，但它们永远讲的是一样的故事。后来的例子会揭露那些勤勉的工作者们令人难以置信的天真，勤勉的工作者将传统的教学内容删减和压缩到这些计划中，有能力之人被一般的教育家的鞭子吓到了。今天的方法比以前更为复杂。这不再是纽伦堡的漏斗，而是注射前后称重对比的皮下注射器。就机会均等而言，方法也更为复杂。例如，如果学生必须学习分数乘法，那么基础目标就包括“能够算出任意两个分数的乘积”这一目标。这是对旧运算法则“分子乘以分子，分母乘以分母”的委婉描述。要想验证这种能力，首先需要正确解决三个问题。在此之后，学习过程会产生分流。没通过测试的学生会接受20多个问题的训练，而通过的学生可能会接触这条法则的证明。或者，更复杂地将学生分成三组，中间组同时标记完成时间，而其他人则接受补习或者辅导学习。

这种方法组织得很好，也很成功，特别是审查人员想否认教育家推荐方案的时候，无所谓它是否值得推荐。整个系统都可以被设计，未来的理想情况是：孩子们可以通过远程通信在家工作，接收问题并阅读解决方案，并且在工作过程与他们连接的计算机交流。那么，是否以及如何将所有相同年龄的孩子聚集在同一类型学校的问题就会消失。所有人都有相同的机会，但是当然每个人都在自己的水平上。这才是最公平的。

2.7 社会环境

仍然有一些问题。如果纽伦堡漏斗可以解决这些事情，那么如何利用热切的渴望整合学校环境呢？好吧，社会学家说，纽伦堡漏斗需要社会学的平衡：将社会学作为教学计划中坚实的基础，或者至少渗透进所有教学中。这也许是一个极端的立场，但是它相当好地描述了当前趋势，特别是在联邦德国的趋势。我不能责怪那些社会学家。如果做出的决定有利于脱离社会学习过程的纽伦堡漏斗，那么必须在其他地方找到这种背景。只有根本性的决定是错误的，但即使是将教学与纽伦堡漏斗联系起来也不能归咎于社会学家，因为社会学家不了解教育，一般的教育家几乎没有向社会学家展示任何其他东西。

在一点上，社会学家是正确的。纽伦堡漏斗无论多么完美，都不能成为我们追求的目标。它让我们放弃学校环境，这是没有任何好处的。学校应该为学生进入社会做好准备，或者更准确地说，学校应该成为社会的一个分支，而不是工人们在装配线或信号线上交流的车间。学校活动也不应该是孤立成果的总和，而应该是一种集体组织的学习过程。“机会均等”不仅仅意味着所有学生都可以拥有同样的材料或同样的指导去施展他们的能力，而且还要求这些都发生在同样的环境中。主题、材料和指导都是可替换的，但环境却不可以。

我讨论这个问题不是让读者寻求一个简单的解决方案，而是让他们意识到问题的难度有多大。就像我们现在所知道的那样，学校的班级对学生来说首先是他和朋友们的小圈子（对孩子们来说是一个大家庭），其次是一个研讨组，这应该保持。然而，工作方法还有待改进。学生在那里一起工作，但更多时候只是肩并肩工作。这种团结应该加强，而不是像极端个性化方式所规定的那样被废除，或像几乎所有创新项目中那样被削弱。此外，合作关系应该更加根深蒂固。

我认为社会学习过程是社会创新的载体，并强烈反对一种与教育脱节的教育社会学——特别是在联邦德国——它在贯穿教学的社会科学中，在教授社会理论而非社会生活中，找到合适的方法。我认为他们将会非常失望，而且他们越相信灌输失望就会越大。宗教坚信课程已经没有了，用10个小时的教条灌输代替原来每周的1~2小时也不能恢复这些课程。这种方法最糟糕的地方是它明显的反社会性。初学条件最好的学生有宝贵的机会在批评中锻炼自己——对教条灌输的批判，而条件较差的学生则被抛弃而变得迟钝。

然后剩下的课程全部由教育学家支配，他可能会想办法，让每个人得到所应得的东西。无论这个体系被命名为A. B. C.、X. Y. Z.、I. M. U. 还是I. P. I.，无论它是否是一个政治体系或者其他什么东西，它似乎都注定会失败。“因为凡有的，还要加给他，叫他更富足；凡没有的，连他所有的，也要夺去。”这是让人绝望的原因吗？不是，但我相信深刻的问题只能用深刻的方式来解决。

深刻，这意味着在根源上，在教学中，在被轻蔑地称为微观结构的地方要深刻。另一个表达我意思的词是在根本上“与生俱来的”，不是那些人为的、夸夸其谈的一般计划。

2.8 异质学习小组

我相信社会学习过程，而且基于这种信念，我倡导异质学习小组。我对异质学习小组的想法是，我很欣赏它并且支持它的论点，在观察数学学习过程和思考我的观察结果中产生；关于数学教育那一章考虑这个问题的适当背景，但我现在不得不讨论它。异质学习小组由不同水平的学生组成，他们合作完成一项任务，这是一项共同的任务，每个人都在自己的水平上，就像社会上通常由不同水平的异质工作小组来完成任务，每个人都在自己的水平上合作一样。在我的《作为教育任务的数学》一书中，我解释了术语“水平”在学习过程中的含义；我不知道这是否以及如何适用于其他学科的学习，因此我倡导的异质学习小组仅限于学习数学。

根据一些人的说法，这种异质工作组只能受到政治争论的驱动；他们说，在教育方面没有支持这种做法的理由，相反，从教育的角度来看，异质学习群体可能性不大。从一般教育理论的角度思考，这可能是正确的。如果从数学能力的角度来看，情况就大不相同了。我认为我能够证明，我称之为“水平”的数学学习过程的结构，在异质小组中形成真正的学习。在我看来，这似乎是一个基本的想法，而且是教育认知起源的一个很好的例子，因为只有从能力的角度出发，教育认知才可能发生。

就数学学习过程的水平结构而言，在较低水平上的数学“练习”变成在较高层次上的数学观察，即使不是一种特征，至少也是一种伴随而生的现象。这通常是在无意识中发生的，但如果它进入意识层面，它就会自我强化，成为一种“顿悟”，就像每个数学家从自己和他人那里学习到的那样。对水平的认知，在学习过程中具有重要意义；那么已完成的学习过程就成为新学习过程的主题。现在，与“他人”一起观察学习过程，比“单打独斗”更容易，因此不应剥夺学习者进行这种观察的机会。如果一个人观察到其他人在学习一门他以前已经学会的学科，那么他就学会了另外一件事，这也是一件重要的事；一个人理解另一个人是如何学习的，假想自己是如何处理它的，将这个较低水平的活动客观化，以便有意识地重复它，即使同时已将其机械化和算法化了。

我已经预料到更高水平的学生在合作中获得的好处。事实上，合作并不是唯一的收获来源，因为在细节上，他也可以通过观察其合作者的解决方法来学习数学实质。低水平学生的收益增加似乎更明显，但是通过更深刻的分析后，发现情况并非如此。如果这种情况变成现实，也并不足以从教育的方面完全了解异质学习小组。有必要“事先”有意地引导它达到这个目的，或“事后”指导和引导它。在异质学习小组中，可以形成各种教育关系；它的成员学会了引导和被引导的教学法——这是教学法的最低水平，事实上，并不是所有甚至大多数活跃的教师能超越这一水平。在一个更高的水平上，就像数学的学习过程，人们会反思自己或他人的教学行为——至少在我看来，未来的教师应该学习这些。然而，学校学习小组成员对自己和他人的教学法进行反思，这并非不可想象，我甚至观察到了这一点。如上所述，“有意指导和预先指导”意味着在学习计划中设置路标，这必然会导致这些教学观察；而“事后指导和引导”意味着干预，使说教的关系出现在群体意识中。

这听起来是不是很棒？它是以经验为基础的。事实上，普通的班级是一个过大的异质学习小组。其主要缺点是存在一个中心成员，即老师。这个角色就像电话接线员一样介入对话，阻碍直接的交流。然而，有相当多的教师知道如何将他们的活动减少到电脑化电话办公室那样的程度，其结果几乎是学生之间的直接交流。然而，有意组成的异质学习“小组”需要更多交流。我承认，经历相当多的实验后，我们对这一群体的功能还是了解甚少，以至于无法开出处方，甚至无法给出建议。

在针对教师培训者、教师指导者、教师和家长的课程和会议中，我们解释了我所明确表达的主张。重要的不仅是数学能力的获得与意识，还有教学能力；不仅在于学科内容，而且教导方法也很重要。如果在异质学习小组，我们的材料发挥影响，那么这样一个群体的成员必须观察个体的学习过程，不管是他们自己的或是其他人的学习过程。并且他们必须会判断我们对学习过程的计划是否起作用以及如何起作用。尤其是，他们必须意识到学习群体的异质性在运行过程中意味着什么，以及它是否和如何有助于强化学习过程。

在这样的实验中，我们体会到，在学习过程中同时看待教学的主题，并使他人习惯于这样的做法是多么困难。当然，为异质学习小组适当准备合适的材料，并为教师使用这些材料做准备，需要付出很大的努力。但仍然存在的主要问题是学生“动机”的巨大多样性——性格和强度的变异性——是否会比水平的差异成为更严重的障碍。到目前为止，我们面对的只是动机相当一致的群体：具有相同兴趣的成年人，以及在一个试验非常单一的情况下动机特别强烈的学生。我在小学的经历表明，动机的差异比智力的差异大得多，但克服这些差异的方法也是如此。然而，我仍然担心在综合性学校环境中，动机的多样性可能会使这项事业搁浅。

为什么我不顾种种不确定性，仍然坚持异质学习小组的理念？为什么我要强调异质学习群体的复杂特征，比如不同水平的协作，而这种水平不仅理解为学习内容的特征，也理解为教学活动的特征？为什么我想掌握和鼓励社会学习过程的全部特性呢？我这样做是因为个性化趋势是如此强烈、如此合理、如此自然，以至于不应人为地阻挠，而应以同样自然的方式融入社会化学习过程中。我对结果几乎不抱什么幻想。即使这样，无论谁拥有也要给他（尽管是另一种礼物），但也许这是一种更礼貌地对待弱势群体的方式，而不是从他们身上拿走他们所有的东西。

2.9 创新的策略

本章的标题包含了“教育”这个词，如果这本书属于那种追求科学尊严的书的话，那么这一章将开始定义什么是教育。在此之前我反复强调，并且在书的前几页我已经解释了，为什么我不赞成别人的工作中使用这种定义方法，也禁止自己使用这种方法。在讨论“科学”的时候我选择了另一种方法：分析语义，甚至是通过比较不同语言中的语义来分析语义。英语中“教育”一词的含义非常广泛，因此有必要对其进行分析。没有人会指望文学史主要与出版商和印刷商有关，或者风景画的历史与苯胺的生产有关。但是，将教育与一个复杂的行政结构联系在一起并不罕见，这一结构涉及教育法案、政府法令、教育制度、学校组织、班级规模、时间表、教学目标、计划、任命和工资规定等。努力创新通常被理解为这种“宏观结构”，在这种结构中，诸如能力、主题或教学方法等烦琐的细节很容易被忽视。

即使没有任何进一步的解释，我所说的教育和教学也已经很清楚了。但我总是强调那些我认为必要的：我强调教学过程的重要性是在教室里，但这并不意味着其他方面可以忽视。相反，没有学校建筑就没有教学；没有建筑师谁去设计它们；没有教科书哪来的写书、发行、审批；没有教师哪来的工资；没有时间表哪来的介绍和观察；没有预备和继续学校；没有教育部长和门卫——这可不是开玩笑的事。然而，为了表达我的教育哲学和教育创新，我确定了我的观点：那些哲学可以发挥最大用处的地方就是哲学创新的根据地。大家都知道在这一阶段，有很多东西是不能忽视的。以我在上面阐述过的荷兰普通中等教育与初等职业教育为例，无论未来会发生什么，无论是独立改善初等职业教育，还是希望在一所综合中学实现整合，都不得不必须在组织措施的托词下做出根本决定。例如，一个相当平淡无奇的问题：如果通过整合不同类型的学校，将接受不同培训和持有不同文凭的教师聚集在一个屋檐下，那么薪酬平等就成为一个问题。然后就没有办法解决等级和薪水的问题，在职培训是否应该弥补文凭的不足也是一笔糊涂账。我提到这一点，不是想当然地把它作为一种奇怪的现象，而是当作一种范式。人人都赞成的教育创新，却可以推迟好几年才实行，理由是它们可能破坏一种宝贵的社会平衡，这种平衡体现在工资和职级水平上。“我很高兴你承认这一点”，一位社会学家说。他怀疑在未经改革的社会，能否真正实行教育改革。是的，你是对的，如果你的意思是废除官僚制度的社会改革。[㊀]但就我所知，社会改革呈现出相反的趋势，不是吗？

在宏观层面上，创新者受到官僚制度的阻碍是因为确保稳定是官僚机构的任务。但也有例外，有进步表现的官僚机构——例如，联邦德国通过政府法令引入“新数学”，最终导致了一场教育灾难。[㊁]虽然它非常适合这样一个系统，以至于1968年10月的某个晴朗的早晨，在没有明显专家背景或支持的情况下，联邦德国教育部长会议“建议”未来应该如何教授算术，不过它很难理解。显然，没有人关心应该如何实施这样一项措施。很明显，任何创新措施，即使不涉及全新的主题，也需要一种引入策略：应该编写新的教科书，开发新的教学方法，并为教师准备好内容和方法，这在今天已经司空见惯。事实上，即使是这个提法也太过软弱，它在60年代就已经过时了。今天，大多数相关人士都有这样一个共识，从制订课程，通过设立新方案和阐述主题，到教师的再培训，所有创新活动都应在中心和外围之间不断相互作用中进行，这就是今天人们对民主的理解。

如果我审视宏观和微观层面的教育，就会注意到被官僚主义观点所忽视的那些特征。直到现在，当讨论教育的时候，我都把自己限制在课堂上的教学过程中。但我们已经走到这一步，我们应该看到在教室里教学的过程已经嵌入到微观和宏观结构中。创新总的来说是一个很大的社会学习过程，它伴随着许多微观结构上学习过程的特征（特别是水平结构）。

这种认识也是一种学习过程的结果。直到最近，荷兰所有教育创新行动和法令（其

㊀ 我不是贬低“官僚制度”。官僚制度出人意料地繁文缛节，但是本质上它遵守保证社会平衡的固定规则。

㊁ 据我所知联邦德国是唯一一个国家高级政府官员决定数学是什么以及它如何教的国家，尽管这样的“建议”不值得写入政府报告。事实上，这是一个古老的传统，难怪社会学家和教育家试图取代政府官员。

他国家类似），包括普通中等教育的过渡班，初等职业教育的第四年及其重新规划，教师培训的重新规划等。但是，通过一种实验、再培训和进一步培训的方式设计新的数学方案，是一种谨慎的尝试，它试图将教育领域纳入创新之中。在法国，在没有准备和基层很少参与的情况下，为中等教育制订新的数学方案，引起了众人严重的不满和愤慨。类似现象也表明其他国家的创新过程失败了。

与此同时，大量的创新教科书已经出版，但这些教科书只是那些纸上谈兵的教育理论家沉浸其中。发明和规定这些方案是为了其他人可以灌输知识给学生，而不是为了学习过程本身。直到其他人有足够的信心使用这些方案，学习过程才会开始，可最终这些使用者只能在极度绝望中搁浅。教室里的学习过程是被程序化指导、引导的，他们可以在经验丰富且明智的老师协助下进步。创新，为了成为一个学习的过程，应该更灵活。就如同程式化的经验和判断，只有在学习过程中才会浮现和浓缩；由于没有来自外部的向导和舵手，学习过程必须由内部来指导和引导。

这样的想法对于一般的教育家来说，是非常碍眼的。灵活性被认为是业余的，他们希望成为技术专家，但他们是技术官僚，他们不允许自己和他人拥有像桥梁建造者适应土壤那样的技巧灵活性，尽管他们需要极大的灵活性。过去十年在荷兰发起的众多创新项目，很难被指责为业余的灵活性；它们是按照藏于神圣的教育典籍中最严格的创新艺术规则来设置并实行的。可惜书上并没有写他们将不可避免地陷入困境。

不管是谁在教导或创新，他教导或创新的“东西”都制定了规律和法则。没有脱离内容的教导或创新，也没有脱离内容的管用理论和教学技术。因为我知道这直接违背所有不言而喻的教学公理和创新理论，稍后我们继续讨论这个问题。

如果我说内容也许不会被无视，很明显我的意思不是这个单纯的学科内容，而是实际的学习过程，不仅在课堂上，而是在更广泛的领域，包括课程开发者、测试生产商、教师、教师指导者、评价者和父母。再次把自己局限在学习和教学中，“数学”应该是启发式的，也是我所希望的范式出发点。

值得一提的是，我们在荷兰数学教育发展研究所是从整体上看待、接受并开始这一广泛学习过程的，但在这里讲这个故事太长了。我们用两年探索如何解决一群小学教师学科内容再培训课程的问题，以及如何用这种材料对更大的群体进行培训和再培训。我们一直在进行一个综合的小学实验，在这个实验中，操作目标不是“事先的”高级选项，而是“事后”衍生的，学科内容和方法不断地适应经验，设计、试验、评估和适应紧密相随，简而言之是快速迭代。设计材料的同一个合作者指导试验、评估它，并调整设计，这些设计在一到两周后的平行课堂上重新试验，甚至到第三个课堂上；只有在发现学生可以从这些材料中学到什么之后，学习目标才被提炼出来；然后，为了同时服务于教师培训、再培训和父母教育，整个过程再次被安排和评价，在这些过程中，重复同样的循环，也需要更长的周期。评价材料是在操作过程中开发的，它将揭示学习过程的痕迹，而不是已经获得的知识。这就是我们小学数学课程形成的方式。在此之后，还将进行概括调整以便该领域的其他人进行讨论、形成讨论课程，这是民主创新战略的核心。

这只是一个简短的概述，而只有经历过示范性的学习过程，才能深入了解细节。此外，由于没有什么可以称之为权威，所以我只能展示一个较大学习过程中的一些剪影，在这个过程中的每个环节，都需要做出尽可能有意识的选择。这些确实不是专门的解决方案。

2.10 教师培训

教师培训也是教学。我把它与综合学习过程分开，因为它是像学校教育一样的制度化教学，而不是像今天的教师再培训一样的创新。在我的《作为教育任务的数学》一书中，我过度强调了对中学教师的培养，而不是小学教师的培养，导致了教师教育中能力与教学法关系的偏见。尽管如此，我仍然坚持我的结论及其对进一步培训的所有影响：

“显然，教学也属于人们通过实践来学习的活动，在教育学中也是显而易见，停留在这种底层水平是没益处的。这意味着大学里的初步学习只能获得一定程度上的教学法训练。”（144 页）

然而，我相信，甚至在那时我也这样认为，初次培训应该包含比现在更多更好的教学法。

在所有国家的教育制度中，从幼儿园到大学的教师培训，都有两个明显的趋势：

一是与学生年龄相对应教师的逐步专业化；

二是强调的重点从教学法向学科内容转移。

尽管第一种趋势看起来有充分的理由，但人们可能会怀疑第二种趋势是否同样容易站得住脚。显然，根据不同学生的年龄，教育情况和要求是不同的，高年龄组确实比低年龄组更能满足低强度的教育培训吗？但此时此刻，我觉得没必要回答这个问题，我有严肃的理由质疑今天我所熟悉的教育培训价值。在这个更广泛的背景下，第一个问题失去了它独特的性质。大致说来，我们的教师培训有三个层次：

小学教师；

能力低的中学教师；

能力高的中学教师（学术型高中教师）。

前面提到初等职业学校由初级和能力低的中学教师管理，而他们中只有三分之一的人受到过像样的数学教育，而且水平远高于学校的水平。50年代的一次改革，数学作为小学教师培训的一个学科内容被取消了——这是一笔意外之财，让我们能够用充满活力的数学，而不是过去死气沉沉的数学，来填补这个令人不快且明显存在的漏洞。无论如何，这个漏洞都应该被填补。到目前为止，中间群体学生的数学训练无论是数量上还是质量上都很匮乏，这样的情况很糟糕。我说的是“到目前为止”，因为在过去的几年里，出现了相当多的教师培训机构。这些新机构的建立可能以后会被证明是非常有意义的，因为它们的课程和方法可以说是写在“白板”上的，而这些白板上可能印着对一般教学，特别是数学教学的创新思想。这些创新无疑会对高中教师的培训产生影响。与此同时，小学教师的培训还有待彻底改革。在我们面临的情况下，教师培训应该满足哪些要求呢？

在我之前的书中，我强调过我们教的数学“充满了关系”——我曾多次解释这个术语。对于每一门学科的教学，都可以这样要求；但为了发现和阐述这种要求，人们可能需要数学。在数学中，缺乏所有关联性的教学倾向，比在其他学科更容易得到满足。

我想将这一要求扩展到教师培训，并在此过程中通过其对数学教学的影响来说明这一点，而不是重复我在前一本书中引用的论点。在教师培训中“充满了关系”，一是培训和培训目标之间的关系，学员接受的指导与其未来将给出的指导之间的相关性，它的内容，它的方法，以及它与更大教育单元的结合。二是内部关系，即未来教师培训构成各个部分之间的关系。三是学员接受的教学和期望管理之间超出教学之外的关系，即他所学和所教内容的社会相关性（当然，“一”“二”“三”并不意味着三者重要性的先后顺序）。审查教师培训方案——规定的和实际的方案——以便知道它们是否经得起这些标准的考验，也许是有用的。

我希望避免我在前一本书中反复警告过的严重误解：强调某些关系的存在并不一定意味着意识到它们。无意识的关系可能特别有效，而将所有事情明确化可能是糟糕的教育方法。但这句话不应该被误用，它不是用来唤起神秘的无意识关系的借口，我没有一丁点这种意思。事实上，教师应该了解学习者无意识的关系，这样教师才能在教学组织中利用自己的这些知识。

事实上，教师培训中隐含的东西可能比过去少了。据称，如今的学生都很挑剔，他们倾向于问“为什么”，以及“为了什么目的才必须学习这个或那个”。我认为他们说得很对，我无法理解为什么老师更喜欢那些为学习而学习的学生。人们通常很难回答“为什么”和“目的是什么”这样的问题，但与此同时，这些问题也是一种优势，常会引起仔细推敲。

未来低能力的中学教师比学术型高中教师更直接地倾向于他们所向往的职业。值得注意的是，如果脱离实际教学，他们往往会拒绝教学理论和类似的抽象概念。但是，当自己的学校经验反馈他们永远不会“教”数学时，他们该如何面对他们不得不“学”的数学呢？

我不能回答这个问题，因为在我遇到的委员会里，他们的培训师与来自教师培训机构以外的数学家们，就他们应该学习的数学问题进行了争论，这是他们无法理解的争论，因为他们对所讨论的数学几乎一无所知。他们参加这些会议，听这些讨论，难道是没有意义的吗？我不这样认为。如果这些讨论的主题是我敦促教师培训应该包含的那种关系，这可能是有用的。即使他们不熟悉这些关系的一端——高等数学——但仍然存在的另一端是他们所熟悉的。

关于这点还有更多。相比其他任何领域，学校和大学学科之间的关系，在数学领域可以更有效地被理解。在大学里，数学不是那么简单，要在学校的数学基础上增加一定数量的学科内容。当然，在其他领域不是这样；但多亏了我所说的水平结构，高等数学中的“高”意味着提高水平，或者至少应该是这个意思。如果在大学的学习过程中需要意识到一些事情，那就是提高水平。这到底在哪里发生呢？这正是菲利克斯·克莱因的《高观点下的初等数学》一书中所缺少的。我曾经提议写一本教科书，从两个水平来处理一个特定的数学领域：左和右是同一学科内容；左面是通过自己初次学习过程掌握的，右面是在掌握后正式化的。这个想法可以任意细化——可以添加两个页面：一个展示了我教的人是如何达到他的理解的，另一个是关于他成绩的形式化——真正分为更多的水平。为什么这样的教科书将面临一个巨大的风险。我担心的不是出版商而是作者，他这样做可能是在拿自己的科学声誉冒险，因为其他人可能会怀疑他的精神健康。但为什么不应该这样教学生呢？如果来自蜡纸上的重复印制是允许的，来自印刷机则被拒绝。

除了算法之外，我还强调数学化是一种数学活动，我的意思是用数学的方法组织原材料，不管它是否是数学的。问题的类比和同构是重要的数学化工具；数学化的战术和策略是老师应该学习的核心。然而，学生和他们的导师在哪里可以找到数学化的阐述，它的战术和策略，巧妙地分成章、节和小节呢？答案很简单：无处可寻，因为这一切都是隐含的，包含在我们的数学活动中，这种缺乏明确性是它的优势。这是我们的习惯和第二天性，因此很难通过内省来分析它。

但有一个强大的方法来发现它：观察和智能分析别人的学习过程。当我们看到自己身上原本平淡无奇的习惯，在较年轻、技能较差的人的活动中产生时，它就会变成一项根本性的发现；一个人必须亲眼看见并经历过它，才能被它打动；而仅仅一份书面或印刷的报告是不够的。

我将在后面通过例子说明这一点，但是现在我预计我所认为它对教师培训的影响是什么（我指的是对数学教师的培训，因为我不知道什么是可以转到其他学科去的。即使是在自然科学中，我也只能稍微研究一下，因为很多都是完全不同的）。未来的老师应该学会观察和分析学习过程，不光是分析学生，还分析他自己的、他的同伴和他的培训师的学习过程。对于培训师来说，这意味着他带领和引导学生到学习过程发生的地方，打开他们的眼睛和头脑进行观察和分析。数学不是作为一门已经创造出来的学科，而是作为一门将要创造出来的学科来教授的，这一要求并不新鲜，但仍然很少得到满足。出于同样的原因，标准方案中纸上谈兵的教学法，应该让位于那些由学生、学生和教师在共同经验中创造的教学法。

这种学习并不像传统的假设那样，当学生成为老师时就结束了。对运行中的学习过程开展观察和智能分析，本身就是进一步培训的学习过程，并通过分析再次强化。正规的进一步培训不仅应有助于老师的精神充实，而且应该通过经验的讨论来增加观察和分析的深度与精度。

我承认这些都是很高的要求。自 1962 年以来，我们为数学教师的进一步培训做了很多工作，首先是对高能力的中学教师，然后是低能力的，最后是小学教师，尽管在后者我们只达到了一小部分，他们的进一步培训本身并不是目的，而是小学课程开发准备的一部分。至于中学教师，最初只是对数学科目进行进一步的培训。我们用这种方式来限制它，不是因为我们低估了教学的组成部分，而是因为我们认为自己没有足够的能力，无法在自己的能力范围内培训教师。我们希望教师有足够的经验来处理数学问题，并使其自然适应课堂情况，但这一希望落空了；教科书作者填补了这一空白，可无论他们做得更好还是更糟，这都不是我们想要的数学，并转化为教学。我们相对犹豫地同高能力的中学教师一起，并更积极地和低能力的中学教师一起，来解决教学构成的问题。我们向小学教师提供的是数学和教学法的紧密结合——每一个具体案例中的课程指导，都是由一名数学和一名教育学培训师、教师培训机构的同事组成的。随着进一步培训低能力的中学教师，同样的工作将更加困难，尽管正在取得进展；如果是培训高能力的中学教师，这几乎是不可能的。根本没法说服那些帮助我们在学科内容方面培训同事的教师，在进修课程中关注学科内容的教学方法（他们在自己的课堂教学中表现出来）——他们回答说，没有人训练我们这样做。他们是对的，执行一项活动和观察它是两回事。要求教师观察他所实施的教学法，并要求未来的教师接受这种提高水平的活动，这样的要求真的太高了吗？

当我要求教师培训应该有大量的关系时，我暗示了许多关系。有人会问我，哪一个教师培训师能够考察所有这些关系，他所肩负的重任让他感到害怕。学校和大学数学的关系是怎样的？它们不是由不同的人教授的两门不同的学科吗？他们分别怀疑对方是江湖骗子或学识渊博的人。这两位数学家的教学方法之间的关系，其中一位数学家的教学方法是隐含在主题中的，而另一位数学家的教学方法是理解并提供与内容无关的教学方法吗？在学校和大学层面，将学科教学纳入一个更大的主题关系，而这种纳入，如果它被认真对待，真得依靠那些他们自己都不知道必须合并和整合什么的专家吗？不同部分之间的关系共同构成教师培训——好吧，如果能让教这些的人围坐在一张桌子旁，这将是最简单的事情。关于建立主题的社会相关性问题，社会相关性的思考是社会学家的事，而社会学家对他们应该建立的相关性主题不感兴趣吗？

我们怎么能做到？培训师们会抱怨，我们怎么能关注专业以外的关系呢？他们认为，受过培训的人会在培训师无法做到的事情上取得成功，这是不言而喻的，比如整合拼凑。教学拼凑往往是无法避免的。如果在非职业的中等教育中不可避免，至少应该尽可能地加以限制。医学院的学生拼凑在教室里学习，实验室在医院里整合，但是现在人们努力更早地开始整合教学；许多其他的学术课程培训还远远没有达到这一点。当然，整合是一个终生的过程——其结果就是文化——但正因如此，它应该尽早开始，也应该努力使学生意识到它的必要性。

我的目标是整合教师培训，尤其是学科内容和教学部分应该相互渗透；个人主义的授课，学科内容的不相关性和教学的形式主义不适合这种系统。在这样一个培训团队中，教师和教学人员应该知道学科内容，而教授学科内容的人在讨论教学方法时不应该耸耸肩了事。我知道这对数学家来说很难。他们应该从一切都能被证明的领域，转移到没有人能告诉你怎样证明的领域。当然，他们不情愿的原因之一可能是他们习惯于把自己限制在所有可以被证明的数学中，将数学限制在现实中的括号里。另一方面，人们可以理解他们对模糊路径和教育理论家行话的恐惧，以及他们（通常不是毫无根据的）怀疑这可能是一种没有内容的语言，是为了它自己而发明的。

创新教师培训不是一个简单的事情。我注意到一个颇有希望的方法，那里的官僚措施不会拦住去路，也不会对此类措施有任何预期，这个方法蕴含的思想是激进的，即揭示学习过程的根源。

2.11 教育哲学

很明显，本章的构思并不是独立于第 1 章的。不过，我想强调一些联系。我并没有隐瞒，本章的陈述并不代表科学——尽管我希望它也不是非科学——但我不想以此为借口。我讨论了教学技巧，尽管有许多友好的建议可以改进教学，但缺乏系统性是这场讨论甚至不是技术的一个原因。几乎在每一页都有“我相信”“我认为”这样的字眼，并且要求和愿望是明显的——我不赞成，我赞成，我害怕，我希望。人们期望桥梁建造者做的不仅仅是恐惧和希望。他得到的任务是计算出这座桥的要求，使之屹立不倒。当然，他仍然可能希望他得到了任命来建造它，也担心会发生什么事情阻碍它。

信仰和希望源于一种哲学：它们的对立面也是如此。我一直试图把这种哲学作为一个发声板，而不是旋律。我对数学教育的哲学感到十分亲切，我所写的《作为教育任务的数学》就表达了这个意思。一种教育和教学的哲学，一种对一般思想的系统阐述——在哪里可以找到它？在过去，这种思想可能已经存在；或者那些更本质的思想比明确表达更隐晦？我不太了解当代文献，更不了解塑造当代文献的思想。如果需要对所有分支、年龄、气质和智慧的教育和教学有个整体看法，这要求不是太高了吗？我不是为了我自己，也不是为了立法者和教育管理者，而是为了负责这项工作的老师的利益。告诉他，他被训练成一架叫作“教育”的大机器里的一个齿轮。在这架机器里，他只知道他最近的环境，这样就够了吗？答案当然是否定的。

我们应该何去何从呢？我们的教育体制曾经很明确。例如，如果数学家讨论教育，我们首先或仅指少数精英群体，他们自己也期待高等教育成为他们的下一个目标，在大学里，数学由一群致力于最高精尖数学的精英教授负责。除了这些精英，世界上还有其他人吗？有针对大众的数学吗？是的，它确实存在，可只是传闻而已。

这种情况改变了或者将要改变吗？是的，因为一切都在变化。我看不清我们的方向。如果我仔细观察有关教育的立法发生了什么，在创新方面做了什么，讨论了哪些问题，我注意到一种与表面上可见的相反暗流。我们是否要通过完善和建立精英阶层来加强我们的精英教育特征，如果是这样，是谁向我们隐瞒或者兜售了一种应该证明这一点的哲学？问这个问题，然后像蜗牛一样退休，进入一个特定年龄段的明确主题和一个明确智力范围的外壳里，是正确的吗？

我对本书副标题中提到的数学教育有不同看法；我现在要在期待中强调一下，我相信在所有的教学事业中，像数学这样的专业——而且是在各个方面具体化的专业——是一个有价值且不可或缺的起点，前提是在每一个步骤中都记住一个假设：教育是一个不可分割的整体，且每个部分——例如数学教学——其价值只有融入教育的整体图景中去才能实现。

第3章
论教育科学

摘要

存在教育科学吗？有了不起的教育技术，有优秀的教育工程师，有或多或少发达的技术，有很多关于教育主题的严肃出版物，有很多教育哲学，最后还有大量摆出科学架子的作品，但几乎没有什么东西符合这些自命不凡的要求。可怕的是缺乏批评。相反，这些规则是时尚和仪式，任何想被尊为教育学家的人都必须遵守。

多年来，“教育目标”一直是这些高高在上的时尚之一。关于如何找出教育目标，如何制定教育目标，如何对其进行分类，如何测试教育目标，以及如何为教育目标设定水平，有大量的理论文献可以参考。它们是由一般的教育家人为空想出来的抽象概念组成——使用了大量不相关的理论，而这些理论从未以任何合理的方式付诸实践。事实上，教育理论是不能在书桌后面就能搞清楚的。

另一种时尚是“课程理论”，它告诉课程开发者们如何开发课程，但是，真诚按照这种理论进行课程开发的可怜人，却因为盲目信任和缺乏批评而受到了严厉的惩罚。

“民意调查”是教育技术中一种流行的手段。关于如何统计收集诸如教育目标、学科内容、教学方法——被采访者对自己或他人的态度和意见——有很多理论，但缺乏常识。基于这些理论的实践表现不佳，不可靠，且不相关。

“评价”是教育技术最发达的分支，但是就理论而言，这是一个不发达的领域，不相关或虚伪。关于形成性评价和诊断性测试有完整的理论，但完善这些模式的努力一直是失败的。

由一般的教育家发展起来的理论是“空壳”。学科领域的专家被告诫要为其形式与内容分离的错误哲学提供内容。一个实例就可以说明一个理论的相关性。空壳的制造者会为自己作为通才在任何领域的无能而辩解。然而，有一个学科领域是他们应该胜任的，那就是教授一般的教育理论。然而，一般的教育家们试图根据自己制定、测试教育目标和课程开发的需要，来设计一般的教育理论的教学，结果导致了一系列逻辑上和教育上的错误。

“空壳”的产生是将哲学的形式与内容分离的结果。“教育”中的许多“仪式”源于肤浅的行为主义，源于原子论的知识哲学，源于将知识解释为一组互不相关的概念，源于将学习解释为概念的获得。我称它们为错误的哲学，因为它们表达了与我观点相冲突的人类与社会图景。这种哲学主导的产品对优秀的教育工程学产生了令人沮丧和懊恼的影响，幸运的是教育工程学仍然存在。

不加批判地采用自然科学的术语、思想和方法，对社会科学造成了很大的危害。在最近的案例中，最引人注目的是“模型”和“数学模型”这两个术语，它们被误用来遮盖“空壳”或教条的理论。然而，最严重的滥用是应用于教育技术的“统计学”。数理统计是作为组织批判的一种工具而发明的；它被作为不加批判地使用的数学方法集合，教给未来的教育工作者。真心相信盲目和粗心收集的统计数据可以通过数学处理得到改善的人可能是少数，但数理统计作为一种创造或提高科学尊严的手段在教育技术中被广泛采用。对于严肃的研究人员来说，这肯定是一种令人沮丧的仪式。数学在教育中的应用大多是不相关的，而且有相当一部分是错误的。

教育是一个广阔的领域，即使体现科学态度的那部分也太广阔了，其边界非目力可及。很可能甚至可以肯定，真正有价值的东西藏在堆积如山的无关材料下面。本章的严厉判断通过一些例子加以说明，这些例子可以“即兴”扩展。

教育理论怎么会在半个世纪里以这样一种方式发展？过去和现在都需要相关的教育理论，人们不能只靠工艺和技术生活。教师培训师需要一些可以教给未来教师的东西，不管这些东西是否相关。半个世纪前他们没有什么可以使用的东西，现在则是很难在其中做出合理的选择。时尚和仪式是一个沉重的枷锁。要么屈服于枷锁，要么毁灭枷锁，这是一个痛苦的选择。

还有什么希望吗？如果形式与内容的尴尬分离被废除，那就有希望。教学意味着教某一特定学科，任何教学理论都只能从某一特定学科的教学理论中产生。此外，教学理论应该是学习理论的补充。学习是一个“过程”，应该作为一个过程来观察和研究。观察一个过程不仅仅是拍几个快照。学习是一个“个体过程”，但统计学最多只能提供学习过程的平均数。

学习本质上是一个不连续的过程。如果一个学习过程需要被观察，最重要的时刻就是它的间断，学习过程中的跳跃。这是我从观察数学学习过程中体会到的。我把我的论点写进《作为教育任务的数学》，在下一章将通过很多例子来说明。

3.1 它存在吗

关于空集可以写多少页？或者说，可以写多少书？为了证明奇数阶非循环单群的集合是空的，有人写了整整一本书。我不会去证明教育科学不存在。然而到目前为止，我一直避免使用诸如教育科学之类的术语，并到处给自己划定界限，实际上这不是个优雅的过程。我甚至犹豫了一阵，才把“教育科学”放进本章的标题。从第1章开始，我提了一个问题，并且试图回答“什么是科学”，读者可能会怀疑我的目标是教育研究的科学地位，但他也可能知道我这么做并无恶意。一名工程师，在河上建造一座桥，或牙医在病人的下巴上修理假牙，他们所从事的不是科学，而是一种基于科学的技术。同样地，我也将人文和社会领域的许多内容归类为技术而非科学，尽管有些人对我把他们归类为工程师而不悦。我反复将我们在课程开发研究机构里所做的工作描述为工程学。我们建造一些东西并做到这一点，我们需要知道很多事情；如果时间允许，我们想知道许多我们在建造过程中不能使用或现在不能使用的东西。然而，以这种方式继续下去，所缺少的不仅仅是时间——稍后我将讨论它。

有很多关于教育的优秀文献，尤其是在狭义教学法层面（当然也有垃圾）。如果一本书不光质量不错，而且销量可观，这对作者来说并不是耻辱。有很多优秀的书籍告诉父母如何教育他们的孩子，幼儿园老师如何与孩子玩耍，老师如何教授、培养、发展学生的创造性天赋。绝不是因为它是通俗读物，我才不称之为科学——通俗科学是存在的。这是多少沾点技术的技巧，与那类“自己动手做（DIY）”指南没什么不同。

有一些用于教学和教育的技术手册，例如，关于评价技术（从测试的开发到使用)、关于教育媒体、关于学校建筑、关于比较天赋和态度的统计方法，每一种手册都可能服务于许多实用性目的。关于如何教这个或那个，以及它是否可教，有一些很好的调查——也有一些毫无价值的调查；并且设计这样的调查有一套复杂的技术。

在这两个极端之间，有太多的东西，我所知甚少，更无法欣赏。至少以数学为出发点，我的观点是有限的。但就我所见，我注意到的是，技巧和技术或哲学——无论好与坏——我甚至不需要在第1章删掉相关性、一致性和公开性准则，就可确定它不允许我随意使用“科学”这个谓词。再一次重申，这不是批评，我所说的技术是生活中必不可少的，目前仍然比科学更重要。

每个时代都有优秀的教育学家、优秀的教师和杰出的教育思想阐释者。然而，在我看来，教育学和教学法的现状与几个世纪前的医学并没有太大不同。有些德高望重的天才医生，凭借丰富经验和可靠直觉弥补了科学基础的匮乏——当然，也有庸医。尽管付出了巨大的努力，“教育科学”仍然是对教育活动有用的经验知识，但它缺乏内在联系，缺乏理论和操作基础。我并不想反对它；我只是断言它不是科学产生的方式。科学需要大块的空余时间，也需要放弃那些专题技术。

这是真的：在这个领域有很多表现，甚至更多表现被视为科学。这就是我批判的剑锋所指，而第1章中的准则，无论是含蓄的还是明确的，都应该证明它们的力量。在我谴责两三种实例产品之前，我表示歉意，因为我没有提到数百种至少应该受到严厉谴责的其他产品，同时对我尖锐批评的对手值得赞扬之处保持沉默。我只了解这个领域的一小部分，我甚至不知道它在多大程度上具有代表性；即使我除了研究这类工作不做其他任何事情，我也不能做更多的调查。我一直致力于研究是什么吸引了来自数学教育背景的人的注意，从这个角度来看，我能够做到，也将对其进行评估。另外，我的观点集中于什么是热门话题，什么是每个人都赞同的，什么是每个人都应该读的。当然，一些紫罗兰的隐秘绽放没有引起我的注意，这可能是我最严重的失败。而且我的批评是务实的，针对的是那些危及良好数学教学、破坏其基础或使之不可能发展的。遗憾的是，太多的数学家被这一领域使用的行话吓坏了，所以他们没有深入研究这个问题；在少数敢于冒险的人当中，肯定没人不密切关注着他所面临的情况。

3.2 全都是布鲁姆

几年来，我和所有忙于教育的人都被布鲁姆“分类学”的引用和应用所深深地埋葬和淹没，以至于我不再感到幸福。当我决定试着了解这本书[⊖]的时候，我发现它并不是那么简单，因为在我光顾的所有图书馆里，这本书都是一直借出未归的。最终我成功借到了，但谁可以描述我的惊喜呢？就像突然被雷电击中一样，我发现了一本严肃、像样的小册子，虽然与我所预期的那种依靠引用和应用骗人的书完全不同——在文学作品中，人们总是要追查出处。

“分类学”的创立者是美国大学里的考官，这决定了它的应用去向：一个配合考试成绩评价的通用工具，不像在荷兰，每年都有新的考试规范。这种分类学更像是一种一般模式，在每个特定的情况下都可以从中导出所需的规范。不用说，这个考官俱乐部曾考虑过美国大学在 20 世纪 50 年代早期所实行的那种教学，或者更确切地说，文学和社会学科的教学起着主要的作用。这一点明里暗里都很清楚。“分类学”中使用的术语和价值观，在以母语和公民教育为核心的教学中暴露其来源。尽管作者提出了更多的建议，以扩展该分类学的使用，而不是仅仅对它诞生之初的特殊类型进行测验评估。他们对这种扩展提出了警告，但为了不断绝未来的发展，他们也立即淡化了警告。无论如何，这种分类学只能在同质教学的背景知识和由强烈的“共同意见”所创造的严格教学规范背景知识下去理解；任何应用这些规范模式的人，都完全了解学生所知道的东西；他们所参加的课程种类和教学方法都是一般惯例，但他们也被灌输了一种强烈依赖文化、时间和国家明确定义的教育哲学。只有在这样的背景下，“分类学”的估价才有意义。

最显著的特点是完全没有基本的认知目标，这是自然科学、技术和医学的典型特征。在目标的目录中——我们将在几页后粗略复制——我们看不到“观察”这样的表达；更高级的表达，如“实验”和“设计实验”，也较为缺乏。作者们完全被人文学科的某种教学所吸引——他们不太可能知道其他任何东西——这种教学是通过书籍和其他印刷或复制材料，也许还通过视听媒体灌输的。他们根本没有注意到智能观察和智能实

⊖ B. S. 布鲁姆，等，《教育目标分类学》. 教育目标的分类. 手册 I：认知领域，纽约，1956 年，有许多版本。

验在学生（当然是在青少年和二十几岁的时候）认知发展中所起的巨大作用，以及在学校和大学的自然科学教学中，培养智能观察和智能实验的重要性。在观察和实验科学方面，这种缺乏理解的现象对任何从事科学甚至数学的人来说，都不是什么新鲜事。在最后出版之前，“分类学”的创造者已经出版了一份校样，并向教育界提交了一千份校样，以便从实地收集建议，并考虑这些建议。我无法相信没有人提醒他们注意这个差距，尽管我可以想象他们会对这样一个建议做出怎样的反应：一个人带着宽容的微笑搁置了反对意见，并回答批评者说，观察和实验不是认知的，而是意识活动的目标，这当然是对观察和实验真正意义的严重扭曲。

事实上，我们可以毫不牵强地说，即使在一些所谓的人文学科中，智能观察和智能实验也起到了作用，或至少应该起到作用。在教师培训中，让学生观察学习过程并进行实验不是很有意义吗？但是，如果我认为这种教学方法在五十年代的美国大学里不是很出名（现在很可能也不是），那我也不大可能大错特错；在分类学测试项目的众多例子中，没有什么与教师培训的教育成分有任何关系。这里还有一个需要指出的因素：在美国盛行的教育哲学，声称使用自然科学的方法，却不知道，或者更确切地说，不承认自然科学中典型的观察概念。教育理论家被这样一种观点阻碍，即在自然科学中，测量占主导地位。他们模仿这种观点，却没有注意到在自然科学中，观察先于测量，非测量观察是自然科学方法的主要部分，测量是其最后一步。如果不先进行阶段性观察，不仅测量，就连实验的结果也都很糟糕。

当然，在教学目标分类中缺乏观察、实验和实验设计并不是一种缺陷，除非应用程序超出了最初的界限。“分类学”的最初目标是审查一个广泛但定义明确的教学部分，就像五十年代美国的惯例那样：它应该促进考试成绩的评分。将这种规范模式应用于课程开发和课堂教学准备是一种危险的越轨行为。它强化了一种倾向，即通过考试来确定教学目标，只教授可以考试的内容；如果最后考试的内容也是通过规范模式所决定，那么恶性循环也就彻底闭环了。

“分类学”确认了以下主要水平：

1.00 知识

2.00 理解

3.00 应用

4.00 分析

5.00 综合

6.00 评价

按照这个顺序，学生的成绩会根据数字衡量他们是否被判定为属于其中一个等级（当然不需要 1、2、3、4、5、6 等级体系）。这些水平都是经过改进的，例如，某人可以通过知识区分

1.10 具体的知识

1.20 方法和手段的知识

1.30 领域的共性和抽象知识

如果细分 2.00，则将“理解”分类为㊀

2.10 转化

2.20 解释

2.30 推断

这一点尤其重要。

尽管“分类学”中有长长的描述，但这些术语的含义仍然很难理解。最简单的方法是使用传统上定义良好的评估来查看一条定义良好的指令，并不是从描述的水平到评估进行推理，而是反过来。

我曾经在一堂课上用一个虚构的例子解释过“分类学”的水平应该是什么样子。以“素食主义者的化身”为例：

1.00 知识：知道“化身”和“素食主义者”是什么意思；

2.00 理解：掌握双关语（文体图）；

3.00 应用：在合适的时机讲述双关语；

4.00 分析：能够找出依据；

5.00 综合：发明类似的例子；

㊀ 在分类学的应用中，“理解”有时被“交流”取代。很明显，人们对“理解”的被动特征感到不安，他们在寻找一种包含主动方面的表达。如果你仔细阅读分类学，你只能判断这是一个严重的误解。事实上，主动意义上的交流永远不能通过选择测试来确定，而只能通过主动的语言表达，比如文章来表达，因此被自动归类为综合。

6.00 评价：能够比较这些示例的值。（评估一般是教师的任务）。

它立即引起人们的注意，一旦双关语被这样指出，“理解”就被降为“知识”；一旦这个双关语被解释了，“分析”就降为“知识”；如果最终能从一本书中引用类似的例子，甚至“综合”也会被降为“知识”——这是一种典型的现象，它将更深刻地影响我们。

我已经指出，“分类学”中缺少观察、实验、实验设计等重要方面。然而，最令人惊讶的是，在分类中缺少某种东西，也无法被安置，这种东西可以被称为“通过测试的能力”，也就是说，对测试做出充分的反应，一种复杂的能力，在这种能力中可以区分部分能力，例如：

洞察测试结构；

解决测试结构的能力；

权衡证据的能力；

洞察测试生产者的心理特点。

难道从来没有人向“分类学”的作者指出过这种严重的缺陷吗，还是从来没有人注意到呢？对考试做出反应的能力——当然在美国社会——是社会上最重要的能力之一，尽管有一些禁忌阻碍了对事实的阐述，甚至阻止它从那些应该能够并且有义务知道它的人的潜意识中扩散到其意识中。

如果“分类学”的作者把注意力放在这个缺漏上，他们会毫无疑问地回答说，考试成绩不是教学目标，而是一种评估成绩的手段。一个恶毒的回答是，在“分类学”的哲学里，这种方法早就成为主要目的了，这样讨论就可以继续下去，尽管有许多争吵，但是没有解决的办法。

然而，可以客观地证明，对测试做出充分反应的能力在通过测试中起着如此重要的作用，因此必须将其视为最重要的因素之一，不可忽略。作为佐证，我引用“分类学”：

1.25 方法论知识

43. 一个科学家发现新事实通过：

1. 查阅亚里士多德的著作；

2. 思考其可能性；

3. 仔细地观察和开展实验；

4. 和朋友讨论问题；

5. 参考达尔文的作品。

当然，这与方法论无关。学生们唯一可以做的是考虑这个显而易见的答案是否可能是一个陷阱。

一个与 2.20 完全不同的例子：正文的细节无关紧要，后面跟着说明。

在答题纸上的项目编号上，选出正确答案并涂黑相应的空格。

A——如果项目是真实的，并且它的真实性被文中给出的信息支持。

B——如果项目是真实的，但它的真实性并没有得到文中所给信息的支持。

C——如果项目是假的，并且文中所提供的信息支撑它是假的。

D——如果项目是假的，但文中并没有提供信息支撑它是假的。

接下来的一些内容并不重要，因为这里首先测试的是阅读说明的能力，这种能力很有用，但实际上很难放在“分类学”的任何类别中，当然也不能放在这里的类别中。

任何熟悉测试文献的人，无论是在美国还是国外，都能举出比这些更引人注目的例子。虽然“分类学”的作者出奇地温和，但是在不同的分类学分类中仍有相当多的例子㊀，部分地或全部地测试了应对测试的能力。在这本书中，人们对这种能力的观察沉默得就像观察房里吊死人的绳子那么深沉。

稍后我将回到这个问题：“分类学”正确地服务于什么目的。同时，我再提出一个问题：在理论和实践中，以测试项目为例的教学目标是如何被纳入“分类学”的分类中。尽管我检查过其他领域的“分类学”尝试，并注意到与我在数学方面的相同缺陷，但我仍把自己限制在数学上，我可能无法为“分类学”中的某些项目分配位置，或无法理解提议的分配，而这并不是因为我水平有限。

我忽略了“分类学”本身的数学例子，通过它们让我想起了在 1900 年大学算术系里百货商店中闲置的存货。相反，我选择了我找到的最好的，并在对文献进行了广泛的

㊀ 在我们小学的一次算术测试中，我在三分之一的题目中发现了误导线索，这个测试有助于确定学生随后的教育类型。那个年龄的学生很容易上当受骗。一旦一个答案包含了误导线索，它就会以与正确答案相同的比例被选中，而在没有误导线索的情况下，错误的选择就会更加均匀地分布。对陷阱的免疫能力是一种非常有用的能力，但它应该和算术一起测试吗？

探索后保存了下来。Th. 龙贝格和 J. 柯克帕特里克在学校数学研究小组的出版物上发表文章[㊀]。按照等级划分 K-3，4-6，7-8，9，10，11-12，它包含来自不同数学领域的测试项目，并标有“分类学”的分类——尽管没有任何迹象表明这是以何标准完成了这种分类。良好的数学内容，有时甚至能找到分类的标准。算术中的一个文字应用题，无论它是简单还是复杂，都是“应用”，但“应用”还包括替换问题。在一般的公式或语句中，参数必须用特殊值替换。这些成就的背后，可能存在着心理活动和认知水平的鸿沟。有一种倾向是把解析几何归在“分析”之下，把综合几何归在“综合”之下。发现数列背后的规律是“分析”，根据给定的规律构建数列是“综合”，尽管第二种方法通常比第一种方法更容易。只带有等式符号的代数问题评分不会高于“理解”，而类似的带有不等式符号的代数问题很有可能被归类为“分析”，这显然是因为在学校层面上，不等式相对于等式来说，教授得更少，因此应该得到更高的重视。一个不需要计算的文字问题，常需要翻译成公式，得到低谓语词的“转化”（属于“理解”）。而在数字背景下，它就成了“应用”。

有时，“分类学”结构似乎摆在你眼前：一种纯粹的死记硬背的问题，如

已知方程 $3x-5y=2$，$6x-my=0$ 的图像在原点处相交，请问：m 的意义是什么？

在 11~12 年级这个问题得到了较高的分类：4.20，显然因为它包括一些误导性的线索。类似地，一个由上述问题推广而来的问题在 10 年级分类到了 2.20。一个 9 年级的问题，如

若 $2a+2b+5c=9$，且 $c=1$，那么 $a+b+c=$

a) 2　b) 3　c) $4\frac{1}{2}$　d) 5　e) 8

只需要替换一个条件，就能得到一个 4.10 级的问题，而在同一个年级中，有

如果 x 和 y 是不同的数，且 $xz=yz$，那么 $z=$

a) $\frac{1}{x-y}$　b) $x-y$　c) 0　d) 1　e) $\frac{x}{y}$

这种依赖死记硬背的技巧、又满是陷阱的解法，其价值并不高。

在 10 年级，三角形平分线的定理估值为 5.30 级。不过，如果之前在课堂上遇到过这问题，那也算是“知识”；如果处理过类似的定理（例如关于垂直平分线的定理），

㊀ Th. A. 龙贝格，J. W. 威尔逊（等），《测试的发展》，国家数学能力纵向研究报告，7 号，1969 年。

它至多是"应用"；只有当学生之前没有学过类似的课程时，像5.30这样的高分类才是合理的。当然最荒谬的是（11~12年级）：

不经过计算，详细写出下列问题的解答步骤：

a）12087是否为质数；

b）最大的素数小于5000。

这个问题只需要素数的概念"知识"就可以解决，但仍被归类为"综合"问题。因为与回答选择题不同，写文章被视为"综合"问题。

如果一个人打开测试信徒的圣经，事情就会变得越来越糟[㊀]。这是一个大约有一千页的纪念册，上面满是精心设计的陈词滥调，其中少有提升教育研究水平的文献，至少有可疑的相关性。关于数学的一章是由J. 威尔逊贡献的，我们之前见过面，他当时还是一位编辑。它还包含了上面引用的龙贝格和柯克帕特里克章节中的例子，以及其他直接来自旧数学教学的恐怖和笨重橱柜的例子。这个东西被他们做得乱七八糟，所有等级的标志都省略了。放眼望去，除了那些对五年级来说不太难的问题，还有可以拿到12年级或大学里解决的问题。没有人关心这样一个事实：对于一方来说，"分析"或"综合"可能只是另一方的"知识"。没有人会否认技能和惯例也必须经过测试，但这个集合，自称是"权威地解释了布鲁姆系统"，充满了那种惯例的技巧——在不说明任何一般理论的情况下，通过背诵来解决单一问题的技巧——测试"未知领域"创造力的谜题，如果被测试者知道解决它们的诀窍，那么它们就完全无关紧要了。

一个例子（例112）：比较两个绘制的等腰三角形的面积，其中一个三角形底边为8个单位长度，另外两条边为5个单位长度；第二个是底边为6个单位长度，另外两边是5个单位长度——这个问题不知为什么就被归纳为"应用"了；如果应试者没有准备好，它至少是"综合"问题；然而，只要知道在问题中，带有整数数据的直角三角形最有可能是"勾三股四弦五"这种类型的三角形，就可以解决这个问题。

再举一个简单的例子（例149）：

证明对于每一个正整数n，$\frac{n^5}{5}+\frac{n^3}{3}+\frac{7n}{15}$是一个整数。

㊀ B.S. 布鲁姆，J.Th. 黑斯廷斯，G.F. 马道斯，《学生学习的形成性和终结性评价手册》，纽约，1971年，麦格劳-希尔。

这是一个被归类为“分析”的问题，熟练的数学家可以直接解决，而低年级的学生只要知道诀窍就可以很容易地解决它。

更显然的例子（例 137）：

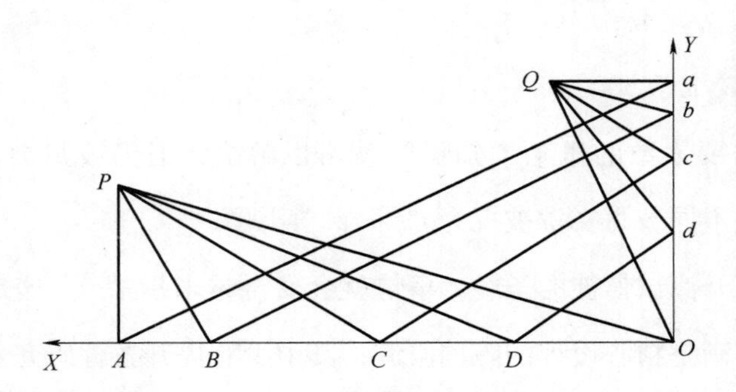

例 137：在上面的图像中与 XO 轴和 OY 轴都相交的从 P 到 Q 的最短线段是哪条？

（a）$PAaQ$ （b）$PBbQ$ （c）$PCcQ$ （d）$PDdQ$ （e）POQ

这被归类为“分析”。一个学生如果能在不知道诀窍的情况下解决它，那他离成为一个天才不远了；如果已知这个诀窍，那它就是知识。

这样的例子在文献中随处可见。龙贝格和柯克帕特里克在被引用的文章中承认，测试项目的分类取决于之前对测试项目的了解，但他们在提出“分类学”时却很快忘记了这个反对意见。在我几页前引用的威尔逊的贡献中，这个反对意见甚至没有被提及；人们表现得好像所有的分类都是绝对的，从某种程度上说，这就是正统的布鲁姆“分类学”——事实上，发展“分类学”的教育制度是如此明确，以至于只有心怀恶意的吹毛求疵者才能提出这种反对意见。现在，它取决于“分类学”中的表面标准，如果一个问题的答案需要一篇文章，那就是“综合”。我无法判断那些假装用数学填充“分类学”的作者对数学的理解，但我确信，他们对数学理解的水平没有丝毫的洞察力。

准备或评估考试的老师可以用“分类学”做什么？当他知道他的学生的数学背景，他可以使用比专业测试制定者更可靠的方法，去把他的问题定位在一定难度范围内，前提是他忽略误导性的指导方针，并且他的决定不受肤浅标准的影响。而后，他很快就会注意到“分类学”的术语是不可操作的，在他的经验基础上，他可以更可靠地预测一个问题是否是困难的，或者他是否考虑到了“分类学”；最终他会完全相信自己的经验；只有当他不得不充分炫耀的时候，他才会根据实际困难程度，在“分类学”中选择高低数字标签来装点问题。当然，这是本末倒置的做法，“分类学”的任务不是对问题进行评估。恰恰相反，“分类学”只提供了在估值确定之后才生效的调整：位置作为一个无关紧要的标签附加到问题上。除此之外，几乎没有别的方法可以做到这一点。事实上，在我所看到的“分类学”的所有应用中——包括在数学之外——它就是这样做的。

“分类学”还有其他用途吗？我在介绍“分类学”时忽略了这些建议，没有任何解释或争论，就认为将它应用于这个或那个会很好。我仔细阅读这些页面，结果发现“分类学”的应用程序中，值得认真考虑的问题不超过两个：第一，通过确定“分类学”中的位置，教师可以防止选择练习和考试问题过于片面（例如，所有的都是“知识”，没有“理解”）；第二，通过使用“分类学”，教师可以更容易地与自己和他人沟通，什么是单纯的知识，什么是理解，以及在任何特定情况下，它们应该被重视到什么程度。如果能够成功，区分知识和理解的确是一件宝贵的事情，但更重要的是，它完全没有被“分类学”考虑到：老师没有兴趣知道学生已经理解了（长除法，二次方程等）；相反，他应该关心的是，学生“现在”已经成功地理解了它——“现在”意味着在其学习过程中的某个阶段，到那时为止，他的学习过程或多或少是顺利的。例如：一个孩子在算盘上从8数到7，然后算出8+7，这还是处于感觉运动水平；发现8+7可简化为$8+(2+5)=(8+2)+5$体现了较高的“理解水平”。一旦掌握了这一点，它就变成单纯的“方法知识”；而只要孩子记住了$8+7=15$，这就是“事实性知识”。同时，弄清楚38+47可能仍然需要“理解”；再以后，“方法知识”就足够了，对于熟练的计算器来说，它只不过是“事实性知识”。显然，最初的“理解”并不会随着时间的推移而消失；通过精心设计的问题，人们可以测试它是否仍然存在。如果它曾经被获得过，那么这些问题与那些用来检验学习者“现在”是否理解它的问题，就会不相同。

这些是显而易见的事实，当然，分类学家也已被告知很多次了，但他们是怎么回答的呢？我知道那种反应。一个人会毫不犹豫地承认事实，只是在经过短暂但几乎不深刻的反思后，继续保持同样的立场，而不是改正自己的做法。如果基本信条受到威胁，这就是常见而自然的反应。

在对“分类学”介绍中，布鲁姆和同事们断言，在学校的实践中，像“理解”这样的表达是“朦胧的”，因为每个人都以不同的方式理解它们，如例子所示；他说“分类学”用明亮的光线覆盖着他们。我不希望判断布鲁姆在其他领域是否正确；就数学而言，他是完全错误的，这已经被许多失败的数学分类尝试证明。“分类学”所尝试的是一种残酷的简化，一个武断的标准，一个掩盖了所有细微差别的闪光灯。如果老师说一个学生能理解长除法，而另一个学生能完美地运用长除法，那他就不会整日浑浑噩噩；他有充分的理由去陈述它，他也知道如何检验它。布鲁姆为掌握长除法的现象困扰，长除法曾被归类为单纯的知识，在另一种情况下被归类为“理解”。他认为这是朦胧的，事实并非如此。这些都是定义良好且可清晰区分的用法。是“知识”还是“理解”并不取决于它的数学内容，而是取决于它在学习过程中的节奏，或者至少取决于它的教学背景。

布鲁姆等人在引言的第一句话中，提到了生物分类学，而这是站不住脚的。首先，生物分类学有一个明确的目标，即通过越来越精细的分支来“确定”植物或动物；然而，“分类学”根据教育目标的等级给出了一个相对粗略的分类，并且没有实用的方法将其纳入这些类别。其次，生物分类学提供的正是它们承诺的东西，即植物和动物的分类；而分类学承诺对教育目标进行分类，并根据所谓的水平对主题进行分类。

事实上，无论在哪里，人们都告诉你，尽管“分类学”在理论上有不可否认的缺陷，但它在实践中发挥着相当令人满意的作用。教师向你保证，他们可以轻松地使用“分类学”，并已成功地将其应用于课程开发和备课——也就是说，一直在教育领域宣传“分类学”的一般教育学家告诉你教师是这样说的。我不愿否认这样的成功。当然，在教育学家和教学论研究者当中有一些实践者，他们在职业生涯中第一次受到“分类学”的激励，反思自己和他人在教学中的活动，并将这种感觉视为决定性的进步。这种现象是众所周知的，当然并不局限于“分类学”；即使是最荒谬的教学手段和方法，也能激发教师对教学问题的反思，甚至标志着教学意识的觉醒。通过这种方式，像“分类学”这样的系统，产生了医学上所谓的“安慰剂效应”。

单独这一点不能解释“分类学”的巨大“成功”。抽象教育理论（显然毫无价值）的成功，是教育社会学问题，这一问题稍后会讨论。

3.3 原子化

不记得是什么时候了，我意外得到了现在书桌上的这本书，这是美国学校数学概念的一个系统目录，不少于2500个：如果我注意到的差距是对症的，它应该有更多。我记得很清楚，在一个德语摘录目录中，有超过1000个数学教学目标是针对5~10年级的，尽管如果他们更好地学习其课程，他们会系统地细分相当复杂的目标，这个数字也会增加到五倍以上。事实上，我将把这个奖项授予一个美国课程，它包括目标、子目标和派生目标，甚至还指定了多少目标和子目标是需要学生精通的。

这种原子化是教学理论中最流行的普遍看法，是肤浅的行为主义产物。行为主义也早已离开了它研究行为的舞台。“行为（behavior）”被复数化成“behaviors”之后，内涵也因此更丰富了。后者意味着窍门和技巧，因为这是你唯一能掌握的东西。它可以准确描述和测量琐碎的行为，而不是明显“朦胧的”整体态度。目前，行为主义与最极端的原子化在全局范围内是一致的。一切都必须分割成小块、分割至原子化；主题必须磨成粉末，用匙子称量、小匙给药。这是测试行业的一个领域；操作目标需要产生测试。教学必须限制在这种哲学的框架之内。

管理2500个概念，每天一个，相当于每年200个，从1~12年级就是2400个。这是一个很好的平衡。或者这不是很简单吗？测试题的句子通常包含两个或三个概念的组合，这意味着所有的概念也需要成对或三元组训练。不，这将是一个不可思议的数量组合。幸运的是，并不是所有都是有效的；“不相交集”可以与“平行线”组合出现，但不能与“平方根”组合出现。并不是所有的组合都需要被测试（因而也需要被训练）。

我复制了一个原子论哲学的样本。我相信不需要任何专业的数学方法，就可以欣赏这个测试产品的表面价值。⊖

领域：集合

不相交的集合

1. 下面哪个选项包含元素？

A. 一个所有人超过150岁的俱乐部

B. 一个空的场地

C. 一个足球队

⊖ Th. A. 龙贝格，让·施泰茨，多萝西·弗莱尔，工作报告5。Th. A. 龙贝格，让·施泰茨，工作报告56。《概念获得能力结构项目报告》，威斯康星大学认知学习研究与发展中心，威斯康星大学。

2. 你的棒球团队有：

A. 元素

B. 分母

C. 分数

6. 下面对所有不相交集的描述哪个是正确的？

A. 它们是相等的集合

B. 这个集合包含五个元素

C. 它们没有共同的元素

7. 对于部分但不是所有不相交集，下面哪个是正确的？

A. 它们没有共同的元素

B. 它们至少由两个集合组成

C. 它们有相同数量的元素

10. 不相交是一种：

A. 集

B. 减法

C. 占位符

D. 运算

E. 因素

12. 关于不相交集和平行线的叙述正确的是？㊀

A. 平行线有共同点，所以它们构成了不相交的集合

B. 两个不相交的点集可以构成平行线

C. 不相交的集合和平行线都可以相交

相等的集合

6. 对于“所有”相等的集正确的是？

A. 它们是关于动物的集合

B. 每个集合里有三个元素

㊀ 我不知道预期学生的答案是什么。

C. 它们有相同数量的元素

12. 关于相等的集和减法正确的是？

A. 当两个数相减时，答案称为等价集

B. 如果来自两个相等集的元素相减，答案是0

C. 如果从两个相等的集合中减去元素的数目，答案是0

平行线

12. 对于平行线，和一个［原文如此］空集，哪个是对的？

A. 当一组平行线中的一条比其他的长，就形成了空集

B. 两条平行线相交的点处构成一个［原文如此］空集

C. 空集描述的是弯曲的平行线

平面

3. 下面哪一个是平面的实例？

A. 房间的角落

B. 地板和墙接触的地方

C. 一个篮球

D. 黑板

7. 下面对于一些但不是所有平面的叙述，哪一个是对的？

A. 它们是圆的

B. 它们都是平的

C. 它们由点组成

D. 它们由线组成

占位符

2. 填空．数字3在98345的百位上。然后100称作数字3的______。

A. 距离

B. 集合

C. 十进制

D. 位值

5. 2×3<□，这里有：

A. 一个说明

B. 除法

C. 一个占位符

6. 下列关于占位符的选项，哪个是正确的？

A. 它代表了一个数位

B. 是一个 X

C. 是一个□

8. 一个拥有一个数位的符号被称作：

A. 一个点

B. 一个除法

C. 一个分数

D. 一个占位符

谁在笑？好吧，几年前我还在笑，而且很多数学家都不能理解为什么现在它让我生气。这部杰作背后的思想家，既不是恶作剧者，也不是怪人，而是一位杰出的教育理论家，著名教育技术的领导人之一。这个产品也不是出于一时的心血来潮或者离经叛道，而是一种由高度发达的、技术支撑的、数学教学哲学的有意识的结果，因此它是极其危险的。这个著作的作者思想中有一个每位数学家都从心灵深处讨厌的数学意象和一个教育意象。我很遗憾地说，这将取悦全世界的许多教育工作者。关心教学的美国杰出数学家的抗议没有人听；美国学校的课程研究、开发和数学教科书文献的生产，几乎被那些势不可挡的、压制教学改革的推销员垄断了。

事实上，学科的原子化不仅仅是一个行为主义的关系。它是在技术教学中阻力最小的路线，教育学家和一般教学论者把数学判给他们最合适的受害者。事实上，在数学中，你可以单独拿出每一个概念并将其列举出来，以便系统地一个一个地、成对地、以三元组的形式列举等，只要你愿意。它是很常见的数学的一种讽刺。因此，没有一门学科像数学那样容易被原子化毁灭。很明显，通过这种原子化教学，你不能教授说和写的创造力；以前的原子化式外语教学已被语言实验室取代；自然科学教育受到自然本身保护，不受原子化的影响。但数学似乎会引发原子化，因此数学很难辩护。单独拿出、列举、准确地描述概念和关系，像在“体外”培养文化一样培养它们，并通过教学来灌输它们——对于所有接受原子化教育的人来说，它是唯利是图之物。

这种激进原子化的一个杰出反例是英国对教育创新的综合性理解，著名的“纳菲尔德项目”完美地体现了这一点，这是由优秀的数学家指导的，他们同时也是优秀的教学论者——我不知道是否有任何一般的教育家参与其中。其他反例有匈牙利塔马斯·瓦尔加的“指导发现法”，艾玛·卡斯特努沃在中学开展的创新工作；在过去的几年里，我们荷兰的数学教育发展研究所做出了努力。然而，用原子化教条的产物来评判美国数学教学的创新，纯属一种毫无根据的偏见，但这些畸变是其最有效的宣传方式，并且决定了美国教育在国外的“美国模式”之形象。如果你访问一所好学校，浏览教学和教育方面的期刊和书籍，参加教师的会议和研讨会，那么你就会看到一幅不同的美国教育图景。美国教育实践者、教育学家和教学论者的创造力令人信服地掩盖了其理论家呆板的原子化主义。但是全世界的实践者都会感到不安，如果有一位理论家在身边，他可能会把他们带到任务中去。真的那么严重吗？不，如果一般的教育家投下不赞成的目光，那么实干家中聪明的人就会赶紧背诵行为主义信条，尽管目前皮亚杰主义信仰正成为一种法定教派。

是什么在一般的教学技术中获得了这种力量？就数学而言，我已经回答了这个问题：引发原子化的数学是错误的。作为数学家，我们一定会反对它。我们必须强调孤立的概念和形式结构是无关的，在数学及其教学中，只有丰富的背景才有意义。不幸的是，今天的现代数学往往缺乏这种背景，人们常常试图教给学生一种微型语言，而因为那时具有重要教育意义的内容已经出现在这些语言中，这些语言在很久以前就已被遗忘。那些向教学技术专家展示了改变数学本性之路的数学家，或者至少是那些没有对这一过程提出警告的数学家受到了指责，这并不是不应该的。总之，这是一种任何原子论的哲学家都能认同的最舒适的哲学。传统技术不需要被展示两次。这些数学家毫不知情地向他们展示了什么，他们在一个低得多的水平上模仿，同时从数学教学中删除了所有数学。

3.4 概念的获得

在今天的许多心理学和教育心理学出版物中，普遍支持的形式层面上的“概念”

之观念，已经在哲学中盛行了几千年。事实上，它是亚里士多德关于“属”和“种差”的观念——在一个等级体系中的下一个更高的属和区别特征。它从来没有在科学或前科学的认知中起过作用，但在一定程度上，它是在系统生物学中产生的。[㊀]从19世纪末开始，方法论学家开始意识到这个概念的不足。如今，它在方法论上已经过时。

根据这个“概念”的观念，知识是一种解释字典，类似韦伯斯特词典。它充满了无意义的定义，如：

兄弟：被认为是和另一个人有相同父母关系的人；

比：一个量除以另一个量的商；

随机数：数量发生的可能性等于所有数字所属于的集合数（备注：单数中定义）；

单位：任何东西都凭借它是一个单位而存在，这个单位称作一（欧几里得）。

这种概念背后的错误想法是，概念产生于“依据属性分类”，并允许在一个唯一确定的层次结构中有“明确定义”。然而，就分类产生的概念而言，通常不是依据属性来分类，而是“依据关系和结构”来分类。至于概念的定义方式，从20世纪初开始就变得很清楚，概念并不形成层次结构，科学和前科学知识中的大部分定义都是“隐性的”，也就是说，概念是在一个经验系统中“操作”定义的，在这个经验的书面描述中“根据上下文”定义的。科学中的许多例子表明，一个概念的获得既不需要明确的定义，也不需要明确的名称。

我从来没有全面研究过关于概念获得的文献。在教学内容中，我熟悉了其中一个突出的表现，正是这个表现引起了我的批评。它只是一个例子，我不知道它在多大程度上是一个范式[㊁]。

根据这一理论，概念可分为“四个”水平：“具体”（识别从同一角度呈现的贵宾犬）、“一致”（识别从不同角度呈现的同一贵宾犬）、“分类”（将贵宾犬视为“贵宾犬”属）、“形式”（定义贵宾犬属）。在前三个水平上构成的精神对象在传统上从未被称为概念，只被称为观念或表征。第四水平的活动，对任何人来说都是无关紧要的，除

㊀ 的确，它在某种程度上影响了教学，例如根据单词和短语的分类来教授外语。

㊁ 赫伯特·克劳斯梅尔等人，《关于等边三角形和切割工具概念获得的初步典型性研究》。1974年，威斯康星大学，288号技术报告；以及119号工作报告，出处同上。参见赫伯特·克劳斯梅尔等人，《概念学习与发展》，纽约，1974年。

了韦伯斯特式词典的作者。该理论的作者所喜欢的概念示例（红色球、贵宾犬、等边三角形、岛屿、树）表明，他没有考虑更高层次的概念，如

基数 5	长度
基数	面积
序数	体积
加法（在算术学中）	重量
全等（在几何学中）	运动
相等（数学）	变化
昨天	健康
时间	社会
地点	

所有这些概念都只是在操作上构成和依据上下文上描述的，都是在具体水平上获得的，但不是基于作者所说的“具体水平”。作者的四个水平中没有一个适用于这些概念，也没有一个与这些概念相关。

当然，每个人都可以随心所欲地使用“概念”这样的词。但是，如果他像作者那样使用“概念”这个词，他就没有资格声明“概念包含了认知结构的许多知识基础”，也无权引用“一篇关于概念是智力工作的基本动因的文章”。

作者引用了他的假设，即概念的获得是根据他的四个水平进行的，并对其他一些假设进行了检验。他选择了“等边三角形的概念”为例。在教育研究中，发现测试开发者不理解理论家先入为主的理论，或者无法将其应用于待研究的具体案例是很正常的。我认为这是发生在这里的第二种选择。尽管增加了许多相关性和回归的补充，我们也依旧很难想象在对 5~16 岁儿童进行的典型性发展研究中，如何从诸如“等边三角形”这样一个没有问题的概念中提取有用的知识。目前的测试工具证明这确实是不可能的。测试工具与作者的四个水平几乎没有任何关系，与获得等边三角形的概念没有任何关系，也与获得你想要的任何概念或学习数学没有任何关系。

众所周知，儿童早在 2 岁时就能在任何位置判断出某种几何图形是否为等边三角形；不久之后，他们就可以识别形状，还可以给这些物体命名，但也许同传统的物体名字相异。在这种情况下，测试开发者唯一能做的就是关注他非常熟悉的特性，尽管这些

特性对当前的研究并不重要：也就是说，如果要用一种不同寻常的方式，或只在测试中使用的语言来表述项目，那么在精确表述可能使工作过于容易的情况下，加上大量与询问无关的材料，使得表述含糊不清。然后测试儿童理解的能力或多或少地会涉及语言的结构（在目前的情况下只需要包含术语“等边三角形”），猜测在任何特定情况下测试者的意思是什么，他可能隐瞒了哪些信息，一般而言，是回答测试的能力。这些确实是随着儿童逐渐成熟而渐渐提高的能力。因此，如果将这些困难纳入与四个水平相对应的测试中，就可以很容易地证明概念获得也会相应发展这一点。

测试组 IA 的每件物品上都有一个水平位置的等边三角形，颜色和大小各不相同；除此之外，还有 4~10 个不同位置、不同颜色、不同大小和形状的三角形和矩形。对于项目 1~8（口头）任务是：

标记看起来完全相同的图形。

类似地，第 9 项到第 16 项依旧是：

标记看起来相同的图形。

在标准答案里，“完全相同”解释为“有相同颜色[⊖]，是一致的，并具有平行的基底”；“相同的”被解释为“有相同的颜色和一致性”。当然，受试者不会被告知这种解释，因为这样一来，每个人就都能做对测试，也就分不出高下了。受试者甚至没有被警告要注意问题陈述的变化，尽管老师在给孩子们宣读试卷时，可能会不止一遍地无意识强调这种变化，从而使回答更加容易。

在测试组 IB 中，项目 1~3 测试的是受试者是否知道“形状”这个词，以及是否曾经（被动地）知道“等边三角形”这个词来表示某一形状。

项目 4 显示其中有三个等边三角形（始终以水平方向为基准），其问题如下：

以上所有的三边图形都是等边三角形吗？

a. 是的，它们都是等边三角形。

b. 不，它们中的一些不是等边三角形。

c. 不，它们都不是等边三角形。

d. 我不知道。

⊖ 我不明白为什么“颜色”已经包含在这里。

在前三次测试确定受试者是否知道某种形状和相应的术语后，就必须发明新的并行问题。这是根据特定的语言模式发生的。想象一个以下类型的测试：

一幅六匹马的图片，其中有三匹是白色的。

上面所有的四足马都是白色吗？

a. 是的，它们都是白色的马。

b. 不，有些不是白色的马。

c. 不，没有一个是白色的马。

d. 我不知道。

项目4对等边三角形的测试和对白马或飞碟的测试一样多，它测试语言能力和形式推理。

项目5显示了相同的六个三角形，其中有三个等边三角形。现在的问题是：

上面所有的等边三角形都是三角形吗？

a. 不，只有一些是三角形。

b. 不，没有一个是三角形。

c. 是的，它们都是三角形。

d. 我不知道。

如果用马的词汇来表述，又将是：

一张有六匹马的图片，其中有三匹是白马。

上面所有的白马都是马？

a. 不，只有一些是马。

b. 不，它们都不是马。

c. 是的，它们都是马。

d. 我不知道。

项目6显示了三个等边三角形和三个直角（意味着始终“垂直”）三角形。问题是：

如果你把所有的等边三角形和直角三角形放在一组，则会出现________的三边图形[㊀]。

㊀ 这里测试开发者忘了添加“上面”。

a. 更少

b. 比它们更多

c. 和它们相同数量

d. 我不知道

实验对象没有被告知直角三角形是什么。它们是这幅图中唯一的另一种三角形，它们都是直立的，形状相同，形态相同，只是大小不同。因此，我们期望受试者得出结论，这就是测试开发者所说的“直角三角形”。类似地，关于“马”的问题是：

展示了一张三匹白色的马和三匹纯种马的照片。

如果你把所有的白色马和上面的纯种马放在一起，并且将它们放在一个组里，就会有____的四足动物。

a. 比它们更少

b. 比它们更多

c. 和它们数量相同

d. 我不知道

因此，接下来是项目 11 的问题，如

所有这些三角形都是多边形吗？

所有这些多边形都是三角形吗？

等等。

项目 12a、12b、12c 是另一种也在测试开发中流行的特性：

以下是四幅图，把其中的“X”图片放在不同于其他三个的那个图上。

当然这个问题并未告知测试者这些图片具体在哪些方面不同。在 12a 中，一个人看到四个图形，图中分别有 3、1、4、0 个直角；其中三个图形是开的，一个是闭的——可能有更多的标准。当然，这其中大多数都是陷阱，有一个独特的图形，可以通过填补得到一个等边三角形，这就是它的出题意图——因为测试组的一般主题都是等边三角形。在 12b 中，有三个图形有两条或者两条以上相等的边，有一个没有；其中三个图形中的边连接良好，而其中一个，即第四个，由两个部分组成，仅在一点上相连。这些都是陷阱，有一个独特的图形包含一个等边三角形，这就是它的意思。12c 看上去很明显：三个立方体和一个正方形。或者它是否意味着一个圆形？这些都是陷阱。有一个包含等边三角形[⊖]。

在IB中，没有任何东西与概念达到的四个水平有模糊的联系。然而，这种情况仍在继续。IC和ID包含了一些关于三角形的基本几何形状的测试，其中大多数都是人为定制的，以适合受试者的"等边三角形"，但几乎没有与四个水平相关的测试。用这种材料来证明发展的进程，这是不可能的。通过这里使用的方法，我们还可以证明这些概念：

会飞的鸟；

飞行的飞机；

飞碟。

如果这个假设得到了问题的检验，就可以按照这个顺序得到：

如果从北方飞来3只鸟和从南方飞来2只鸟，它们一共有多少？

如果从北方飞来67架飞机，从南方飞来24架飞机，它们一共有多少？

如果从北方飞来793个飞碟，从南方飞来118个飞碟，它们一共有多少？

非数学家，特别是教育理论家，都倾向于把数学考虑为概念目录。这是一个完全错误的观点，即使他们的"概念"比现在的概念更丰富，也更适合于数学。他们认为学习数学是概念的获得，这是一种错误的观点。如果让这种观点影响教学，就会破坏数学教学。数学是这种努力中最大的受害者，且许多危害已经造成。在作者的文献中，有两个关于等边三角形的"说明性"课程将会证明我的说法。

3.5 教学目标

3.5.1 怎样找到它们

在"分类学"、原子论和对概念的理解之后，我继续研究教育科学的案例。"分类学"是对教学目标的粗略分类；原子论着眼于最细微的分支。在粗结构和细结构之间有一系列的因素，我也将从中举例。

⊖ 后来我发现我三项考试都不及格。那些被我理解为陷阱的线索，其实是真正的线索。

教学目标是教学理论中最庞杂的主题。教学目标的问题已经引起了人们的注意，这并不奇怪。教育是一个社会现象，必须在其社会背景下证明其合理性。构建结构的人完全实现了所描述的目标。凡是沉迷于纯粹研究的人，所追求的目标通常只能达到某个特定的程度；但这是“纯粹”的研究。就实现目标而言，教育在这两个极端之间蓬勃发展；它的效率不可忽略，但也远非100%。他们知道教育目标，但是很难列举。如果我登上火车，目标可能是圣莫里茨，或滑雪，或娱乐，或健康——在更高的层次上和更模糊的轮廓中，所有这些都是正确的。教学目标？考试吗？一定的知识和能力？在生活中进步？在“学以为己”的一般信念下，不同层次的目标并不一样。

驾驶和编程课程的目标可以明确制定，但当着眼于数学教学目标时，这种经验是没有帮助的。你可以试着用含糊的公式来表达任何内容，或者用清晰的公式来切中要点。

这些都是老生常谈的观点，多说无益。另一方面教学追求的目标是合理的。教学目标证明了测试的合理性。革新者理所当然地被问到“为什么?”和“出于什么目的?”但如果教学目标那么重要，为什么人们对此做得这么少？我指的是真正重要的目标，既非切中要害的清晰目标，也非根本切不中要害的模糊目标。

前几天，我读了一篇某教育家写的论文，其中对“教学目标”的所有异议都经过了仔细分析，并令人信服地予以驳斥。阅读这篇文章给了我至高无上的智力和审美享受。他只忽略了一项反对意见，一项小小的反对意见被忽略了。或者更确切地说，有一个问题他没有发现：我们如何找到教学目标并制定它们——当然这个问题在过去已经问过他多次了，但是他对此充耳不闻。

当然，一个正式的答案是很容易给出的。关于它的文献作品层出不穷——报纸、书籍、手册，每一个细节都有详细的解释。当然，关于如何做到这一点，有各种各样的模式，但它们在原则上几乎没有分歧。你可以从学科领域获取课程、教科书、问题集、考试题，将它们纵向分割，并提取出来——如果它们来自教科书的详细目录，可以直接使用分割后的。这是按领域排列的，按子领域排列。然后在每一条上附加一个起始公式，如“知道……”“知道为什么……”“能够……”“理解……”“理解为什么……”。的确，讲行为术语已经成了目标。还可以通过改变“能够应用公式 $(a+b)(a-b)=a^2-b^2$” 到“可以通过自己的行为证明自己可以应用公式 $(a+b)(a-b)=a^2-b^2$。”这就是行为主义者应该有的行为，而且是安全的方式，因为没有人关心这种特殊的行为是由什么组成的。确切地说，教育家没有义务亲自去做这项工作；他可以雇人来做，如果他们查阅他们的教育圣经中关于“教学目标”的章节，他们将会找到应该做什么的详细规定。

下一阶段是民意调查。一种方法是起草一份调查对象名单，其中包括教师、实业家、政治家、记者、水管工、父母等，然后把这份暂定目标清单提交给调查对象，让他们对每一项都回答“是”或“否”。在原子化的孤立状态下，这些问题不可能被回答，甚至不能被解释（至少就数学而言）。一个问题的“是”或“否”回答会影响其他问题，就像一种解释对其他问题的影响一样。这就好像一个人向一群人展示一本小说或铁路时刻表的介绍，让他们一句一句地批准或拒绝。问卷由10%的回答者随机填写；并留下最后一页作为评论区，而那些思如涌泉不能自已的人可以加上额外的一页；如果这还不够，就会有教育理论家带着录音机来访谈他们。有数百人免费为你思考是一件非常愉快的事，但遗憾的是，这些人确实在以一种无序、不科学的方式思考——我的意思是，从全局角度而不是从原子化的细微角度思考。所以你必须再次把它们纵向分割，这是一件很难的事情，但总有一天会完成的。同时，教学目标清单比原来也增加了五倍；它们相互重叠交叉。它不能再系统化了，唯一的办法是按字母顺序排列目标或者给它们编号——当然，不可能不根据自己的想象把每一项都列入“分类学”。

教育圣经并没有告诉人们如何处理这个结果。就我所知，在数学和自然科学领域，人们会说：别管它了。在教育研究中，这并没有太大的不同，尽管他们知道在放弃之前的倒数第二个阶段，即能出版。如果一年后他读印刷的校样，你会发现教育理论家在喃喃自语着，同时他又开始剖析另一个教育领域，几乎已经忘记了原来的那个。

还是他意识到这种方法可能有问题？无论是在问卷上还是在访谈中，就没有人告诉他吗？这听起来难以置信。

3.5.2 绿树时期

是哪里出错了吗？一个人如果不能胜任所教的科目，就不能分析目标。对于熟练的教育理论家来说，无论是教学目标还是教育研究的其他主题，都没有问题：他有足够的钱雇佣有能力的小时工或者日结短工为他处理材料。这些雇员的水平不能太高，如果在他们批判性天赋的基础上，辅以很好的教育，他们的主人就不能把他们当卒子来任意摆布。或者他真的能做到吗？他有空闲去监督他们，有能力去判断他们的行为吗？他最终会意识到他们制造的硬币所需的基本合金吗？

但是，让有能力的人在他们能力范围内自己发现教学的目标，不是一个好主意吗？当然，不是“即兴的”。申请者首先应该仔细阅读有关教学目标的文献。想当然地认为他们不会通过。退一步说，他们的兴趣很快就会消失。

这可能是个好主意，但行不通。然而，如果教学目标应该根据教育技术的原则来制定，那么就还有一条路要走：目标被孤立的教学问题应该是教育理论本身。教育理论家应该找出自己学科的教学目标，他发表的所有研究，在某种程度上都是一种教条——也就是教学——有关于教育理论的教科书，教育理论要在大学和学院里教授。难道要求一个教育家一生中就喝一次他为别人调制的药剂很过分吗？谚语说：“例子为先”，只有例子才能说服他人。

难道没有人曾经发现过这个想法吗？还是教育理论家担心遭遇滑铁卢呢？他们中也有勇敢的人敢于挑战。也许这是一个罕见的例外，也许是唯一存在的例外，但无论如何，这是教育理论家用他们自己的教学问题，来展示如何制定教育目标的一次尝试。它不仅仅是一个偶然的尝试，也是一个权威的工作㊀——这是一群杰出的荷兰教育理论家的集体成果，这门教学课程分为三卷，设计精良，第一卷以总体目标开始，并以目标清单来介绍每个章节。几年前，我分析了第一卷；我将从分析中涉及教学目标的部分摘录几段，但同时我避免讨论更多细节性工作，这是大家一致欢迎的。

第二章开始如下：

如果你研究过这一章应该达到以下目标：

1. 能够描述教学行为可以区分哪三个方面；

2. 能够分辨出使用理论的两种含义；

3. 能够列举和处理教学的关键问题；

4. 能够绘制教学分析模型；

5. 能够说出一节课的介绍、教学和同化通常由什么组成；

㊀ 范杰尔德等人，《教学分析 I》，格罗宁根，1971 年。——与此同时，我在更多的教育理论教科书遇到其展示他们的教学目标。我发现在目前的情况下，他们表现出相同的特性。其中一个是教如何制定教学目标：很明显，这肯定是一个特别危险的案例，很有可能出现恶性循环。

6. 能够在观察课程中区分介绍、教学和同化三个阶段。

在阅读之前，为了确保我是否已经掌握了“教学分析”，我尝试着回答了这些问题。第一个当然非常简单。教学行为有三个方面，行动中、行动、被行动。——“理论”有两种含义——作者肯定是用引号表示的。但为什么是两个？我可以很容易地把它们变成一打。如果我选择错了呢？——关键问题我不知道，但它使我想起了我父亲上学时的情景，每篇文章都有必须分析的七个要素：何人、何事、何地，意味着什么、为什么、怎么做、什么时候（quis，quid，ubí，quibus áuxiliís，cur，quómodo，quándo）——能够画出教学分析的模型——可教学分析是绘画课吗？第5个问题中的“最常”暗示了相反的问题：你在哪里找到这样的统计材料？

我测试不及格。我应该先学习这一章。我这样做了，你瞧，在下一页，我找到了目标1所要求的答案。虽然不是我的错，但我自己的解决方案是错误的。作者指的是教育行为的阶段而不是方面；他们说，这三个阶段是：准备，执行和评估课程。事实上，教学的行为被巧妙地划分为不同的课程。

在达到第二章的第一个目的后，我继续阅读。接着是一节算术课，七人一组，这是我做梦都想不到的恐怖，但我看不出它与第二章的明确目标有任何联系。我勇敢地继续读下去，但无济于事。有一整段是关于“前科学理论和科学理论”的。（这种划分属于前科学理论还是科学理论？）一个红色下划线，我达到了第2个目标。

我继续。看呀，问题的关键出现了。七个，确实不错。我要向这个人脱帽致敬。他精心设计了这些，并把它们完美地表达出来。而且，从逻辑上讲，你不能再加第八个问题了。我现在可以列举它们，但我也应该能够处理它们。那该怎么样呢？我应该用那堂数学课来做吗？但这七个关键问题与其目录的关系，就像七座山后面的七个小矮人一样。我现在正前后翻看这一章，但没有处理关键问题的内容。

我只看了一眼便大吃一惊。这七个关键问题将在第四到第十章中讨论，在每一章中，我可以学习如何处理它们。他们怎么能在第二章就提出要求呢？很明显，这是一个错误的提法。显然，在这里列举它们就足够了。我的大儿子就是这样学习历史“年代”的：“明天我们的老师将讲述那一年发生的事情。”

目标4带来了新的麻烦。没有关于绘画课的内容，甚至连“教学分析模型”的表达也没有出现。我明白了，然而，我看到这七个关键问题在一个华丽的图表中统一起来。

这不能不成为教学分析的模式。许多颜色的箭头像火箭一样穿过它：显然画出教学分析的模型意味着我画出所有的箭头。我可以用其他颜色吗？目标 5：一个课程包括三个阶段，介绍、教学与同化，并解释这是什么意思。“在引言中，最常发现的难点是中心问题”——这就是“通常”这个词所指代的（而不是指教学和同化），但当陈述变成问题时，它就会自动包含在目标 5 中。他们还解释了“教学”和“同化”的意思。当我在上面划了线时，我已经达到了目标 5。显然我既没有义务，也没有权力解释我是否同意这种课程组织。其他人是否能以不同的方式理解正确的教育，也无关紧要。第二章的目标 5 仅仅意味着我可以附和作者的观点。

我不想给大家再多揭露该书中类似这类东西了。我以名誉担保，从头到尾都是这样。纯粹的口头列举哪些应该被强调和记忆，这些就是教学目标。能够说出“这个”的三个最重要的方面，“那个”的两个分类，“这个”的两个最重要的准则，“那个”发生的两种方法，知道“这个”的三个点，“那个”的至少六个准则，能够列举“这个”的五个步骤，“那个”的三个要求，“这个”的三个因素，“那个”的五种形式，“这个”的三个条件，黑板板书的至少四个功能，两级评分目标，考试的两个特点。只限于分类：如果偶然要求更多，那就是出现了笔误。

教学目标的制定在逻辑上是有缺陷的。作者要求学生知道这个和那个之间的“某种”关系，以便能够指出“其中”三个最重要的方面，至少有五个步骤，以此类推。但它们不可能指的是这个或那个之间不存在的“某种”关系；它们指的是这本书中提到的关系。它们不可能意味着根据学生的重要性标准，学生知道某事的“其中”三个最重要的方面，而是根据他们自己的权威：在没有任何个人信念的情况下，学生被要求将他可以、也只能口头列举的事情中的三个最重要的方面表示出来。并不是说学生应该选择五个步骤，而是说他应该重复作者指出的五个步骤，而不提出任何关于是否可以更多步骤的问题。这种学科内容被测试的方式，有时我也会看到。问：“什么是学习者?”答：“参与学习过程的人。”下一个问题。

这本书的所有教学目标，都是要求能背诵其中学科内容的微小片段。在这本 170 页的书中，这些总共占了 10 页，其余的都是修饰。所有的目标都是根据本书自身制定的，没有一个超过范围。“我们学习不是为了学校，而是为了自己的人生!”

这里究竟发生了什么事？从前，教科书在每一章的末尾都有重复问题。例如在地理教材上，有这样的问题：“说出格罗宁根至少三个有草板工厂的城镇名字”。这些问题现在不可避免地转移到本章的开头，伪装成了教学目标：能说出格罗宁根至少三个有草板工厂的城镇的名字。喜欢模仿这种模式的小学教师，可以采用如下的“教学分析模式”：

初始条件：算术书，62 页底部；

教学目的：到 68 页顶部为止；

教学情况：处理 62~68 页。

如果我将我现在的书视作指导，并以“教学分析”的风格装饰它的教学目标，那么我应该在“全都是布鲁姆”一节前面添加如下内容：

1. 知道作者因为什么感到震惊；
2. 能够推测“分类学”的起源及其价值观；
3. 知道“分类学”中缺少的至少三个水平；
4. 知道哪个阶段必须先于测量；
5. 知道哪个恶性循环已经形成。

在行为主义语言中，它应该是：

1. 通过自己的行为表明，自己知道作者因为什么感到震惊。

如果读者反对在所有这些问题中缺乏“根据作者”的解释，那么他是对的。我是故意这么做的；它既模仿了他们用来描述教育目标的风格，也模仿了社会科学教科书，尤其是教学理论教科书中的教条主义措辞。

把这样的摘录伪装成教学目标是不诚实的。在考试中，学生也应该知道剩下的部分。如果在第一页上写一个提示，那会比原来更加诚实。比如：

教学目标：了解本书的内容，前提是选修这门课的学生可以把自己限制在第 1 章~第 7 章和第 8 章的前半部分，

那会比原来更加诚实。

我承认，我在这类提供明确目标的书上了解甚少。我更清楚地看到目标应该满足哪些要求。这些书的特点是，目标是根据书本身制定的，甚至是由文字摘录来定义的：不是总结，而是小摘录——如果你相信这些摘录，剩下的将只是装饰。我认为教科书的教学目标应该独立于教科书的语境而制定；一个熟悉相关学科内容和问题教学的人，虽然不熟悉这本教科书，但应该能够阅读和理解教学目标的文本。

也许这个规则太严格。我可以想象，教科书提供了丰富的学科内容，而不是语言、节选和个人观点。在这种情况下，根据书本身的术语制定目标将是合理的。但我不相信在教学理论中有很多这样的教科书。

3.5.3 干枯之树

如果教育家完全无法满足他们对目标的明确假设——如果他们在绿树时期做这些事情，那么在树的干枯时期该做什么呢？那么，你期望能从一群数学老师身上得到什么呢㊀？如果你忍不住笑了起来，那么就把情有可原的情况考虑进去，并同情那些名声扫地的数学教师和教学论者，他们在教育理论家和社会学家的指挥下，在心理上已经奴化了。

1.5 排序的对象——在自然数集中的“小于”关系

（1）能够通过顺序关系对适当给定集合的元素进行排序。

使用严格的线性顺序关系。

（2）能够区分集合中元素的“排列”并进行“排序”。

（3）了解链作为顺序的一个特例。

链意味着一个严格的线性顺序。

（4）能够识别和显示周围世界的顺序。

（5）能够为适当给定的集合指明顺序标准。

（6）能够说明对于给定的有序数对，关系“小于”是否成立。

使用关系表和箭头图的可能性。

（7）能够使用“<”和“>”符号。

（8）认识到通过“小于”关系对自然数进行排序，可以得到一条没有尽头的链。

（9）知道自然数集不是有限的。

（10）知道自然数可以用来对链的元素进行编号，并且通过对元素进行编号，可将有限的集合排列成链。

（11）知道每一个自然数都可以在半轴上指定一个点。

㊀ 黑森州教育部，《框架指南》，公立中学Ⅰ（5~10年级）。

引入半数轴。

22.1 二元运算

(1) 已知集合M中的二元运算，是一种对集合$M \times M$中的每个元素赋值，且正好被赋予M中的一个元素。

(2) 知道集合M的二元运算规则□被称为运算结构(M, □)。

(3) 能够指出某一个结构是运算结构，以及某个不是一个运算结构。

(4) 给定M中的一个二元运算，能够拟出相应的运算表。

(5) 给定一个适当的集合M，能够找到若干赋值规则，使其产生或不产生二元运算。

(6) 给出一个适当的赋值规则，能够找到几个集合M，使得在M中出现或不出现二元运算。

(7) 认识到二元运算的性质是结构（M, □）的性质，而不是M和赋值规则的性质。

(8) 给出一个结构（M, □)，能够确定它是否是一个二元运算结构。(笔者译)

这是又一个很好的例子，说明了教学目标不是定义、命题和段落标题都用“知道”和“能够”来修饰的一门课程或一组课程的目录表。作者说的更明显：

数学教学主题的选择是通过对现有文献的分析，是利用小组成员的经验得来的。

没有人想到分析数学和数学教育本身。其结果与教学目标无关：这是一本新教科书，暂时限制在一个目录上。数学与现实之间缺乏任何联系，数学的任何社会动机或对教学目标层次的任何理解也是如此。它充满了逻辑性、数学性和教学法的荒谬性，并带有其内在的教学法。例如，在分数的算术中，它不是这个主题本身，而是根据一种有争议的，在我看来是错误的，被指定为目标的教学方法。除了学习分数，学生们还必须学习如何驾驭作者的“拿手好菜”。在黑森州，老师们似乎被这个“目标怪兽”吓坏了。如果他们口头上支持这个制度，那就不要反对他们得到赦免，那太恐怖了。

3.5.4 栗子的分配

我不得不分析教育文献中的另一个极具启发性的例子。有时，教育理论家迁就于用具体的例子来丰富抽象的理论。在一位著名教育心理学家的一篇论文的40栏目中，我发现有半个专栏阐述了自己的概括。该片段内容如下[1]：

在目标“能够计算”的基础上，制定了以下子目标：

学生应该能够解决与其经验相匹配，且简单而有意义的问题。

从这个目标可以推导出以下具体的子目标：

学生应该能应用比（数与量）的概念，能够把数字之间的比率看作是不同数字的相等倍数。

操作目标：约翰、彼得、比尔的栗子数是4∶5∶6，三人共有75个栗子。他们每人有多少栗子？

细细看来，这个片段是很有趣的。一般子目标很模糊，尚不足以遭到反对。形容词“简单的”在简化目标的表述时特别有用，但与“有意义的”和“经验的世界”有关争议也随之产生。然而，栗子的例子表明，对作者来说，这也是一件简单的事情：如果所有算术书都被纳入孩子的经验世界，所有的问题都将变得有意义，包括栗子的分配。

能够运用比率的“概念”，这是古老而可敬的学科教学内容；而这长期以来不再做要求；这实际上是教师的水平，而不是学生的水平，他们应该能够使用的是“比率”而不是“比”的概念。

这一假设的子目标并非如作者所声称的那样，来源于前面的目标——怎么可能呢？但这些说法在教育理论中只是陈词滥调。

现在子目标本身，它在两句话中表达，这两句话之间的联系是通过“比率”一词的含义来暗示的，但在这两句话中都有不同的含义；在第一个句子中它是算术上的理解，第二个完全是数学的[2]；第一部分是可以接受的，尽管很模糊；第二个我不确定，但我倾向于拒绝这种数学思维。

基于“运算目标”的测试显然与子目标的第二部分有关。如果这是故意的，那就大错特错了。测试问题可以通过先天的洞察力来解决，不需要对比概念进行数学化，就像原始人会做的那样：分别给约翰、彼得和比尔每人4、5和6颗栗子，直到库存耗尽。栗子没有剩余，而且要做得很快。为了测试他们的意图，应该取较大的数或者用带余除法。

---

[1] H. P. 斯特龙伯格，“教学目标和研究目标”，《教学研究》，50（1973），497-517。

[2] 这里翻译的不清楚。“比例”（verhouding）的双重意义首先表示“比例”，其次表示“比”。

在一篇关于教育的极度抽象的论文中，这个唯一的例子在所有细节上都是错误的，但我并没有把它视作一个不幸的例外，并从众多的好东西中挑出来。其不足之处是整个文献的典范。特别是，教学的目标可以被切割成现有的教科书文献，这是该学说的典范。在制定目标之前，应该先细致入微地分析学科内容，没有捷径可言；一个数学知识不足的教育理论家，最好远离数学学习的目标。

这种分析——至少在数学中——必须在制定目标之前进行，这将是数学教育研究及其技术中其他部分的基础。我选择了教学现象学这个名字：但是这个名字并不重要，这种活动也并非我首创，它或多或少已经有意识地被数学家实践了很长一段时间。在我早期的各种书籍和论文中，我便给出了数学教学现象学的例子，我希望在另一本书中全面地解决这个问题。

我从文献中引用比作为教学目标的例子，因为在下一章中，我将把它与教学现象学分析在制定教学目标时可能达到的效果进行对比。然而，应该强调的是，这种分析只是最终制定数学教学目标的必要前提，而不是充分前提。我不知道我将在那里说明的想法是否可以转换到其他领域，但我认为在某种程度上，在寻找教学目标的过程中，那些可能出现的令人恐惧的肤浅行为应该结束。

3.5.5 寻找自我意识

我反对的是“流行的”教育目标，而不是反对探索教育目标。我不能坚持说，没有人能成功地给予数学学习一个合理的操作目标清单，并声称这是不可能的。但是得出这样的结论太鲁莽了。在第一个人成功飞上天之前，许多先驱前赴后继、顶踵捐糜。无法证明这是不可能的。我们能做的只是反复尝试，弃其糟粕，总之，这就是精密科学的习性。尽管如此，我仍将交流一次失败的尝试。我从荷兰数学教育发展研究所项目五年级的“足球赌注”概率教学中得到了“启发”[⊖]。

2.1 认识并创造 k 个事件的选择情境（$k=2,3,4,\cdots$）。

2.2 模拟这些情境。

2.3 用符号来表示它们（例：用数字 $0,1,\cdots,k-1$）。

⊖ 《欧几里得》，47（1972），265-272。

2.4 识别和创造连续运行的 k 个事件的选择情境。

2.5 用随机方法和数字模拟这样的运行。

2.6 用符号表示（数列或树形图）。

2.7 使用“在……情况下，……刚好发生”的模式写出概率的公式。

2.8 用事件数量来计算概率。

2.9 在不出现等概率的情况下模拟选择情境。

2.10 相同条件下模拟运行。

2.11 在上述框架内设计、执行、处理和描述关于概率的理论实证研究。

在这些学习目标和那些我所批判的学习目标之间，存在着一个显著的区别。虽然目标是在一个丰富和详细的主题基础上“后验”制定的，但学科内容已经在教学现象学的意义上进行了彻底分析；原来的学科内容没有留下任何东西；已经尽可能地指出了学习过程中的水平。

当时我认为这是一种进步，但同时我们也认识到这也是错误的。学习目标不应在课桌后主观随意制定，而应在与学生、教师、顾问、家长和其他相关人员的教育情境的教学对话中形成。

我会更详细地解释这一点。我们精心设计了一个丰富的教学内容，一个“灯塔”，一个主题，一个项目，一个对我们来说很有价值的、与现实密切相关的、激励孩子的、与社会相关的作品。我们在课堂上尝试，通过有意识或潜意识的教学现象学，我们观察学生、教师等人的反应，并从这些反应中得出小学生可以学到什么，老师能够用材料教什么——他们之前缺乏什么，之后拥有什么，在这个教学中获得了什么能力。什么样的结果被强调并表述为教学目标——除非它被认为无关紧要而取消。只要目标列表中有增加内容的建议，我们就会尝试将其纳入修订内容中，只是以类似的方式处理修改后的教学内容。

虽然它还只是娇嫩的萌芽，但这种策略已经在实践中成长起来了。它发生在我们初等职业教学的过渡班（学制七年）的一个主题中。对于仔细观察过它的人来说，它看起来非常好，但是他无法发现其中的任何数学教学目的。在教室里试用之后，他们的分数可以从学生们的反应中得出——这些目标是没有人会想到的，也没有人会把它们列在任何目标清单中。

这是一个和侦探有关的故事，侦探们在故事中要找出格罗宁根监狱的一名囚犯在七点时的行踪。这名囚犯于六点越狱，并乘坐一辆偷来的汽车以每小时150公里的速度逃跑。为了解决这个局部问题，学生们在将文本中的三个数字数据组合在一起时遇到了很大的困难——学习这样做将是一个合理的目标。学生很难把文中的三个数字数据联系起来解决局部的问题——学会解决这种问题是一个合理的目标。最终他们成功了，然后他们在格罗宁根150公里的地方寻找逃亡者，因为算术书上的行程问题通常是这样的：一列火车从 *A* 点到 *B* 点需要3小时，平均速度为每小时75公里。当然，后一种想法在每一个数学教学目标列表中都可以找到，但你会发现在那里没有任何有用的知识——最高时速150公里的汽车平均速度要比这个数值低；尽管在数学上它至少同样重要。

像这样的，还有许多例子。我只提及最后的结果：最终一些小学生批判了这个故事的逻辑。这是一个高水平的目标：对学科内容进行批判的批判意识。

这都是积极的声音。关于教学现象学我没法这样说，但是我确信发现学习目标的策略除了在数学领域，在其他领域也同样有效。

3.6 民意调查

当我讨论“如何找到教学目标”时，我提到民意调查是验证目标目录的一种常用手段——这是一项愚蠢的工作，就像对小说的可接受性或铁路时刻表的引入进行逐个投票一样。

民意调查可以成为国家和市场政策的宝贵工具。多年的实践和经验，使专家们建立了一套似乎经得起合理检验的系统。人们从自己和他人的错误中吸取教训，他们做好了充分的准备，在可行的情况下避免它们。有一次，一位营销专家向我讲述了他丰富的民意调查经验中最有趣的故事，其中包括一个技巧，即询问接受调查的家庭主妇能否拿出一包她声称使用的某品牌洗衣粉。在所谓的教育研究中，如果不把指出错误当作一种时尚，那么从中吸取教训将十分困难，甚至可以说是不可能的。

调查问卷有许多种：有些人显然不承认任何合理的答案；还有一些则会让人产生这样的印象，即至少它们的作者真诚地相信，受访者能够合理地回答这些问题；也有一大堆看起来合理的调查问卷（然而并没有什么必然的联系）。这些调查结果有多大概率是用心回答的呢，问卷者又如何检测答案的可信性呢？缺乏一致性是一个标准。另一种标准会把对事实的怀疑和观点联系起来——大概人们可以从可靠的事实中窥见可靠的观点。

我一直对教育领域的民意调查表示怀疑，而最近的经历则彻底驳倒了我对调查的最后一丝信任。我无意中发现了一项研究：这是某教育领域专家关于使用与七年级学生教材相应教师手册的观点——12 本手册，其中 4 本是数学教科书方面的。一大批教师代表回答了调查问卷的 88 个问题（最多），其中不乏这样的问题：他们使用的教科书是否有教师手册，他们是否使用该手册，以及使用频率和方式。教师手册的概念已经被精确定义，并添加了警告：

教师手册，不包括内含测试和（或）问题答案的小册子。

即使作者并没打算如此，这也是个严格的条件。

可以看出只有四分之一的数学教师得益于教师手册，但这个样本随后详细回答了问卷中所有关于使用手册的问题。作者声称只有四分之一的数学教师用了手册。实际上，惊人的事非但不少，而且很多。的确，这 4 本教科书中没有一种能称得上是作者所定义的那种教师手册；对于其中的两本则根本就不存在任何合理的、较弱意义上的手册。

让我们把这四本教科书称为 A、B、C、D。尽管唯一与教科书 A 有关的参考书是一份纯粹的问题答案清单，但四分之一的受访者却声称更多，并满足了作者对他们使用教师手册的每一个细节的好奇心。教科书 B 似乎完全不是数学，而是传统的算术，其伪教师手册的三分之二都是问题答案。至于教科书 C，虽然已经过时，但它却提供了一本真正的教师手册；虽然与完全修订的现行版本完全不符，但四分之一的受访者成功填写了问卷；教科书 D 确实有一个伪教师手册，这本伪教师手册中有 80% 都是测试和问题答案。

至少调查人员应该知道，关于教科书 B，它没有涉及数学，而且它的教师手册也不符合定义，因为他本人是该教科书的作者之一，尽管他谦虚到不提及这一事实；如果他看一眼手册，他本可以在一分钟内确定其手册都不符合定义。他不可能这么做过。“长官不关心鸡毛蒜皮的事！”就如他自己解释道，收集和处理全部材料都是下属的事。如果他甚至没写过深刻的理论介绍，从未阅读或纠正过统计证据，如果现在这几行是他第一次有机会了解教科书B及其教师手册，我也不会感到惊讶——他只是其中的一位合著者，在数据统计的工作中发挥了部分作用。

中等学校的老师，又不是文盲，怎么会在作为调查对象时，表现出如此低下的素质呢？少数人可能忽视了“教师手册”的定义，其他人也许认为没那么重要。大多数人否认了与他们教科书有关的教师手册存在，还是承认其存在，却否认使用了它呢？少数回答了所有关于教师手册问题的人——他们这么做是因为他们叙述的教科书教师手册问题不存在，还是因为教师手册不存在呢？没人知道事实上发生了什么。我们想当然地认为民意调查极度不靠谱。这是我仔细调查的第一个案例，但这是一个简单的案例。那么教育领域的其他民意调查呢？我的怀疑并没有减弱。

3.7 诊 断

一般的教育理论通过借用自然科学的表达方式，来追求合理的准确性。我们已经遇到来自生物学中的“分类学”。学生作为受试者参与的调查，被冠以“临床”的形容词。医生的白色工作服很适合研究人员，也许他的兜里藏着听诊器。诊断是一个相当流行的术语——“诊断性”测试正在开发与应用。当然，每个教课的人，都必须要诊断。像“掌握学习”之类的新事物、教学和诊断系统交替进行的新方法就是蒙眼诊断，他们根本不看学生在做什么，不提出问题来发现他们没有理解什么，而是在预先制作好的试卷上画上被他们涂黑的方块，然后计算出谁不及格。比如说，超过20%的学生都不及格，这就是他们所谓的诊断；而开处方则意味着给那些能力较弱的孩子们，传授一点点降低难度的他们没有掌握的教学内容。

确切地说，它甚至更加复杂。不仅是诊断老师被蒙上了眼睛，这就是所谓的双盲法。诊断测试设计者的眼睛也被教育理论所强制束缚，他必须对其设计的一系列诊断测试课程或教科书的教学意图一无所知；他确实有义务去调查某些“客观”的教学目标是否达到了——比如解二次方程——而不是研究课程设计者所期望的学习过程是否发生了。

我不否认计算机在医学诊断中可能有用。但他们并不能取代医生的地位，因为医生可用肉眼区分德国麻疹和猩红热，可用手指感觉腹股沟破裂，只需要倾听病人的陈述，就可以知道他是在腹部下部还是上部被触碰。此外，我猜医学诊断的计算机程序不是由被蒙着眼睛的医生编写的。

我只是为数学课程设计做了许多丰富的诊断测试——测试每一个章节，每个小节。所以不知为何，每个人都应该能够说出每个特定的测试是为了诊断什么。但是，如果有什么问题的话，我们只能确定这样一个测试是在诊断一件与测试设计者的意图完全不同的事情。解一个方程和验证一个解决方案之间的区别，构造（比如函数图像）和检查一个提议的构造之间的区别，证明和搜索证明中的错误之间的区别，在布鲁姆“分类学”定义的测试设计师视野中还没有出现。没有会检验二次方程求解的测试，也没有诊断学生是否能画出函数图像的测试。为了满足测试设计师对四重选择测试的激情，学生被迫卷入与主题一点也不相关的逻辑方案中，例如在整数集 **Z** 中已教完顺序关系之后：

A. 对于所有的 a，$b \in \mathbf{Z}$：$a<b$。

B. 对于所有的 a，$b \in \mathbf{Z}$：$a>b$。

1. A 和 B 都是真命题；
2. A 是真命题，B 是假命题；
3. A 是假命题，B 是真命题；
4. A 和 B 都是假命题。

是或否仅对于附加条件命题。与其问“p 是否为真，q 是否为真”的问题，还不如问下面的问题：

1. p 和 q 都是真命题；
2. p 是真命题，q 是否命题；
3. p 是否命题，q 是真命题；
4. p 和 q 都是否命题。

即使将多项选择原则的合法性授予总结性测试，用来保证某种单一测试的评估等价性，可在诊断性测试中，它依旧既不能被理解，也不能被证明是合理的，也不能引用任何支持所谓客观测试程序的论点。这种配对的把戏让我想起了很久以前的一个故事：一个苏格兰农民听说在镇上，人们可以通过一个人的尿液来判断他是否生病，以及生了什么病。于是他拿着一大瓶尿去了药房，待在那里等待诊断结果。后来他给家里写信：

我、你、我们所有的孩子和奶牛都很健康。

我刚刚快速翻阅了什么是“掌握学习”理念下数学课程被糟蹋的最大特征；每一章都有指定的学习目标和相应的测试。这门课程本身是用极大的教学努力来构建的。例如，通过考虑函数 $x \to x+a$ 和 $x \to x-a$ 而引出正数和负数的算法，这些函数用三种不同的方式表示和理解，一种是计数图表，一种是归纳生成的函数表，一种是借助平移箭头的平移。这些未在测试中体现，也没有作为目标被提及。它们并没有诊断出作者所期望的学习过程是否发生了，是否已正确或错误地应用所提出的一种函数表达，也没有诊断出数值问题是否已被函数模式解释。相反，它建议教师和学生跳过这些东西，用扎实的算术问题来尝试教学和学习的力量。这就是诊断；根据“掌握学习”理念的说法，也应该如此。学习过程是不能被测试的，这是行为主义的公理，因此作者在思想实验中阐述的学习过程也被删除了。这需要教师的合作，他们很可能在没有“掌握学习”理念的情况下也能出色地教学。出于对神秘语言的尊敬，他们让自己被一般的教育家蒙蔽了；他们使自己和学生接受了欠考虑的教育。但是谁该为这个体系的失败负责呢？是“掌握学习”理念，还是被“掌握学习”理念糟蹋的课程？好吧，让我们从一开始就为了“掌握学习”而设计一门数学课程吧，在那里，每个学习过程都简化为对规则的记忆！

3.8 包装的生产

我继续展示那些把自己打扮成教育科学的东西。像这样以“原子化”的名义展出的产品，不需要由教育家们自己创造；有可能，在我们正在讨论的情况下，签署它并对它负责的人从来没有看到过它。这是正常的程序：教育技术专家制定总体方向，并从学科内容领域聘请有能力的人来执行计划。这一劳动力的水平不可能很高——我重复这一点——否则他们的批判性判断水平太高，人们就无法和他们共事了。另一方面，教育技术专家缺乏闲暇时间，当然也缺乏判断作品水平的经验和能力。事实上，他的任务是独立于教学内容定义和描述的。基本思想是，无论是直接或间接地，在教学和技术上，形式和内容都可以彼此分离。他们认为，各种教学都有共同之处，可以根据年龄加以区分；这使得教育技术专家可以在幼儿园、小学、中学和大学中进行专业化。然而，根据能力进行专业化只是一个次要问题。

如果只是添加了一些细微的差别，那么我就不反对这个论点，但我反对从这一论点中得出的错误后果。对不同教学分支中共同因素的理解过于肤浅。就好像有人宣称，一本书的关键在于它的大小，以及它是平装本还是精装本，而内容只是一个次要问题。这是对的——我的意思是在实践中，图书馆管理员实际上不需要考虑书籍的珍藏目的，而只需要考虑书籍是放进书库还是拿出书库。

所有的比较都有瑕疵，当前这个也是——复杂的事被简化了。所有的教学分支都有许多共同之处。个人或社会心理学知识的应用在不同学科之间不太可能有很大差异，如果这是一个好的教学，就更不会有很大差异。教育哲学有可能在能力领域之间架起一座桥梁，至少当它是有效时是这样。班级和学校组织的技巧与学科内容完全独立。媒体的应用可从一个领域转换到另一个领域。但在开发课程、教学内容、考试、创新、备课等方面，没有理由认为学科内容的差异是无关紧要或微不足道的。

对于这一点，教育技术专家将回答：我们不希望开发课程或测试，不希望创新、设计教学内容和课程，我们的任务“只是”制定方案，以便那些有能力的人可以应用。如果我们运送包装物品的箱子，那么我们需要做的是让这些盒子看起来有吸引力，并且能够舒适地堆起来；无论谁使用这些盒子，都必须注意里面的内容是量身定做的。我们甚至增加了内容成分的说明，如30%的“知识”，20%的“理解”，20%的“应用”，15%的“分析”，10%的“综合”，5%的“评价”，这是包装者必须注意的。对于测试，我们也提供适当的包装材料。

研究、课程开发、创新的项目都是按照这种哲学进行如下构思：一群一般的教育家，也就是所谓的核心，手拿项目圣经设计了一个宏伟的计划，在画纸上用印度墨水画出了令人印象深刻的流程图，用虚线连接的一个又一个方框和箭头——每个角落都有一个顾问团，里面所有的人都可以批评这个项目或它的结果。如果这件艺术作品的效果足够好，足以吸引所需的资助，那么下一个阶段就是研究期，而这确实是必不可少的，因为文献过于庞杂，用教育理论家的定义来说就好像一张没有写字的“白板”。接下来是雇佣劳动者对目标进行一年的调查，就像我之前描述的那样。由于这些目标无论如何都一文不值，因此用了一年的时间来调查初步条件，以便教育领域的雇佣军和测量专家发挥作用。与此同时，“核心”理论家已经忽略了外围活动，而这些活动发生在远离该领域的地方。原本计划用半年时间进行的课程建设，现在留给了有能力的人，即使准备好了，也需要再花一年时间。如果他们成功了，处在“核心”位置的教育理论家，只要他们还对它感兴趣，就可以把它带进学校，这当然不是为了测试它或指导测试它，而是为了雇佣愿意为他们做这件事的人。评估员也会被雇佣，在评估之后，材料同样是由雇佣的人修改。所以它缓慢生长了很多年，枯萎并最终死亡。如果能获得补贴，它就会得到一个三卷本像阴森墓碑一样的出版物，否则就会和它的先驱者或穷的没钱出版的人一起被静静地埋葬。但最常见的情况是，所谓的“核心”在中途爆炸，将自身和项目撕成碎片。与此同时，我们的教育理论家也聚集在其他群体中，开始了一个或多个新的项目——除了那些已经是教授的人，因为他们还在教育新一代的教育理论家。

然而，他们所做的一切都是在忠实地服从项目圣经。然而，项目圣经中没有透露一个细节：你需要数百万或数以百万计的经费，以及大批专业人员所构成的军团来完成这样一个项目——项目圣经是在美国出版的，那里既有数百万经费，也有专业人员。即使在美国那里，我也不确定结果是否能证明这种花费是合理的。但有一件事是肯定的，即使有所需资金的十分之一或百分之一可用，也不太可能取得有意义的结果。一个项目需要一个庞大而紧密的团队全力参与，不可能由两周开一次会、按日或小时计酬的工作小组来进行。由教育学家们打造的这个项目包装是大卫的歌利亚制服，随着事情的发展，制服逐渐减少，直到大卫最终从歌利亚戴着手套的两个手指上得到裤子。

在最近的一篇论文中，一位教育理论家提出了一个紧迫的问题：为什么教育理论的总体方案——我称之为一揽子方案——制作得如此奢华，却很少得到应用。他找不到令他满意的答案。除非有大量的产品需要包装，否则专门的包装材料行业是不会有赚头的。然而，课程和学科内容开发是很罕见的；你没有任何理由不为每个这样的项目，都设计一个只适合这个特定项目的方案，所以在设计这样的方案时不需要专业化和专业人士。但是，即使在有大量需求的情况下，提出这样的一般性方案（例如备课和测试的构建）也没有任何价值，除非申请人可以确保，并展示出这些计划怎样可以充满有意义的内容。制造包装材料，并要求购买者适应箱子的内容，这是对消费者的一种傲慢或欺诈性的蒙骗。应该反过来，从内容开始，寻找适合的容器。这适用于课程和课程开发，也适用于教学程序计划、备课和考试的安排。不能独立于教学内容和教学方法来确定它们，这是完全不正确的。

除了关于规模方面的错误，这类项目背后的哲学也是错误的。这又是原子论，在这里表现为专业化。当然，专业化是不可避免的，但是永远不该采用这种形式和内容分离的方式。课程设置与开发、创新和研究要求快速反应，因此许多任务和能力应该团结在一个人或一个紧密的团队身上，就像我之前强调的那样。如果想要对来自领域内人员的反应轻而易举做出快速回答的话，在第一种路径下，课程组织、设计、指导和评估必须出自同一团队之手。这个领域的人——教师、学生和家长——的参与，只有在不受阻碍地达到最终目标时才有效。对任何学科领域都不熟悉的纯教育理论家（或已经失去对学科认识的人）根本不能容纳进这样一个团队中。教育理论家应该在他们自己的教育中，获得至少一个教学分支的相关能力。从长远来看，社会负担不起为教育技术专家提供救济的项目。

这幅关于一般教育技术的图景是否描绘得过于苛刻？是的，确实是。现实并非如此简单。有很多关心内容的一般教育理论家，即使有能力的人或专业人士勉强接受，他们也会调查学校。还有教育技术专家，他们用流程图和箭头设计发布一些令人眼花缭乱的计划，他们会尝试在有或没有帮助的情况下填满这样一个空盒子，比如说，一门数学课的设计太愚蠢了，使得一名教师培训的学生会因此而不及格。在教育技术专家中，有些艺术家认为抽象方案的设计是一种审美体验，如果有人胆敢建议填写这些方案，他们会大吃一惊。人们通常不把理论家的理论不切实际看成是一种罪过；相反，这被认为是一种美德。所有伟大的理论家在实践中都有不起作用的时候，不是吗？理论和实践的分离是原子论的症候之一。

有一些教育技术专家知道如何与学科专家、理论家和实践者组队合作。在过去的几年里，我认识了很多人，并学会了欣赏他们。我欣然接受他们是大多数，只要他是在对的职位上，每个人都能证明自己的能力。通过他们在形式上的专业化，他们在内容理解上的不足，可以在一个某些成员具有学科内容能力和教学能力的团队中得到弥补。教育技术专家将找到自己的意义，而不是坐在扶手椅上做策划，或者在委员会里做管理。

3.9 划分的艺术

教育理论，就像邻近的学科一样，沉溺于一种笼统的模式，至少这种模式的相关性值得怀疑。其他科学也具有这样的发展阶段。根据对立面成对划分（例如毕达哥拉斯学派），或者根据神圣数字计算的数而分组，启发并主导了哲学的最初方法——四种元素、四种体液、四种气质、五种感觉器官、五个区域、八正道（佛陀），七美德和七宗罪等。这样划分总的来说是崇高理论家们的智慧；半人神和四分之一神可能会努力尝试将实践提供给他们的东西塞进这些分好的隔间里。事实上，划分方案是不可操作的，就是为了划分而划分。

直到最近，语言学一直在实践和培养词类划分。从第一篇文章、第二个名词、第三个代词，一直到第十个感叹词，它们的数量和圣经的诫命一样多。它们的分类相当合理，单词可以很好地放在这些类别中。该系统也具有实际应用价值。直到最近，语言教学的教科书——无论是母语还是外语——都遵循同样的模式：第一课，文章；第二课，名词（有变格）；第六课~第八课，代词；等等。虽然完全没有价值，但按照十种词类进行划分，只是一种体面地分配教学内容的方法，可以防止在第一节课就向可怜的孩子们的大脑里硬塞诸如“ach”和“au”、“oui”和“non”这样不受约束的过分行为。此后，再根据不同的词类教授不同的句子。然而，并没有固定的神圣数字来证明它们是正确的；作为最后一道压轴菜——各种各样的从句才呈现在学生面前。直到最近，划分的激情还在语言教学的教学法上留下了印记。如果我没弄错的话，现在已经没有这种现象了。

在教学理论中，划分也以同样的兴致被培养出来，比如夸美纽斯和赫尔巴特——尽管这些都是操作模式。在我上学的时候，我接受的是赫巴尔特式的教育。连续性是首要的要求，尽管对此有不同的解释。如果我的德语老师上次教的是维兰德，而打算今天纪念艾兴多尔夫，他会带我们沿着一条精心设计的道路，穿过从维兰德到艾肯多夫的文学丛林，每个人都带着悬念来听，问自己“他心里是怎么想的?”——惊喜比连续性让我们更感兴趣。我们的生物老师做这件事的时候，就没那么复杂了。如果上次他讲的是猿猴，现在他想讲蚂蚁，他会用“昆虫中的猿猴是蚂蚁”这句话来引课。

在教育理论中划分方案是相当流行的。由当局规定；下属向你保证，一个人可以出色地使用XYZ模式（“一种工作假设”）；事实上，如果他们提出任何其他主张，那就是承认他们的无能。要是这些模式被应用就好了，但并没有；如果用了，你会吓死的。事实上，很难有意义、可操作地应用它们，特别是如果它们是如此笼统，以至于一切都可以适用。为什么他们不从自然科学史中吸取教训呢，充实总体规划并使之具有“意义”和“可操作性”，比构建总体规划更有价值。在教学理论中，评估仍然是另一种方式，要认识到这是错误的方式，仍然需要一个漫长的集体学习过程来纠正。

根据我在自然科学及其历史方面的经验，我认为“从一般到特殊”的演绎过程在教育理论中是不成熟的。自然科学也是从一般的自然哲学开始的，这更加阻碍而不是促进了自然科学的发展。从长远来看，从特殊到普遍的过程被证明是非常成功的，一旦在归纳的道路上取得了重大进展，演绎过程成功的概率就会提高。然而，即使在今天，一般自然哲学仍处于起步阶段。

人文科学和社会科学的情况要困难得多，这只能意味着演绎法还很遥远。我认为，通过特殊教学领域的教学法来解决一般教学问题，比将特殊教学法置于一般教学法的束缚之下更有希望。在算术和体操等不同的教学活动中是不可能“先天”存在一种共同模式的。

根据一个古老的教学规则，教学应该从特殊到一般，朝着更加抽象的方向发展，而不是沿着相反的方向。我现在不想断言这是否正确，但无论如何，一般的教育家告诉我们要这样做，而且要按照他们告诉我们的去做（不要像他们做的那样!），因为一旦他们教了教学理论，就从最一般理论出发，画出眼花缭乱的抽象图案，所以他们继续下去了，如果在教学过程中，他们能够尝试用具体的学科内容填充抽象的模式，那么这可能是一种意外收获。

在教学理论中，有人不遵守自己为他人规定的规则，有人自己凌驾于强加给他人的规则之上。一个人制定了教学行为的模式，但如果他阐述了它们——这就是一个教学行为——他很少关心规则。教育理论家在制定自己的课程和教学内容时，并不遵循为他人设计的方案。如果他这么做，并且成功了，他就会提供第一个令人信服的证据，证明这些计划是有效的。奇怪的是，人们很少产生这个想法，但我在“教学目标——绿树时期”一节中，报告了如果他们产生这个想法之后会发生什么。

3.10 模 型

人们有时承认——然后又惊讶地承认——大多数计划从未付诸实施。然而，经常有人说它们不适用。有人说：“它们是模型”，“而模型从来不忠实地反映现实；如果一个人能和它们一起工作，他应该感到满足——我的意思是可运作的假设。”

这里不清楚什么样才是“可运作的”。这并不意味着该模型适用于具体情况，而是说它是继续推测的基础。人们甚至不允许对模型的实用性提出苛刻要求，因为如果这样做，就会“混淆模型和现实”，这就像雨果《悲惨世界》里冉阿让偷的银勺一样，某样东西被赋予了模型的地位。在自然科学和经济学领域，“模型”曾经是一个很有意义的词，但在人文社会科学领域，“模型”现在被贬低为一个流行字眼，“模型和现实的混淆”已经成了与批评人士保持距离的口号。与此同时，这种风气又重新感染了自然科学。最近我读了一篇关于流体动力学的论文，其中每个微分方程都被称为一个模型。为了表达它曾经的含义，“模型”已经变得毫无用处；凡是习惯于约束自己思想和言论的人都厌恶“模型”这个词，即使他需要这个词，也几乎讨厌使用它。“模型”是如何从一个技术术语发展成一个流行词汇的？这值得写一篇论文来讨论。顺便说一句，我会回忆起我所记得的关于“模型”的事情。

“模型”本质上有双重含义，即“后”意象和“前”意象，可以对应到具体或抽象主体的“描述性”和“规范性”，既可以是“石膏模型”也可以是“编织图案”（为画家摆好姿势的“模特”与他画的花瓶都属于前一种；至于服装秀上的模特而言，我不知道他们这个职业之所以叫这个名字，是因为他们向时装设计师摆姿势的事实，还是因为他们展示服装）。“模型”的双重含义无疑是令人们对它感到困惑的主要原因。

在自然科学中，最早使用“模型”一词的，可能是在太阳系的天文馆模型中。在该模型中，由引力引起行星和月球运动的相互作用，通过机械装置粗略地简化了：由于仅仅是一个模型，所以只对过程的运动学进行了客观分析，而对过程的动力学则不予考虑。著名的“卢瑟福-玻尔原子模型”将原子描述为一个小太阳系，可能对轨道有奇怪的限制；模型的特性源于轨道所处的“特定”条件，以及从一个轨道跳到另一个轨道的“特定”假设，这与动力学定律相矛盾。最近的一个例子是原子核的液滴模型，在这个模型中质子和中子被模糊作为一种流体——这是一个典型的粗略模型。

众所周知，数学具备这样一个特点：即用石膏或金属丝和纸板来建立抽象几何图形的具体模型。但除此之外，我们还知道抽象的数学模型。如果我没有弄错的话，第一个使用后一种意义上“模型”的人，是费利克斯·克莱茵。当他提出非欧几何模型时，这种几何对他来说就像是一个柏拉图的假定，通过重新解释其对象，在明确给定的射影几何中获得了一种表示；这里的模型特征在于非欧几何的相对具体化和它在射影几何中的重新解释。克莱茵的例子是公理系统模型概念发展的根源：公理所隐含的内容通过合适的数学对象而变得明确，并以这种方式给出一个相对更具体的特征。人们可以在具体性上从数学模型发展到现实模型，例如物理学中将所谓的“空间”作为几何公理系统的模型。

在概率论中，抽签的方式和其他随机工具一样，是一种模型，人们试图通过这个模型对世界上似乎受偶然性影响的一切事物进行数学化：一株植物被另一株的同种植物传粉，一个种群中的婚姻和死亡。像交配或死亡这样的事情，无论正确与否，都被视作是由抽签决定的。虽然物理和化学模型看起来就像是钉在自然界这张纸上的图案，但（波稛）坛子模型常常暴露出这样一个事实：它们是在没有更好模型的情况下才被选择的；但同样地，那些明智地运用它们的人，都十分清楚这一缺陷。如果能够控制影响概率的因素，并且不忽略任何重要的因素，那么坛子模型也不是很糟糕，但通常这些条件并不容易满足。如果没有其他选择，不管建模者喜欢与否，都必须采用坛子模型。尽管它仍存在缺陷，但这样就避免了过于自信的结论。

当牛顿把潮汐的涨潮看成是一对绕着地球运行的卫星时，当爱因斯坦用旋转圆盘模型模拟万有引力来洞察广义相对论时，这就是“模型思维”。坚持使用一个模型太久可能是一个严重的错误，就像人们曾经用弹性振荡解释光学现象的尝试那样——最终这种模型被电场模型取代。

现代技术中有许多应用“模型思维”的例子：通过设计带有电阻、电容和自感的电路模型来模拟和研究矿井中的空气循环和血管中的血液循环；在模拟计算中，数学运算通过物理过程进行转换，它们的物理过程是数学表达式；利用具体的随机装置模拟交通流。在经济领域也可以找到类似的模型。例如，国民经济的粗略图景，不为人知的消费者、工薪阶层、储蓄者、退休人士、生产者、中间商、进口商、出口商——这些有着相同特征的团体——都在通过转移资金和商品来行动；然后对这些模型进行数学处理，以预测银行利率下降、所得税增加或任何其他金融和经济政治措施的后果。

模型思维具有广效性，但有一个共同点：要被研究的静态或动态系统被另一个简单的或更容易掌握的系统替换，同时保留被认为是必要的结构要素；概念、结论、预测将随后从模型回放到原始系统。同时，如果可能的话，从一开始起就可以将模型的偏差、缺陷、错误都考虑进去。

在自然科学中，模型甚至更受青睐。因为在这些自然科学中，这些一般理论假装能完全描述自然的物理方面。我之前提到过，这些科学并不像它们看起来的那样有很强的演绎性。用数学公式表达的一般定律几乎从来没有演绎应用；它们更像是模型构建的框架，严格地说，这些模型与一般规律相矛盾。摄动模型是广为流传的：有意识地尽可能多地违背牛顿作用力与反作用力定律；为了更舒适地处理，静态或动态系统切成一大一小两部分，人们只考虑大系统对小系统的作用——无论对错——忽略小系统对大系统的反应。或者如反馈模型，它的反应是用示意图而不是系统的方式来解释的。用简单的电路模型、场模型、感应模型来回避不易理解的麦克斯韦方程组，通过几何模型、射线系统、波阵面建立了波光学方程。

这种“模型思维”延伸到了一般理论看起来不那么具有强制性或缺乏框架的领域。概率论的应用通常是这样的，而且与物理的距离越远，模型变得没有框架理论的“特定”情况就越频繁——这些模型后来看起来就像现实本身的模型。“混淆模型和现实”的根源就在此[㊀]。这是一种不幸的说话方式。它适用于大多数情况，即模型是在与原始模型相同的现实中形成。例如，如果一栋建筑与其模型混淆，或泵模型与真正的血液循

㊀ “混淆模型和现实”肯定意味着很多事情。“芝诺悖论建立在混淆模型和现实之上”是一个荒谬但常见的断言。时间点是一个模型的概念而现实只知道时间间隔：事实上这两个概念在日常生活以及物理概念系统中都是合法的，一个时间间隔是由其端点决定，结果是真实的或是像它们一样的模型。我曾经目睹了一次有趣的无厘头争论，一方声称一个模型概念是连续和无穷的，而现实是离散和有限的，于是他的对手扭转了局势：事实上这两个概念在两个水平都是合法的。

环相混淆，这实际上是不太可能混淆的。实际可能发生且必须避免的情况是，在毫无防备的情况下，从一个模型更改为另一个模型，从模型语言更改为日常语言，或者过度使用一个超出其有效性限制的模型。

我试图从数学到自然科学再到经济学角度，科学地解释模型的目的和功能。在频繁使用术语“模型”的领域中寻找模型，一定会非常失望。用“模型”标签装饰的是一些划分，如前面描述的划分，通常是非操作性划分。我眼前的桌子上有一份关于行为方面的调查报告，该调查使用的是 *PIN* 模型——*P* 代表正，*I* 代表中立，*N* 代表负，并据此对人进行分类；调查表明，*P* 人和 *N* 人拥有所有人期望他们拥有的属性，而 *I* 人的问题仍有待解决。一个模型不能满足所有的需求，或者说，难道它可以吗？

然而，在教学理论中也有真正的模型，但它们从来没有被称为“模型”，因为它们是从模型流行之前就产生了。例如苏格拉底教学法，它把教师描述为助产士，把被教的人描述为临产的妇女，把学习过程描述为分娩。或者学习过程的模型称为纽伦堡漏斗。或者同样熟悉的“左耳听右耳冒”机制。或香肠式的学习过程模型：两端和中间的东西，都可以互换。或者把用花絮和电击控制老鼠的学习过程作为人类学习过程的模型——一个适用范围有限但效率高的模型。我已经提到了夸美纽斯和赫尔巴特学派的学习过程模型。目前，我认为没有任何严格的学习过程模型，或者其他教学模型的研究正在开展，这可能是“模型”一词被广泛滥用的结果。

这种情况也被我已经提到的“模型”的双重含义掩盖。如果我想打印出生公告或购买天平秤，印刷商或经销商会向我展示一些“模型”，我可以从中选择。在葬礼或橘子的选择中，“模型”一词尚未获得流通，但这只是一个时间问题。我不敢恭维为一个时间表使用术语“模型”的做法，然而，我可以想象出构建时间表的模型。

比较两类模型概念的可能属性，是很有用的：

描述性的	规范性的
有效的	实用的
相当确定的	相当任意的
不多的	大量的
用强制的方法	约定俗成的

血液循环模型和交通规则模型，都清楚地显示了这些对比。

这两种模型是如何混淆的？如果发生这种情况，会产生什么后果？如果描述性模型仅限于几个选定的方面，那么只要它们对这些方面做了合理处理，就可以很容易地原谅它们——在社会领域，这一要求严重限制了它们的有效性。在那里，过度使用一个模型可能会被指责为“混淆模型和现实”。那么，当规范性模型的“有效”被“实用”取代时，“可以很容易就接受了描述性模型”的借口就是非法的：我知道，也承认我的模型几乎是无用的。但一旦要求它有用，就意味着过度使用，并混淆了模型和现实。相反，描述性模型的创造者并不声称其有效性，而是声明它的实用价值，这意味着其他人要接受它作为一个框架，尽管没有实际结果。

描述性模型可以被任意地大量地产生，因为这在规范性模型的情况下是允许的。相反，构建规范性模型的人喜欢表现得好像他们的模型是确定的和独特的——特别是如果他们教授这些模型的话。如果一个描述性模型受到攻击，那么该模型的创立者就会说它无论如何都是约定俗成的，以此回避争议。而规范性模型则被声称具有不合理的强制性——这又是教学理论教学中的一个显著特征。

没有必要用证据来支持这些指控，在讨论中经常出现这种困惑，教学理论的教科书中也充斥着这种困惑。一方面，人们发现措辞十分教条；另一方面，一旦受到批评，人们就会以“你想怎么样，这些只是模型”为借口。这些陈述没有论据支持，因为它们无论如何都被认为是约定俗成的，但这并不妨碍我们继续用定冠词“the”来谈论“这种”模式、“这种”划分、“这种”意义等，以使在必要时利用考试的方式来加强这种毫无根据、约定俗成的有效性。凡是引用文献表明存在支持性证据的地方，事实上都不清楚引用的意思：有人断言、发现、证明、测试或应用了某物。“它们只是模型”的口号在学习者的头脑中滋养了一种科学的理念，即一切都是允许的，而教条主义则把这种自由的行使限制在教师和考官身上。这种心态在社会科学中并不罕见。我对那些想用一种教条取代另一种教条的人的反抗并不感到惊讶。

3.11 数学模型

通常，如果使用模型，人们会通过用数学模型替换真实对象和过程，从机械、几何、电气、生物或其他现实模型转变为数学模型。我没有说明这一点，也不需要解释这些模型的意义[⊖]。相反，我要指出的是，关于“什么是模型”，人们还存在着完全荒诞的误解。

假设有人想要从数学的角度分析绘画艺术，在这个过程中，他构建了一个人们通常称之为绘画的模型。这样的模型如下所示：

有序三元组 $[R, C, I]$ 被称之为绘画模型，当满足以下条件时：

R 为欧氏平面中的矩形；

C 为集合，它的元素被称为颜色；

$I(x, y)$ 为 R 和 C 之间的关系，读作：在 x 点有颜色元素 y。

或者，如果有人想用数学方法分析会议的技术，并发明了一个通常被称为会议的模型：

定义有序集合 $[M, P, c, s, C_1, C_2, b, i_1, i_2, S, i_3]$，其中各元素分别满足：

M 为欧氏空间的有界集；

P 为参与者的有限集合；

P 中两个元素 c 和 s 称为主席和秘书；

有限集 C_1 称为椅子；

有限集 C_2 称为咖啡杯；

元素 b，称作铃；

P 中的 i_1 单射到 C_1；

C_2 中的 i_2 映射到 P；

有序集合 S 为会议中的演讲者；

S 中 i_3 映射到 P，该映射使得 c 属于 i_3 的像。

如果 i_3 是满射，那么通常来讲，每个人都发言了。

设计这样的模型，并展示它们曾经是那些组织学院舞会和歌舞表演之人的一种娱乐。在过去的几年里，它已经成为模型制作者的一个严重问题，也是教育研究的一个装饰品。作为一名数学家，我为此感到羞愧。无论在哪一个领域，科学都不会廉价到只需要数学术语。

⊖ 有时，关于它们的数学内容，自然科学的一般理论也被称为模型，这是没有必要的但也没异议。

我试图通过这些虚构的例子来描述教育技术中日益频繁的数学模型。这种发展能够就此停止吗？还是已经太迟了？从数学上讲，这些所谓的数学模型是比粗略划分更微妙的结构，但它们仍然是如此微不足道，以至于它们中的任何东西都不能让人想起数学——它们比 2+2=4 更微不足道。此外他们依然误解它可能从现实直接变成数学模型，而没有中间模型。这样的结果是没有操作价值的语言结构。

数学模型也通过所谓的“流程图”提出。图 3-1 所示之“上台阶”，即是解释这个想法的一个例子。

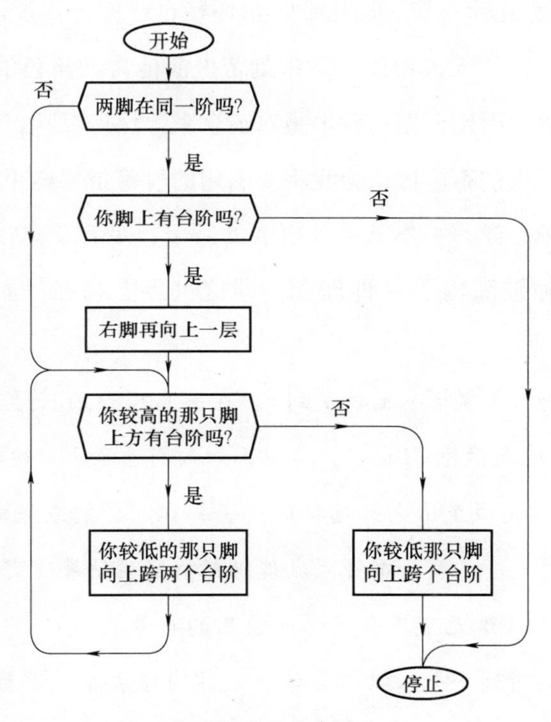

图 3-1　上台阶

这里所说的，并没有深奥的智慧，但制订这样的计划也不是那么容易；它们可以用于指导计算机和机器人。无论如何，这个方案是可操作的，它是一个模型，也是一个过程，并且能起到这样的作用。

教育技术和相邻领域的流程图就不能这么说了。相临和下方的框架由箭头连接，即使框架内的文本有意义，箭头的含义仍不明确，例如，在两帧之间来回读取箭头作为反馈，可能只意味着使用了“反馈”一词，没有任何内容。流程图作为过程图像的具体化和可视化力量已经荡然无存。一切仍然像以前一样模糊和抽象，流程图只是一个假象。

3.12 教育界术语

一些好心的书评人对我早期书中缺少引文和引用表示不满，认为书中缺少引文和引用。这种克制是一个原则问题，原因我已在前言中介绍。然而，如果这种批评之前或之后加上一句感叹“真的可以如此糟糕吗？”人们总是倾向于做一些什么来提高自己的可信度。现在再读最后一节，我几乎开始怀疑自己的可信度。真的那么糟糕吗？

我不觉得嘲笑一个在“人人皆如是”中刻苦扮演他自己角色的音乐家是一种乐趣。怀着沉重的心情，我决定引用证据；我本想对消息来源保持沉默，但由于担心可能引起麻烦，我没有这样做。人们不应该认为我将要引用的段落是偏离正题。它来自《中学数学教学研究》中的一章，这是一本著名且权威的巨著，足有2000多个专栏。通过这本书，未来和现实的教师被灌输了一种理念，即这世界上存在一种类似于教学科学的东西[㊀]。

教学可以被设想为三元关系：x 教 y 到 z。在关系理论的符号表达中，这就变成了 $(x,\ y)\ Tz$，或更普遍地表示为 $T(x,\ y,\ z)$。正如人们普遍认为的那样，“x”的定义域是教师集合；“y”的定义域是由老师选择的一套知识、信念或技能；“z”的定义域是一组由老师教授的个体——人类和其他动物能够根据经验结果改变自己的行为。为了继续使这个概念流行下去（这无疑不会通过所使用的符号表示），“z”的值存在“$x=z$”的情况，因为有时我们听到一个人以“自学”或“自学成才”著称。

经过一些修改，这个概念对于分析中学数学教学研究是有用的。建议的修改如下：当一个人停下来思考教学时，他意识到老师不是重要的因素。教师所做的，换句话说，他的行为成了重点研究内容。因此，“$T(x,\ y,\ z)$”在“x”的定义域内更加有效地被视为老师体现的语言和非语言行为的序列（集）。这种观念使我们可以把一个声音和图像呈现在电视屏幕上，声音从扬声器中发出的人视为教师，如果他们的目标是在一群人中产生学习的话。此外，如果机器或教科书的功能与人类的教学功能相

㊀ N.L. 盖奇（主编），《教学研究手册》，1963年，芝加哥：第十九章，K. B. 亨德森，第1007-1008页。美国教育研究协会许可引用。

同，我们就可以将其视为教师。在所有这些情况下，“$T(x, y, z)$”中的“x”值就是动作序列。

当我们比较老师的行为序列时，我们发现他们不是随机而是有序的，以达到教师的目标——通常是帮助学生学习一些学科知识。此外，我们发现序列可以就共同属性分类，每组都描绘了其特征。模式，即一组行为序列体现的共同属性，称作一个方法。这与这个术语的传统用法是一致的，因为我们提到“讲课法”“监督式学习法”“发现法”以及其他方法时，脑海中就会浮现出教师所进行的一系列教学活动。

倘若存在一种方法，它使得某些因素最大化而使其他因素最小化，那么这种方法似乎是合理的。例如，在黑板上写术语、数学句子、改变表达式形式的规则，可以最大限度地节省时间；也就是说，把这些写在黑板上比仅仅说出来要花更长的时间，但这却减少了学生必须花费的记住这些表达式的认知努力。学生提出的令人沮丧的问题会减少讨论某个主题所需的时间，但也可能会减少学生的理解，并最大限度地增加他的挫败感。教学方法研究的功能是确定哪些因素被某一方法最大化，哪些因素被最小化。

因此我们说，教师行为序列的方法模式——将是“$T(x, y, z)$”中“x”的值。这个观点具有一个明显的优势：它允许教科书和所谓的教学机器被视为教师。设计它们的人可以建立特定的方法，然后这种方法就成了自变量“x”的值。

与变量“x”的情况一样，研究的重要因素是学生表现出来的行为，而不是学生本身，例如，他在面临困难时做了什么，他能在多大程度上将所学应用于新问题，他是否在一系列问题中看到了一种模式，他在多大程度上表现出了让我们认为他对数学研究感兴趣的行为，他在大学里是否及格等。因此，“z”的定义域在教学关系的$T(x, y, z)$中，被视为被教育者的行为。

学生对某一学科知识的概念符合这个模型。知识是推断出来的实体，而不是观察出来的实体。通常，我们从“z”值中，推断出一个学生关于“y”值的了解；也就是说，我们观察他做或说些什么，以此行为推断出他对这个主题了解多少。

一种对中学数学教学的研究主要侧重于在三元关系$T(x, y, z)$抽象出来的二元关系ySz。这类研究注重的是学生被教授的学科内容、他在被教授之后的行为，以及那些被认为与之相关的行为之间的关系。这种研究可以被看作是课程研究。在纯粹的形式中，它试图确定成员（y，z）与 V 值不变的关系。学校数学研究小组工作的最终目的，是为不同年级和数学课程选择学科内容，这方面的工作可以被视为这类研究。这个小组并没有试图研究任何他们选择学科内容的教学方法。但是，如果允许使用教材的教师，使用他们选择的任何方法，那么这时“方法”变量是随机的。根据本手册的功能定义，我们不需要关注这类研究。

第二种研究集中在从 $T(x, y, z)$ 抽象出的二元关系 xRz 中。这类研究方法研究了老师（人、文本或机器）运用的方法和在各种假设下学生做出的与方法相关的行为之间的关系。它试图确定成员（x，z）与 y 的值不变的关系，即学科内容问题，或者依赖于 y 值，这种依赖性成了研究主题。

实话讲，这本大部头也包含一些有意义和相关的信息，甚至在开头的一章中，读者被警告要注意此事。但是，关于引用的文章和印刷品中类似的内容，不要问我这与数学教育有什么关系，或者与中学有什么关系，或者与教育有什么关系，或者为什么它最初印刷在光面纸上，或者为什么它应该被学习。拜托，不是我写的！我引用它只是为了让我之前那些看似难以置信的言论更加可信。在这本书的德文版本中，包含了这部分的翻译，我承诺用德文译本对应的部分代替英文翻译。然而，问题在于翻译，这似乎是无法克服的：没有像德国教育界术语那样的英文教育术语；尽管我同意，如果我能成功地翻译它，那将意味着极大丰富了英语词汇。

3.13 惯例程序

不仅在教育领域，在科学史与科学方法论中也很流行一个术语——“范式”。库恩赋予其流行的含义，但是在术语选择和内容上我都不同意库恩的观点。把科学行业看作建筑商和砖瓦匠构成的社会，这是如此低劣的约定：少数人引发了革命，其他人努力地重复范式。但即使这一点得到承认，我也无法像库恩所做的那样，将范式与纯粹的流行事物区分开来。

甚至库恩的“范式”概念，对于所谓教学科学来说都太过顺畅了。曾经的范式很快就僵化为一种惯例程序，它的起源和意义被遗忘了，它被忠实地应用而不去思考它。这就是为什么个人不应该承担责任的原因之一；他们所做的就是遵守他们不能违反的惯例，以免被他们的共同体视为法外之徒。我已经提到了教学目标和模型的惯例，即所谓课程研究中的惯例。在测试开发的惯例中，最神圣的是 K. R. 20 品牌，它是“库德-理查森公式组”的第 20 个公式，这个公式用来估算测试的“可信度”。但无论是库德·理查森，还是之前或之后的任何人，都没有让它变得可信，甚至没有试图让它变得可信，为什么这个数值应该被称为“可信度”，或者为什么它可以被认为是衡量“可信度”的方法——如果应用于某个个体或某个阶层，或者比较某个个体或某个阶层之类，以及一个数字如何能够用来衡量如此不同的“可信度”。计算测试仪器的“可信度”并用数字数据标记仪器只是一种惯例，对于商业上可用的测试来说，它是一种质量标记。可信度高于 0. 85 被认为是可推荐的，而可信度低于 0. 70 则被认为是不可信的。除了这个惯例之外，我没有在文献中发现“可信度”的任何应用：也就是说，我不知道从这个数值得出的结论，我也不知道如何应用它。

一般来说，在教学和教学实验的数理统计评估中，很多只能理解为一种惯例，但这一点我将在稍后阐述。我现在将更详细地讨论一个惯例，那就是前面已经讨论过的布鲁姆的认知分类。

我概括一下，布鲁姆的“分类学”旨在对教学目标进行分类并进行层次安排。这些目标不必在某些目标目录中清楚地阐明；它们可以存在于一门课程、一本教科书、一种方法中，或者不需要特别说明。这样的上下文定义了“分类学”分级的位置值。

未包含在任何教学目标中的测试问题没有此类位置值，用分类学把它们分类是很轻率的。然而，这只是一种惯例，却一次又一次地发生。

I. E. A.（国际教育成就评价协会）的测试工具就是一个很好的例子。这是一家由杰出的心理测量学家组成的公司，致力于通过测试来比较国际学生的成绩。我在这里观察“科学”研究。你一看到这些测试工具[⊖]就会感到震惊，它们的“分类学”价值也很有趣，它们是这样产生的：

他们制定了一个学科内容清单，并填写了测试项，数量大约是要求的四倍，同时他们遵守了一个惯例要求，即布鲁姆分类应该以固定的比例出现在测试库中，这三个最主

⊖ L. C. 库默，J. P. 科威斯，《十九个国家的科学教育》，国际评估研究 I，纽约-斯德哥尔摩，1973 年。

要的类别，在任何情况下都是一个单独的问题，却被合并成一个种类，这个“高级过程”也是惯例程序的一部分。布鲁姆分类在此背景下的目的是：测试需要验证程序；如果是在目前的情况下（在许多其他情况中）没有工具“内容”的验证标准，人们就可以把布鲁姆分类的分布作为验证的对象。事实上，作为一种形式标准，它比学科内容和教育内容更吸引心理测量学家，也更容易理解。在预测试之后，参与国的“专家”们被要求在布鲁姆分类上重新分配单个测试。这又是一道惯例程序，它表明了对“分类学”意义的所有知识和尊重都已丧失。如果有的话，“分类学”中的位置值可以被用于定义明确的教学体系有关的测试项目，但不能被用于19个课程差异很大的国家教学体系有关的测试项目（特别是在14岁的学生中，他们是被研究人群之一）。根据I. E. A.对人群的定义，它在每个国家都是不可能的。I. E. A. 的学生群体定义很尴尬，一个群体基本上覆盖了2~3个年级，甚至覆盖了不同类型的学校；在每个年级中，每个测试都有一个“先验的”不同分类位置值。报告中没有解释各国专家是如何了解“分类学”配置原则的。但是一个国家的专家怎么能对一个不属于其国家的不同群体和不同年级的任何教学目标测试进行分类评估呢？在布鲁姆“分类学”中，哪里有从未上过化学课的学生做化学测试的？（事实上，人们定义群体这种情况是可能发生的。）我问了I. E. A.，但都没有用。他们有没有把六个布鲁姆分类扩展到第七个进行“阐明”，而它最终被包含在更“高级过程”中呢？我不知道，而且我不得不假定，这种分类是以某种诚实的方式进行的，而且I. E. A. 的总部是真诚接受的。但后来发生的事情是如此荒谬，以至于有时我觉得好像一个幽灵在捉弄我。

在国际上，各国专家的评价分歧很大。没有人能期望什么。正因如此，它们本可以以某种合理的方式使用，例如，为了消除分类学价值差异过大的测试，或者为了追求一种测试工具，在所有国家中具有相同的绝对分类价值。可是从没有发生过这样的事。令人惊讶的是，各国专家的评价被视为国家层面的民意调查，并根据民意调查的结果重新对测试进行分类。（“民意调查”是我的术语：报告中谈到的是评估的“众数”而不是“民意调查结果”。）如果把市场上所有汽车的相应部件取平均值，然后造出一辆“普通”汽车，结果肯定会是这样的。“专家的共识是有效性的标准”是这个过程的官方描述。实际上没有什么看起来像一个共识；然而，在这种情况下宣布公式就足够了。但他们在验证什么？测试工具？不是！布鲁姆分类学的测试标签吗？也不是。

调查的结果——只有那些从来没有帮助过别人的人才会感到惊讶——在中间类别的人密度高，而在两个极末端类别的人密度低。此外，为两个群体选择的一些测试被划分为不同的类别。在这次重估之后，很难从现在不平衡的测试库存按比例填满主题学科内容表。即使他们又推又拉，也无法把山羊拖进马厩。但这样做，可能严重破坏测试仪器工具。不能达到协议规定的比例，甚至不能接近预期值，而且相去甚远。尝试验证已经完全失败了，但既然已经发生了，该工具就被宣布是有效的。如果惯例程序是不可缺少的，难道不是用另一种惯例程序取代布鲁姆分类程序——比如委员会和专家们联合起来默默祈祷吗?

布鲁姆的“分类学”，是为了方便和物化测试工具的构造而发明的，正如这个故事所示，它是相当有害的。在布鲁姆分类程序的压力下，失衡的测试工具应运而生。按照主题学科内容的分割进行统一分配，可能会为国际有效性提供可接受的保证。这一点现在完全不存在了，因为在这次失败之后，没有再进行国际确认认可的任何尝试。这一切都是因为那没有人敢反对的惯例程序。

3.14 教育会计学

在教育问题上，问责制是一件非常宝贵的事情，不能沦为一句口号。然而，它也太过珍贵，不能被会计学所取代。问责制是可以的，但不是由会计来做，而是由教育工作者来做，他们与仅会用数字的工作人员相比，可以更聪明地权衡利弊。

作为教育工具的数字并不是来自外部，也不是专横的统计学家输入的。我不知道学生的成绩仅凭试卷得分衡量这股风吹了几个世纪了。但随着统计学的兴起，作为教育工具的数字本身就成了一个目标，问责制成了会计学。

有个老掉牙的笑话，谎言分为三种：谎言、该死的谎言和统计学。出现这个笑话的时候，数理统计尚未形成。否则，就会加上三种诡秘的可信度：信誉、誓言和数理统计。或者有三种方法可以营造出一种学术氛围：脚注、参考书目和关联表。

我并非对数理统计抱有偏见。相反，只要我知道这个学科，我就会主张运用它。像许多其他人一样，我对那些在许多应用数理统计学的领域内，秘密获得公民权利的滥用行为感到害怕。我现在不想考虑错的方法以及正确方法的错误使用，否则我的抱怨会更加根深蒂固。

我不是唯一一个批评将数理统计应用于教育技术的人，也不是唯一一个批评将数理统计应用于其他社会科学的人。相反地，比我更专业的方法学家和统计学家们，提出的批评是一致又尖锐的。我在文献中发现的批评性描述五花八门，从“虚假的体面”到“智力垃圾”不等。然而，它们往往是务实的批评，而不是原则性的批评：统计方法本身的适用性是毋庸置疑的。专业统计学家对教育研究集体工作的贡献，无一例外地始于对方法论状况的描述，值得一读——这也促使了数学统计的应用。不可避免地，他警告人们不要用数学方法来混淆统计资料；不可避免地，他要求在进行实验之前，假设就应该被陈述出来，而不是临时为之；它应该在一个理论的框架内，为了检验假设而评估实验的结果。但在这些谨慎的话语和雄辩的警告之后，统计学家突然开始了他的行当——谈业务就是谈因素分析、相关性和回归，他的阐述方式与其在一本生物技术手册中的阐述方式完全相同，没有关于应用的废话。至于他的方法论假设在教育科学的特殊情况下可能意味着什么，没有在理论上解释，更不用说用例子解释了。预先批评仍然无效，表达这一观点的统计学家洗净了自己的滥用之手，但作为其他人手上的清洁液，它却不起作用。如果在他所贡献的手册中，数理统计主要（如果不是全部）是一种科学体面的修饰，那么这就不是他的错。

教育技术中使用的数理统计方法来自生物技术领域。起初发明它们，是为了将其用于比较栽培植物的品种、驯化动物的种族、营养物、食物和农药，并用于评估农业和育种方法。这些目标既可以用数字描述，也可以明确描述：一个量值取决于许多参数，输出应最大化；这些参数，至少是那些来自生物界的参数是众所周知的，并在实验中得到控制；它们对产量的影响在质量上已经确定，而为了最有效地控制它们，则需要定量地确定它们；统计工具正是用于进行这种评估。我心目中的栽培植物产量参数，包括品种、土壤中氮含量和不同矿物质的存在、温度、湿度和光照，以及防治害虫的方法。如果是为了比较两个或两个以上的品种或两种肥料，那么实验应在不断变化的环境下进行，也就是在改变其他因素的同时进行的。这些因素并非相互独立，但它们之间的依赖关系至少在定性上是众所周知的。在更一般的表述中，问题是根据数值观测数据的强度，从数量上细化某些定性的、众所周知的、易于理解的关系。就这些关系的数学特征而言，数学假设是由所涉及的数值参数得出的。如果没有其他暗示，那么直接进行线性假设即可；的确，在一定的范围内，尽管我们不知道“事先”这些范围有多宽，不知道线性假设是否有用，数值关系也仍可以线性近似。这就是方差分析和因子分析的弱点。然而，在生物技术领域，人们可以感到相对安全；而如果用经济产出取代生物技术产出，人们就会感到不那么安全。如果在生物技术输出上各种参数的影响是既定的，下一个所产生的问题，就会是影响每一个参数及其整体的成本和一定生物技术产出的经济价值——这些问题的答案包括取决于市场及其发展趋势的不确定性。在这里，某些因素的相关性很容易被忽视或低估，只有在事后才能充分认识到这一点。例如，氮肥给环境带来的看似微不足道的汞负荷，可一点一点积累起来变得难以忍受；磷肥对地表水的富营养化负荷也是一样的。

但这并不是重点。数理统计作为一种辅助工具，在生物技术中发挥着重要作用；正是由于应用了数理统计，才使得提供具有定量精度的定性联系成为可能。定性的联系在基础物理学、化学和生物学方面是众所周知的，而且这种联系并不难理解。植物需要氮，为什么需要，以何种方式和组合将氮输送到植物中，这都是常识；人们知道为什么植物不能在水分太少或太多的情况下生长；人们熟悉绿色植物转换和储存光能的同化过程；农药已经得到了科学的发展，人们也已经充分理解了其作用机制。有些因素可能仍然被忽视，或者没有得到充分认识——例如微量元素的引入——但这也将是基础科学的一个缺点。其次，产出所依赖的“那类”因素是什么，以及诸如种植者的宗教或政治信仰、恩赐和不可思议的公式、月亮和传说中的光线等因素，无疑都是无关紧要的。最后，无论人们是调查还是培育某种植物，其目标都是明确的：试图从数量或质量上提高产量，以获得对某些害虫具有抗性的树木；花朵能够反季盛开，甚至绽放出不寻常的颜色——而基础知识是实现这些目标的指南。

生物技术方法很容易被教育技术所采用。几乎没有人会考虑生物技术中制造的假设是否对教育近似有效。我认为它们都是无效的，在我看来，在教育手册中阐述复杂的统计技术，就像在没有电视节目的地区销售电视机一样。

如果生物技术产出的概念要转移到教育系统中，第一个困难就出现了。断言此类转变都绝对不可能出现，那就太夸张了；我想要表明其困难之处，而不是过分强调困难。还有一些更重要的论点，反对将统计方法从生物技术转移到教育技术。生物技术产出

（例如每天每头牛的产奶量）的定义至少可以明确地从数量方面进行衡量，但即使是定性的改进，如果可以减少到定量的方面（例如，由脂肪和蛋白质百分比定义的产奶质量），也几乎不会造成困难；影响质量的审美因素（例如花卉栽培）可以通过经济产出来衡量。应该考虑的是，定性或者定量的测量通常通过样本进行；众所周知的统计方法，可以通过抽样测量产出或其他参数的可靠性来保证。

原则上，我不会质疑教育产出的可衡量性。考试作为选择和控制教学的不可或缺的手段，是一种常见的衡量标准。七十年前，那可能是这件事第一次被陈述的时候，从测量的角度考虑考试是一块新大陆，并且即使检查符合测量所采用的相同要求，使它成为现实也颇具挑战性。事实上，如果忽略了这一点，“考试作为一种衡量标准”就仍然是一句空洞的口号。

所谓的教学评价与生物技术测量的区别在哪里呢？生物技术测量是对产出（或产出的样本）产生影响的一项操作，该操作不影响产出本身，或者即使影响产出本身，其影响方式也是确定的，也是可以解释的。然而在教学技术上，考试一般是产出的一部分，甚至经常是等同于产出的一部分——如果产出不能以考试以外的任何其他方式表达，这就是正确的。除了众所周知的，考试以反馈形式影响教学的产出，即使其目标超出考试评价的产出范围。

在有些考试中，考官会从一长串问题中随机抽取一些，向考生提问。如果这个总列表忠实地反映了教学内容，那么这确实是经典样本的情况，但这种现象是极其少见的例外。更有可能的是，该列表本身就是一个更大的主列表中的样本。如果抽样的全过程符合统计原则，那就没有关系：但如果事情真的如此简单，人们就可以直接使用这个总列表了；然而人们并没有这样做，也就是说这是错误的。

考官从列表（无论是真实的还是虚构的）中提出问题，并不是要从统计学的意义上检查教学内容的样本。统计学中有一些可以提高样本代表性的手段（例如分层），通过有意识地、故意地违反随机选择的原则（例如，为了获得代表每个年龄和职业的人口样本，并与人口本身的结构成适当比例）。起草主列表的考官不能使用这样粗略的分层程序，但他熟悉提高代表性的方法。早些时候，我曾试图将其系统化，但从未成功过。有两种极端的错误策略：通过划分模式追求代表性，其中每个类别都被赋予一定的权重；或者通过原子化，以及默认所有类别都可以列举出来的想法。除了非常特殊的情况外，我看不出这些方法能对提高拟定代表性总列表的通常直观程序做出什么贡献。

另一个问题是，一个真实或虚构的主列表是否完全具有代表性。如果它达到了同等程度，那么剩下的唯一事情就是教授或学习总清单。如果一个人屈服于这种对教学过程的解释——这种倾向很难被否认——那么作为衡量程序的考试，确实成为待衡量的产出的一部分。事实上，主列表并不是教学内容的摘录，二者是完全不同的。即使是纯粹的规模而言也可能涉及更多，以至于没有学习者能够掌握它，例如，考虑主列表中由若干结论表示的数学定理，或者由若干应用代表的数学方法。

无论如何，我们都有足够的理由来怀疑主列表的代表性。这并不意味着它在衡量产出时失去了所有价值；它的价值是相对的。考试成为产出的一个指标。另一个极具价值但很少被用的指标是第一个考试后三个月或一年的第二次考试，这是为了把教学成就的毅力作为测量产出的一种新型因素。对于像天气、健康、福利这样的复杂问题，知道几个指数或指标，从以前的教学知道过程和产出评价——我稍后再讲这个问题。

通过前面的内容，我想表明在进行测量时，教学产出的行为方式与生物技术产出完全不同。这应该被理解为第一次警告，不要过于迅速地转变那些据说在原则上适用于测量数值的统计方法。然而，主要的困难是更加根深蒂固的。我在几页之前解释了“生物技术”统计方法的目的是什么。人们知道并控制产出所依赖的参数，并希望以更精确的方式（即数字表示）表达它们对产出的影响，这种影响在定性上是确定的，也是可以被理解的；通过观察和统计处理，人们试图获得这种评价的数据。让我们假设教学产出和生物技术产出一样定义明确，或者如果按照惯例需要的话，至少我们毫无疑问地知道，哪些数值可以作为教学改进的指标。可即使这样，“应该受影响的参数在哪里?”这个问题仍然没有答案。

让我们进一步考虑生物技术。我们可以列举栽培植物的产量所依赖的参数；物理、化学和生物学告诉我们什么起作用，什么不起作用。而在实验中，所有这些参数都是可控的。教学产出由教学过程产生，从初始情境开始，在初始情境和教学过程中有哪些参数影响产出？没有任何理论告诉我们这一点，结果是人们随机选择一些参数并寻找它们的可变性：学习者的年龄、性别、社会地位、训练、以往的知识、智力、其他领域的成就、人格结构等；甚至于过程、可用时间、教学密度、安排的步骤、实例的数量和类型、重复、理论的逻辑深度、各种各样材料的使用、奖励和惩罚、课堂教学、小组活动、个人工作的时间百分比分配等。这些参数出现在了脑海里，但不被理论支持，就像生物技术（温度、湿度、营养素等）中的情况一样：其中真正有趣的参数很复杂，且缺乏明确性；那些触手可及的数据都提不起人们的研究兴趣；除了猜测之外，没有人说得清楚它们是否以及为什么会影响产出。相反，进行实验正是为了找出这些参数对产出的意义；人们希望决定某种教学方法是否优于另一种教学方法，以及在何种条件下优于后者；在计算机处理数据的同时，人们静静地等待着从计算机中出现一些类似理论的线索，这些线索是上帝赐予的礼物，这是最有利的情况。我桌上放着一份关于一所理工大学第一学期指导效果的调查报告，该调查根据许多因素，如年龄、性别、社会地位、指导者和被指导者的个性结构、所学科目、学习习惯、动机、适应力、智力、学校成绩等许多因素，用统计方法分析了 150 页，最后得出的结果是指导不影响产出。作者是一位心理学家，他认为指导所包含的内容是不重要的；它仅在三行中被提到，这往往表明根本没有指导。对调查者来说，改变这个因素显然是过分了。进行此类调查的教育家至少会比较两种或三种指导方法——例如传统学习和“发现式学习”，或者课堂、小组和个人指导之类的区别。即便如此，也很难明确这意味着什么，除非我们确信，这项指导是由经验丰富的教师给出的——就好像在动物技术实验中，人们会提到马夫的宗教或政治信仰一样。这表明一个人绝对无法控制至少那些“他认为是这样”“他希望影响”的参数，就更不用说那些可能比已知和可见的参数对产出的影响更大且不可见或未知的参数了。结果似乎是一个非常可疑的数值资料集合，但这并不重要。复杂的数学方法，看起来就好像是为了完善不良材料而创建的。遗憾的是，因子分析、方差分析、相关性分析和回归分析等方法，如果没有背后的理论支持，那么即使应用于有效的材料，也可能是无用的。

相关系数是什么意思？对于它们的含义，以及如何有意义地应用它们的问题，人们没有进行过根本性的探讨，但这并不意味着它们毫无价值。在一种“理论”的框架内，它们可以给出依赖程度的指标；但在某个原则框架内，却不必要求计算出人们能想象到的所有参数的相关系数，以及计算机能提供的更多参数来计算相关系数。

嗯，一百个左右的相关系数，并不是什么不可接受的事情，相关系数这种东西并不金贵。然而，心理测量领域通过回归分析达到巅峰，无法用语言来描述在这一领域取得的成就。我将简要解释回归分析在教育技术中可能意味着什么，这个例子和I. E. A. 的研究模式大致相同。有人用一千名学生进行测试，将分数排成一行，形成一个1000维的向量，也就是产出向量，它应该由教学和其他数据来“解释”。这些解释变量是随机收集的：父亲的受教育经历、母亲的受教育经历、父亲的职业、家庭规模、家里藏书的数量、学生的私人房间、学生的年龄和性别、学校规模、学校计划、学校的质量、教学周期的数量、班级大小、老师的培训、老师的工资、教学时间、学生的兴趣、花在电视上的时间等。当然，所有这些变量都是量化的；就性别而言，人们仍然可以讨论男性应该是1，女性应该是2，或者反过来也行，尽管这并不重要。大多数的其他变量的量化如果不是信口开河，至少也是存疑的。不管怎样，对于这一千个学生来说，我们得到了一组对应于枚举变量的1000维向量。

然后它出现了！第一个向量，即产出，必须由“解释”向量线性表示。当然，如果没有余数，这是不可能实现的；将会有一个无法进一步“解释”的残差，而在实践中，这个残差是相当可观的。没有问题；技术进步了；下次我们会考虑更多的解释变量来改善结果。

然而这是什么意思，大或小的残差？残差是一个矢量，那用什么度量来衡量呢？这个问题可以得到满意的回答，但现在这件事不太重要。心理测量学的实践已经走上了其他道路；原则上，反对其中一种方法和另一种方法的意见将会推迟一段时间。实际上要进行的是所谓的逐步回归（有时稍微细化）。根据简单的笛卡儿度量，将产出向量投影到第一个解释向量上，给出第一个近似值。其余预计投射到第二个解释向量上，因此它就这样继续下去，直到对剩余部分的有效解释不可行为止。在此之前，产出的可变性被表示为解释变量的线性组合。

如果解释向量彼此之间距离正交不太远，这种方法就还不算太坏——从统计学上说，这意味着解释变量的相互依赖性相当弱。逐步回归的结果取决于变量进入回归过程的顺序；变量独立性越强，产生的顺序影响越小。但是这样近似独立的变量是不会从天而降的。要获得它们，就必须了解并明智地分析教学系统；我们必须寻找能够比统计学更深刻的方式，来解释产出变量。如果认为只要提供足够多的变量，计算机就能完成这项工作，那就有些异想天开了。例如，学校规模、班级规模、学校计划（按照美国标准一般是学术、职业）、教师工资等变量。可能在一些国家的教学系统，这些变量之间的依赖关系非常强。例如，如果一所学校更加注重学术，那它往往也是办学规模最大、班级最少、教师薪酬最高的学校；首先进入回归的变量得到最大的份额。在其他教学系统中，这些变量可能较少或不依赖；那么，在其他相同的情况下，回归将产生完全不同的结果。

回归教条主义者寻找客观的回归模型。例如，一个所谓的因果模型：首先，学生应该出生，所以“父母”作为变量，首先纳入回归，并且占比最大；然后是“性别”和“年龄”变量，由出生或多年后实现。然后必须为学生选择学校，所以接下来是“学校”变量。学生进入学校后，他接受教学，以获得下一个教学变量的“回归权”。最后教学应该刺激兴趣，“兴趣”变量可以在回归清单上整合其他琐碎的变量。

这就是所谓的因果模型，它似乎可以最终解决回归中的顺序问题。但事实上，它只是开启了讨论。回归分析通过许多解释变量来解释产出的可变性用途是什么？只是为了欣赏回归方程——每个国家教学系统的回归方程都完全不同吗？还是对“可解释的”可变性感到高兴，对“无法解释的”可变性感到抱歉？不，应该用这种方法所获得的知识来改善教育。使用这种方法的人不是说解释，而是说“预测”：如果选择诸如此类变量的值，就预测产出。但是应该如何选择你想要的变量值呢？父亲和母亲的受教育经历、父亲的职业、家里藏书的数量、兄弟姐妹的数量、学生的性别无法改变了，不是吗？学校计划可以在一定程度上受到影响，学校规模和班级规模也是；教师培训和教学方法更加灵活，最容易控制的是兴趣变量。回归方程能提供什么帮助？占比最大的变量几乎不能被影响，还有那些不能在回归中计算的变量。回归的顺序不应该颠倒吗？这就是回归在有意义的地方应用的方式，比如对于农业产出来说：回归从影响成本最低的变量开始，也就是说，对给定产出进行影响所需的成本最低。好吧，这更像是一个最终模型而非因果模型——实用主义而非教条主义。

它会有所帮助吗？不，回归模型本身在这里是错误的，它以何种方式指定并不重要。回归方程完全不适合预测，原则上也是如此。对于一个精确给定的教学系统，它们已经按照“情势变更”原则计算过。对于其他教学系统来说，它们的表现会有所不同，一旦教学系统发生变化，它们就会失效。如果学校规模和教师工资是一个教学系统内的积极因素，那么增加学校规模和工资就会增加产出；或者如果所有的孩子都参加学术课程，国家的教学产出就会增加，这都完全是天真的想法。回归方法已经机械地从农业转换到教育，而没有考虑或分析不同的条件。这是毫无意义的，因为所谓的变量不是自由变量；改变一个变量意味着改变其他变量；因为不仔细权衡的变化不仅会破坏回归方程，还会破坏整个教学体系。出于原则性理由，回归模型等“静态”模型不能匹配受影响的教学系统；这些都需要“动态”模型。

对于数学应用于教学技术中体现出的令人恐惧的轻率，你能做些什么呢？你怎么能阻止新一代人接受教育，将数学视为一台老虎机，从而省去思考的麻烦呢——按下K. R. 20按钮，“可信度”就出来了？

如果医学研究人员将一种疾病的新疗法与目前常用的疗法进行比较，以证明或反驳其优越性，那么实验的设计就是基于来自科学知识和经验的考虑；他以一种积极的方式治疗需要治疗的患者，并承诺获得最佳效果；他努力控制参数，这些参数的可变性可能会削弱实验的演示效果；在他的科学知识范围内，他可以告诉我们如何以最有效的方式进行实验。有人倾向于说，这方面有很多利害关系。如果数理统计是在医学的前科学阶段发明的，医生会给患者服用鲜为人知的毒物，以便从统计学上检验一种毒药比另一种更有效的假设吗？但是言归正传，如果教育技术实验的影响无人知晓，为了弥补科学理论的不足，从数学和统计角度对其进行删减，从而呈现出科学的外表，那么这真的没有什么利害关系吗？至少在教育技术上，科学责任的发展岌岌可危。

也许有些读者对生物技术在教育技术中的应用感到不快。如果这是一种犯罪，它不应该归咎于我。生物技术统计这匹马长期生活在教育的特洛伊木马中。他诚心诚意地打开了大门。这是一次诚实的尝试，旨在提高教育实验的可信度，然而，这种尝试最终以迷信告终。其他人相信数学能够使虚假的数字材料变得高尚，相信数学的公式和程序可以弥补科学的缺陷，那么我们数学家应该为此感到自豪吗？我曾在别处说过，数学教育的主要目标是为了摆脱对数学的普通信仰。基于数理统计的教育技术，是需要在这方面进行大量教育的领域之一。

用统计方法检验假设应该在理论框架内进行，但它本身并不是理论的替代品，而且，它很少（如果有的话）会催生出一种理论。我将用一个历史例子来说明这一说法。

系谱学家、养牛者和耕种者从远古时代就熟悉遗传现象，它们存在于现象学的解释之中，如世代传递和旁系转移起到了一定的作用。像遗传理论这样的东西是从统计学上开始的，是从 F. 高尔顿和 K. 皮尔逊的人体测量和生物测量研究开始的；像相关性这样的数学工具，就是这些尝试的结果；“回归”最初是指从子代到父代的回归。这是一种没有基本理论的统计，虽然有很多的哲学背景，诸如“优生学”等术语在其中发挥着重要作用。然而遗传学作为一门科学，其实是起源于完全不同的东西——孟德尔定律、基因型和表现型、显性和隐性的概念。而后是基因、突变、交叉、染色体、核糖核酸。这就是遗传学发展的方式，它作为一种理论在深度和广度上不断发展，而非依靠统计学的力量——尽管统计学不时地被允许提供贡献，现已发展成一门庞杂的科学。当然，古老的高尔顿-皮尔逊统计生物技术并没有消亡；其最年轻的后代并没有否认他们高贵的血统：在那里，他们仍然在检验着背景哲学的假设，而不是科学理论的假设——例如，如果他们声称统计学证据表明，智力的 80%归因于遗传，而只有 20%归因于环境。

如果我用生物技术来面对教育研究，我是不是问得太多了？社会领域的一切都比自然科学更困难。但更大的困难不应该成为让事情变得更容易的论据。在数理统计的肤浅应用中，人们逃避问题，而不是试图满足真正科学的需要。幸运的是，我在这里谴责的都是一些重要性有限的滥用行为。就数量和质量而言，它无法与实践者和工程师在教育方面所取得的成就相比，这是我不能非议的。我批评的，是那些虽然缺乏科学品格，却也要表现得像科学的现象。

3. 15　教育研究公司

我几次提到 I. E. A.（国际教育成就评价协会），这是一个由杰出的心理测量学家组成的团体，他们通过成就测试进行国际比较调查。I. E. A. 的项目[㊀]涉及了成千上万的学生、成千上万的教师、成千上万的校长、数百名专家，研究结果以百万计的电脑信息

㊀ 他们从数学开始（1964）。“第二阶段”他们调查“科学”“文学”“阅读理解”，“英语”和“法语”（作为外语），以及“公民教育”，报告被发表在“数学”和“第二阶段”的前三个科目。——自从写这本书以来，又有更多的报告发表了。

单元为标志，费用以数百万美元计。这是 I. E. A. 广告的一部分。如果以国际标准来衡量，某一参与中学某一年龄的学生在某一科目上取得的成绩，似乎是不值得轻视的。I. E. A. 总是在新闻、广播和电视上大肆宣扬它。毫无疑问，如果一个专家，或者仅仅是一个有一点常识的人，仔细观察这个事件的话，就会发现糟糕的并不是被连累的教学，而是被连累的教学研究。

I. E. A. 官方对这些广告实践提出正式反对，他们说他们不组织国际赛事。在他们最近的报告中，他们甚至避免在不同国家的学生成绩表上，使用“平均分数”这个词；现在是“难度指数”。I. E. A. 希望把国家教学系统看作是全球性的实验，以便对它们进行比较分析，确定各种输入参数对学生和学校成绩的影响，并以此为教育政治家和行政人员提供关于教育改革决策的材料。

如果合理地付诸实践，这是一个相当合理的想法——这样一来，世界将会是一个巨大的教育实验室！我们已经回顾了巨大的数字。从成千上万的学生到数百万美元，计算机可以消化所有信息。

从一开始 I. E. A. 就假设，在教育系统“之内”衡量学生的成绩和它对参数的依赖性只需使用相同工具，这足以在这样的系统“之间”进行比较调查。这个问题是否真的如此简单甚至没被认真讨论过；如果有人敢问这个问题，他就立即被否决了。通过这种方式，在十年的活动中，I. E. A. 从来没有也从未尝试过：

开发国际有效测试工具；

定义国际上可比较的学生群体；

定义国际上可比较的输入参数；

开发产生可靠统计资料的方法；

开发有意义地统计资料过程的方法；

协调国家中心的合作。

从结果中可以看出这些不足：统计数据就其可核查性而言是错误的，就其相关关系而言是矛盾的，这证明了在收集和处理材料时的轻率。毫无意义的数学处理程序，表明缺乏理论上的理解。研究人员对学生群体，甚至整个群体的样本进行了测试，这些学生从未接受过任何教学——这居然被称为“成就评估”。总体和变量的定义似乎是为了尽可能笨拙和尽可能地被误解。国家中心、教师和学生都被要求填写不可能的问卷。为了

“解释”方差的几个百分比，变量被纯粹的人为定义。国际上唯一被证明能够定义的有效变量，是学生的性别。I. E. A. 着手在国际上比较阅读理解能力，甚至没有考虑到如果测试结果具有可比性，这样的测试应该怎样翻译。在之前没有对他们的能力进行任何检查，也没有对他们的成就进行任何监督的情况下，外围的合作者充分发挥了能力。最重要的是：人们相信，只要计算机足够庞大，它就可以使毫无价值的材料变得有价值。

它怎么能走得这么远呢？I. E. A. 是一群只知道或考虑有关教学的人，因为只有教学可以被测试。在国家领域，评估的力量因教学、创新、教学发展和教学研究而减弱；这些限制在国际上都是不常见的。它充分发挥了为评价而评价的作用，也为了更有数学味而用数学方法处理评价。

I. E. A. 在任何地方都不承认自己的专长：没有相关学科的专家，也没有人比了解测试更了解教学；国家中心并没有弥补这一不足。在那里，人们甚至不了解自己国家教育中官僚主义的一面。

如果 I. E. A. 是一家评估机构，相信自己有资格、有能力进行国际教学研究，那么他们是如何执行的？对于所属任务，他们吸引了专家，或者至少被认为或定义成专家的人。这就是他们所谓的研究：他们每年在会议上会面三四次，彼此对未来的项目充满热情，并在圆桌会议上做出毫无意义的决议，这些决议将由秘书、统计分析师和计算机在家中付诸实施。结果呢？一堆毫无意义的混乱数字，除了在经过通常的包装后出版之外，对任何事情都没有好处。至于错误，谁会注意到它们呢？是计算机、统计分析师还是秘书？为了注意到它们，我们应该知道一些关于教学的知识，不是吗？不，有些错误是会令每个校对员都大跌眼镜的。而至少在其中两份报告中，有人试图掩盖这一事实。

经济和科学领域的大企业是一个问题。所属的错误一方面在于经济损失，另一方面在于名誉受损。I. E. A. 中的每一个人都有声誉损失。有人犯了错误或掩盖了自己的缺陷吗？在自然科学领域，如此庞大的研究业务运作得相当不错。专家的眼睛不能看到一切，但能看到的地方，都是批判性的。在这样的行业中，有人承担责任并有能力做到这一点，有人能够调查整体，有人知道他们雇用了谁，与谁合作，有人阅读并理解他们所签署的内容，首先有准则和规范意识。然而，尽管如此，如果到处发生灾难，那么也可能会让一些大人物名誉扫地。

I. E. A. 的人怎么可能天真到相信你可以与秘书、统计分析师和计算机一起做研究?好吧,如果出了什么问题,人们总是可以通过项目的规模、第一次尝试的困难以及教育作为研究课题的复杂性来为自己辩解。如果一个人尽了最大努力,这些确实是有效的借口。但有谁尽力而为了吗?

然而,这样的保证并不太冒险。稍微有点能力的人,都不太可能去看 I. E. A. 的研究报告;如果他听说了这些,就会把它们当作一种异常现象;每当他打开这样一份报告时,他就会被这些胡言乱语扰乱,然后尽快地合上它。这就是 I. E. A. 为自己大吹法螺,让同行审查其报告的方式。这些审查员不知道可能出了什么问题,他们也不怀疑这些统计材料及其处理过程的有效性——这真是一个可怕的现象。

我写过一篇六十页的文章[⊖],分析了三个 I. E. A. 的报告。我发现这是我见过的最自命不凡的失误,无论在细节上还是在整体上都是错误的。当然,许多事后诸葛亮会说,六十页的篇幅是一种莫大的荣耀,而彻底批评这样一部肤浅的作品,又是一种廉价的乐趣。廉价——是的,由于这些报告错误百出,我从来没有像现在这样费劲地写满六十页。一种乐趣——不,一个痛苦的责任。但这并不是一个艰巨的任务,这件事做起来很容易,我只是做了我力所能及的。斩草务必除根。有什么用吗?我不抱太多幻想。但也许对少数人来说,知道有些限度不可能毫无风险地逾越,也没有绝对免于惩罚的例外,这是很有用的。

3.16 社会心理学观点

这一切怎么可能发展而不被抵制呢?我们应当如何解释“分类学”取得的巨大成功?教学目标的通行,原子化的热潮,对包装的崇拜,惯例的程序都是怎么回事?除了空空如也的盒子和口号之外什么都不能提供的教育理论家们,怎么可能在教育系统中安身立命呢?先是在美国,现在在欧洲也越来越密集吗?有句话人尽皆知,空谷回音。但为什么在教育科学领域是这样,而在其他领域则不是这样呢?因为教育尚未成为科学吗?

⊖ 弗赖登塔尔,《数学教育研究》,卷6,第127-186页。

教学研究是最近的一次冒险。两千年或两百年以前，以权威自居的科学也没有比现在更好。所有的科学都经历过那个空喊口号的时代。

对，但教育科学的情况是不同的。

首先，两千年或两个世纪前，科学不是那么科学，于社会也不是那么重要。教育的科学，无论是好是坏，不管你喜欢还是不喜欢，都是一个与社会相关的问题。

其次，在教育研究中严重缺乏质量意识和批判意识，名人们对诈骗行为充满耐心，就好像它是科学一样，而且还披着太多慈善的外衣。

这一切是如何发展起来的？事后看来，我们可以理解为什么一般的教学论有了话语权。过去，包括现在，仍然是几乎不存在任何学科教学法。法官和政客对教育主题不感兴趣，他们喜欢和掌握概括性的内容。约 1960 年，历史上独特的浪潮把数学带入法官和公众的视野，这股浪潮也时不时地把数学教学推向创新。尽管骗子们也迫不及待抓住了这个机会，但我相信，首先在所有科目中，数学将发展成为一门教育科学。

在教学领域，人们感到了对教学理论的真正需要，特别是在未来的教师和那些有培训这些教师任务的群体中间——他们渴望得到满足。仅靠教育学本身是不够的，就像对教学的历史和哲学反思一样少。为学生将来在学校和课堂实践做准备的学术训练似乎还不够；它必须是一门科学，这是唯一一门可以讲“绝对权威”的东西，可以分为章节，可以用脚注装饰，可以散发出科学的光芒。在过去二十多年的过程中，这一迫切需要得到了解决。首先，在美国，大量的教育科学堆积在一起，学生们可以用它填鸭式地学习四年甚至更长时间，尽管质量与数量不匹配。

现在有成千上万教育科学的教授。在填鸭式教学结束之后，有多少人仍然能够批判性地看待他们教给学生的东西呢？我想有很多。但是，在那些更了解情况的人中，有多少人敢砍掉他们所坐的那根树枝，从而剥夺数百万教师最后的也是仅有的安全感呢？所以，工厂的飞轮不停转动，流水线上的机器生产出了新一代的教学研究人员，他们将追求更新颖、更吸引人的包装盒子。

如何解释像“分类学”这类学科的胜利之路呢？这是值得彻查的，但同时也允许假设。很多人不满足于仅仅练习一种技巧；对他们来说，对他们的行为进行“科学”或“哲学”上的辩护——或两者结合——是一种真正的需求，对这种需要的姑息有时会导致滑稽或悲剧性的失常。一个对哲学不感兴趣的人，就把科学当作道德的支撑而不是理性的支撑，如果没有别的办法，就把科学当作一根救命稻草。作为研究科学的第一种方法，划分是一种很流行的活动——所有的科学都是以这种方式开始的。划分——“分类学”固有的伟大智慧。

除了“分类学”以外，还有其他与之相互竞争的体系吗？“分类学”的胜利，是有原因的，抑或仅仅是偶然呢？然而，没有什么比成功更成功。如果一个体系经常被引用，人们不得不也引用它，一旦有一定比例——比如说 5%或 10%的人接受了它，如果一个人不接受它，或者声称它不可接受，那么他可能跟不上前沿潮流，就可能会出丑。从 10%到 100%是一小步。

这种需求是不可否认的，对帮助的需求，如果没有更好的东西，那就需要一根稻草。教师希望彻底知道如何组织他们的课程，教师培训人员迫切需要他们可以通过章、节和子章节向学生阐述主题，教科书作者迫切需要某种模式来设计他们的作品。这就是包装材料被制造和销售的基本原理。而害怕错过潮流是那些购买这种材料之人的隐秘动机。这就是时尚被创造出来并席卷全世界的方式——不仅仅是在教育技术领域。但是，为什么这种心态在教育中会比在其他领域造成如此多的尴尬后果呢？嗯，我想是因为缺乏质量标准。

权宜之计有用吗？缺口被填补了吗？客户得到他们所期望的帮助了吗？答案是：是的。不管你喜欢与否，它都是这样。我管它叫作“安慰剂效应”。一个从来没有反思过自己教学的老师，一旦他必须根据“分类学”或其他模式安排下一课的内容，就不得不进行思考；如果教师培训者可以将相关但未经系统化的内容挂在一个不相关的体系上，他会觉得更安全；对于制定教学目标的教科书作者来说，这可能是他第一次问自己：“学生应该‘知道’这一点还是能够‘做到’这一点？”

教育科学作为安慰剂是有效的。我们有必要忍受不可避免的事情吗？还是应该说它确实让我们厌恶？我们是煽动者，还是说我们的任务是把同胞当作理性和批判的生物对待？直到最近，医学界除了安慰剂效应之外还几乎一无所知，至少根据目前的科学水平来判断过去的医学设备是这样。我们不能突然关闭教育科学的商店，也不能一直关闭它，直到我们不得不提供更合理的商品。

完全正确。但是想想后果，这属于诈骗行为，也不能为它辩护。

3.17 麻烦的终结

本章的标题包含“教育科学”一词，在本章开头几行中，我问这是否会是一场空谈。事实上，在第一章之后，很明显，我会对我所说的科学提出更高的要求。在即将结束的这一章之后，我制定这些要求的目的可能也很清楚：培养质量意识和批判意识。

一般的教育家抱怨说没有与他们的科学相匹配的教育，恰恰相反，我认为并没有与教育相匹配的科学。不仅如此！因为我天性乐观，所以我能够在面对如此大的压力的情况下给出详尽的主张。我坚信，“教育科学是有可能存在的”，只是因为我知道这样做的不是科学。

不，那不是全部的真相。在我看来，也有一些积极的迹象表明教育科学的可能性——不过是一些迹象，一些模糊的轮廓。如果我研究出了更多相关内容，我就会写一本《数学教育科学》，而不仅仅只是为它作序。

如果有人想从历史中学习——比如从自然科学的发展中学习——他就会明白，科学不是从一般问题开始的，而是从根本问题开始的。一般的教学论根本不是科学，而是一种空洞的形式，它的内容是一种幻影。没有无内容的教学，同样，也没有无内容的教育科学。教育科学只能从特定教学形式的科学开始。人们可以锻造仍然匮乏的第一批工具，人们也可以用这些工具锻造其他工具。

我有充分的理由相信，教育科学发展的第一个领域将是数学，尽管我还不能在本章中阐述这些理由。但是我所提及的迹象和轮廓与数学是如此紧密的相关联，因此我倾向于揣测它是数学固有的而非其他学科衍生出来的。我会在之后的章节当中给出解释。

但是在所有的迹象中，我认为其中有一个更为普遍，这就是我在这里提及它的原因，尽管提及的并不是很多。所以在这看似观点有一些消极的章节结束之前，我会阐明一些积极乐观的观点，那是一些令人踌躇犹豫却又充满希望的观点。

教学论与学习息息相关，因此教学理论的必然补充是学习理论。如果教学论工作者包括一般的教学理论和那些特定学科的教学理论工作者，从一开始就去调查研究学习情况，这是不是一个极其糟糕的想法呢？这真的是一个疯狂的想法，以至于任何说出它的人都会被冷落吗？

不要回答说调查研究学习情况是学习心理学家的工作。我不建议教学论工作者专注于学习心理学。这仅仅是他们应该学习的，观察学习的过程分为自发的学习过程和受到引导的学习过程。学习过程发生在学习者内心，因此学习过程是不能够被明显察觉的。这又是极其没有意义的老生常谈了。我们也正在研究太阳内部以及原子内部发生了什么，不是吗？始终观察学生们的老师见证了很多学习过程，因此老师就知道自己从过程当中得到了什么。在人们学习的过程当中，不是有很多事物可以去观察吗？无论是去观察其他人还是学习者本身的自我观察。只是我们的确很难去组织、描述和评估观察结果究竟有多少价值。直到我们有意识地开始观察学习过程，我们才能创造出组织、描述和评估它们的方法。

有人比较了不同年龄段的孩子，但这并不是了解学习过程的机会。一个人对某个固定群体进行了两次或两次以上的调查，并通过这种方式观察了一个普通孩子的学习过程——当然如果你更喜欢这种方式，你也可以通过这种方式来观察一个百头怪的学习过程。让我们尝试一下个人的学习过程，以区分他们最基本的要素：不连续性。在通常的学习过程当中，不连续性是在被压抑着的；在这个不连续性被压抑的过程中，所有的本质性要点都在消失；但是我们只有通过慢慢掌握学习过程的不连续性，才能够得以洞悉学习的过程。

持续关注一个孩子的成长过程，是观察学习过程最好的方式。有许多调查研究的标题都类似于"儿童心智的成长"，在调查研究当中实际展示和比较的是不同年龄段的儿童。的确，人们可以通过将不同树龄的冷杉排列成一行，以此来获得对于冷杉树外观生长变化的印象。但是一棵冷杉树能够使我们感兴趣的部分最多就只是它是一棵冷杉树而已；在一个人的成长过程当中，重要的是懂得以此种方式存在而非他者。但即使在另一个方面，这种文献中的增长概念也是错误的。只有肤浅的观察者才会将植物的生长限制在其高度作为时间的函数；从科学上讲，生长可以理解为一个生物过程。对于心智成长过程的类似理解，我们仍然缺乏所有先决条件；其中之一就是观察和分析学习过程。

无论如何，这都是我的第一个论点：学习过程最重要的是它的不连续性。之前我很多次提出过这个观点，然后通过数个例子将其阐明；在接下来的章节，我将要继续阐述此观点。

观察学习过程不是心理学家的工作。在实验室中，我们基本上没有机会去观察学习过程中除去连续性以外的其他特性，因此心理学家在设计其实验的时候，要考虑到这一限制。此外，学习过程的教学，更倾向于发生在教室或学生群体当中，而非实验室里。

不连续性只能够在持续不断的观察中被发觉，但是即使是对于教师和教育研究者来说，在学习过程中观察到这些本质特性也不是特别容易——其本质特性即不连续性。观察是需要被学习的，它是一个有选择性的活动，观察者必须清楚在他的观察过程中值得去寻找的是什么。幸运的是，可以通过吸引有自我认知之人的注意力来教会如何观察。对于那些希望研究教学的人来说，观察学习过程可能是一项任务。但他们不应该拒绝走进教室，他们应该学习一门学科内容，以便理解教室里教的和学的东西。

这样的经验论才是适合教学科学生长的土壤。追求超越技术和官僚主义的一般教学方法，只能在一个特定的学科开始时，用该学科的教学方法来发展。倾听优秀的学科教学法工作者意见。只要教学工作者不再盲目崇拜一般教育技术专家和教育大师的行话，那么他就能够教给你更多教学方面的理论。

是的，去观察学习的过程，但是单单这样做还是不够的。我称其为充满智慧的观察，不是像一个记录员一样登记造册。在进行观察之前，观察者应当知道自己去观察些什么，但是观察者也不应该知道得太过精确细致，因为那样的话，观察者便只能看到他所想要看到的内容。我们如何知道自己在观察的过程中去关注些什么呢？依赖于早期观察，更准确地说是通过分析早期观察结果所学到的知识和技巧，使得寻找观察中的重点内容变得更加精准。我们要怎样分析我们的观察结果？又应当到哪里去寻找分析所需要的工具？如果没有人将工具提供到你的手上，那么你就必须自己去创造工具。但是怎样去创造工具？效仿模型。但是谁提供给我们模型？

这看起来像相互纠结的一团乱麻，是一个错综复杂的恶性循环。怎样才能够找到自己的出路？或者这件事情本就应该告吹？这真的那么令人绝望吗？

一个人的确不是从一张“白板”开始起步的。每个人都在某个时间观察过学习过程，这学习过程可以是他自己的、他朋友的、他兄弟姐妹的、孩子和学生的。人们在这个领域中有着丰富的经验，但是他们很难和其他人交流沟通，同样也很难和自己沟通。人们缺乏表达和组织的工具，而应用这些工具，人们可以互相谈论和增进经验。好吧，至少这一次，人们应该开始创造工具。我会去做这些工作，仅此而已。如果所有这些尝试所得到的结果，最终证明是错误的，那么揭示出错误的讨论便会指引出通向新方法的道路。

我不认为我在这里所说的内容会震惊世界，我甚至不认为这些内容是独创的。观察学习过程的想法，有意识地和系统地这样做的假设，这绝对不是什么新观点。但是如果有人回应说，这种想法已经不再仅仅局限于假设的阶段，我预计将会受到这些责难——我感觉我现在有义务为我的回答辩护。当然，有些东西是存在的，到处都有，但我们该怎样寻找它？我不是在挖掘宝藏。如果真的存在着一些什么，例如我正在寻找着的事物，那么它便被埋在成堆的自称为“教育科学”的内容当中。我知道一本书——确实是一本极好的书——这本书在其标题当中包含数学学习过程。关于这个主题，书中有一个确切的章节——确实也是一个优秀的章节——在这个章节当中提及了数学学习过程的三段论述——同样也是三段杰出的论述。尽管这本书没能告诉我们更多关于学习过程的内容。有关学习过程的文献中，除了数学方面的内容，其他内容都不是我最关注的。我知道这样做可能会产生更多的浪费。当我从做过系统搜索的人那里得知，我们对于儿童童年时期语法结构的发展进程一无所知，对儿童学习这些语法结构的过程也一无所知的时候，我虽不懂但感觉到吃惊。

我进入了一个“未知的领域”。我可能在最开始向前探索的过程中误入歧途，或者进步甚微，但是这一次我应该冒险向前探索。

我为什么想要观察学习的过程呢？不仅仅是为了知道它们是怎样发生的。我有一些更加琐碎的理由：我想知道在某些特定的情况下，什么内容可能是值得学习的。我们对其了解的并不比对学校课程以及教科书作者的偏见更多。接下来我会详细阐述如何克服这些偏见，以便于重塑对学科内容的理论支撑，使其充满意义和价值。

此外，我希望通过观察学习过程，来提高我对数学的理解。我是指我自己和我那些同行的学习过程吗？不，只是那些孩子的学习过程。只有不理解数学的人才会怀疑这是一个笑话，或者是一个儿童心智的空想神化。

学习过程使得它们本身与心理学家所说的学习区分开来。事实上，一直以来，学习过程同样也是教学过程。学习的过程不会自发地进行，它们是受到影响的；这些影响当然不该在实验中被消除，因为这是学习过程中至关重要的特性，因为它们发生在现实世界中。实验者当然应该考虑到这些影响。但是这同样也是非常困难的，因为很多影响并非有意识产生——我补充说明一下：很多影响的产生是幸运成分。

在我看来，在教师培训中，观察学习的过程应该成为教学论的核心内容。但是不可否认，我们不具备任何关于学习过程的理论，我们要怎样做才能够使人们意识到这个观点呢？我想说，正是出于这个原因它应该被意识到。因为我们到目前为止甚至没有把握住一丁点儿理论，我们就无法从“理论上”培养未来教师观察和分析学习过程的能力。我们应该像那些向自己学徒传授技艺的水管工那样去做这件事情，而不是告诉他，怎样去修理水龙头。确切地说，没有关于学习过程的理论，这是一个优势。在这种情况下，学生无一幸免地在接受着现成教学方法的教育，而不是接受正在研究创造的教学方法教育。就像作为一个教学学科，正在发展创造的数学比现有的数学更加可取。这个想法不错，即更换现有的由之前“绝对权威”创造出的教育方法论，改为经由学生、老师、培训者在通常的学习过程中亲身经历并创造的教育方法论。

当然，教师培训当中已经出现了这样一种现象。培训者带着接受培训的人，去发生学习过程的地方，他们在那里一起观察，之后讨论观察到的事实和正在观察的事实。但我担心，这种情况很少发生，而且不是有意识发生。在一个与我有着更加紧密联系的教师培训部门中，学生们被训练和激励着观察教学过程，而不是学习过程，观察（批判）教师而不是学生。未来的演员通过观察演技娴熟的演员来学习演技，不是这样吗？

在我的观念中，观察学习过程是关于教学作为一门被教和被调查学科知识的来源，在研讨会中未来的教师被培训着去观察，并讨论他们所得到的观察结果，而这种学习观察的结果，将为应用和发展奠定基础。在未来的培训中，培训的线索将会重新开始然后再次被组织起来。

观察学习过程是一个作用和反作用的过程，它们之间紧密地相互影响着。不但会观察其他人，而且在学习过程中，如果一个人以教师的身份行事，他同样也会观察他自己。当一个人受到观察过程反应的影响，就会刺激他的学生们对学习过程产生意识。学习过程、观察结果和调查分析之间相互影响，相互促进。观察支撑着学习，在分析中洞悉观察结果有助于提高观察技巧。在下一章中，在我能够使用数学实例证明这些结论的时候，我必须重新讨论学习过程当中的水平。水平对彼此来说意味着活动和元活动。观察一项活动，本身可能就是一项更高级的活动，分析观察的结果水平又更高。相互之间的影响越强烈，融合为一体的倾向就变得越强烈；观察和分析对于活动来讲变得含蓄起来，活动变得规则化而又机械化，它不需要任何更多有意识的探查，不受观察和分析的控制，尽管需要的话，他们可以重新带回意识中。

因此一切都按惯例结束了。教学能够以同样的方式进行，但是学习者可以对其做出抵制行为。至少如果他被允许的话，他能够通过自己的学习过程来影响教师的教学过程。

让我们结束这一章节。这最后几页内容描述的是一个理论的模糊轮廓。理论依赖于对数学学习过程的观察结果；分析所使用的工具来自于数学本身。

第4章
论数学教育科学

摘要

没有关于数学教育的科学。至少到目前为止还没有。同样，有许多奇妙的活动——数学中的教育工程，很可能就是数学教育科学诞生的源头。但是目前还没有，也不在当前的章节，这一章节仅仅是建议的集合，并根据经验支撑和说明论点。

团队合作，特别是在课程开发的过程中，可能会成为这样一个来源。为了进行沟通，一个团队必须创造出一种工作语言。涵盖某些内容的语言不但会成为一个科学的载体，甚至还会成为科学的来源。学习情境，尤其是开放式情境、学习过程、学习过程的水平及其不连续性都值得观察和分析，以便将其构建成理论。我尝试着展示“语言作为研究工具”和“动机”作为学习过程动力的一些特征——“学习过程不连续的”动机、“目标”动机、“装扮”动机。

在许多章节中，我探讨了学习过程中的一般思想、概念、判断和态度的起源，无论它们是在一个连续过程中通过“理解”而获得，即通过从众多例子中归纳出共同的观点；还是通过“领悟”而获得，即通过领会把握住大体的情况，这就是我的论点。理解一般心理对象的创造方式是“范式”，但并没有很多例子，仅仅存在个例。这个例子唤起了一般思想。展示了一系列通过范式理解的例子，并揭示了对范式的失败探索和学习过程的不连续性。这尤其与数字概念有关。另一种理解是对普遍性的直接把握，代数的理解方法可以说明这一点。这不像是达维多夫学派的理解方法，而是基于一种更高水平的学习。

然后我转向“语言水平”，我将通过几个学习序列来说明：“明示”水平、“相对语言”水平、“常规变量”水平和“功能”水平。

另一个主题是“视角变化”，这个主题延伸到了多个部分，同样也将通过许多例子来说明它。这些例子涉及“把握语境”、“逻辑转换”、从“全局”到“局部”视角的转换，以及从“定性到定量”视角的转换，反之亦然。在关于“概率”的一节中，我们重新“把握语境”，许多“视角变化”的例子则出现在几何学部分，标题是短语“我是这么看的”，幼儿用这个短语来解释他们的几何学表述。

这本书以一个例子结束，它曾在多个场合被假定为数学教育研究的先决条件是《数学概念的教学现象学》书中的一部分。

4.1 简　介

我想下面这个结论将不会使人感到讶异：目前还不存在关于数学教育的科学。我的序言也是这个空白领域的一部分，但不代表我的观点是空洞无物的。就像一部索引似的，我能列举出这些年的课程中，我所塑造的名词概念。从长远来看，它们中的一些会被证实是有效的。我保证过会有迹象和轮廓。这并不是过分自夸，并且如果任何人在本章的最后感到失望，至少我没有欺骗他。但我不想滥用这点作为没有内容章节的借口。我将会解释我所用的概念和方法，纵然它们中的大多数并不是新的，但我认为它们中的一些概念和方法对建立数学教育科学可能有些用。

4.2 数学教学的艺术

如果我得出的结论是，目前还不存在数学教育科学，读者已经知道，我不想贬低该领域发生的事情——只是在我的术语中，它不是科学。事实上，数学教育本身首先存在，在数学教育之外和周围也有许多无可争议的高价值存续。如果你把这个世界上发生在各种峰会、研讨会、工作坊和工作组的所有事情放在一张清单上，你的所见所闻也会让你失望。许多受关注的发表物、产出的各种材料、正在进行的讨论、越来越多的培训，还有其他所有活动的产出物都在一个活动水平上，这些活动本身（如果真会发生的话）都几乎经不起客观的和分析的考量。原因是一般的教学法研究者，对实践活动并不是很感兴趣，他们很少出现在这些圈子里。所以这些会议大都无一幸免经过纸上谈兵的一般教学论的伪科学水平提升。正像我之前所解释的，数学正是那个很不幸还没有逃脱这些人魔爪的学科。

这项令人印象深刻的活动——我现在把我的发言限制在数学上——总是在最低水平上进行，在一个无关紧要的活动水平上进行，如果水平提升的影响在最终结果中完全表达出来，那么它的来源是隐藏着的，因此是无效的。甚至最杰出的课程开发结果也是如此。它们要么是对一个先入为主的数学计划的最精细阐述，而这个计划似乎不受教学反思的影响，要么是充斥着过分冗余的教学法，它们又是天真的详细阐述，有时甚至会阐述得很迷人。如果在这份天真的背后存在着更多的东西，那就是，它是绝密且遥不可及的。

这份保持在最低水平的天真既让人安心，又令人恐惧；它在和解的同时，一旦人们确信学习过程的层次结构，它就会变得令人烦恼：学习过程的专业推动者怎样才能抵制在自己学习中攀升至更高水平的冲动呢？又或者，他们怎么能够把所有人都降至最低水平来假装处于最低水平呢？或者，正如我前面解释的那样，这只是数学中的一种习惯，尽管水平层次丰富，但客观的压力会消除学习过程中的水平痕迹吗？

无论如何，结果是在同样的水平上撑桨向前划行——至少正如它表面上看起来的那样；这种模式在大多数周围活动中被模仿，在教室中被模仿，在短期和长期活动中被模仿，也在临时和基础准备课堂活动中被模仿。

原谅我这样说，我愿意去称呼它为“水管工的想法”；如果我将水管工和技术专家甚至是物理学家做对比的话，这并不意味着我蔑视工匠群体。相反，我们完全有理由钦佩他在行动中本能的目的性。然而在自然科学技术中，除了水管工之外，还有技术专家和物理学家，这在我们现在所进入的领域当中，几乎没有与之相对应的东西。

4.3 作为研究来源的团队合作

我们怎样才能改变这一切？大约在七年前，我以个人名义从事数学教育方面的理论研究，尽管如此，我还是不时地在口头或书面讨论中，与他人观点作对比。我从来不满意这种情况，但我缺乏机会或力量来改变它。直到IOWO㊀出现之后我才正确地理解到，团队从根本上来说与个人是多么的不同。事实上我坚信，数学教育科学只有在一个团队中才能够得到发展。我可以理性地证明，在团队实践中形成的这种信念，与自然科学史似是而非的反例相对比。尽管今天团队合作占据主导地位，直到目前为止，难道不是个人在引领自然科学领域的潮流吗？为什么社会科学就不能以同样的方式开始呢？好吧，我认为因为当时没有团队存在，所以自然科学的发展花费了几千年；可我们会愿意，或者会允许用千年时间去等待一门教育科学的出现吗？然而，即使是在自然科学领域，在学校中总是存在着一些合作，尽管师生关系是形成真正团队的障碍。当然，继续研究的过程是沿着交流和传统进行的。为了实现这一点，在进行研究的同时，开发一种可以交流研究的语言是至关重要的。仅凭这一点，没有学校或团队直接接触的情况下，传播也是可能的。

今天社会科学和自然科学的区别，在于缺少简单的语言工具。因此，知识往往是其发现者的不动产，如果发现者没能适当地抛开一切，那么甚至对于他自己来说，也只能够对其进行短时间的理解。

不要反对今天有那么多书面和印刷的知识。就其表达的清晰性而言，它是一种相关性可疑的数字材料；例如，如果两种教学方法相比较的话，除了通过数学公式表达的内容之外，并没有做任何尝试去比较地“描述”这两种方法。当试图表达更基本的特性时，最终版本使用的语言已经与预期内容相去甚远，以至于不可能充分表达，也就不再有内容表达。

在社会科学中，缺乏精确的语言工具是连续性的障碍。这可以通过组建团队来解决。而在团队中，清晰的表达更容易被忽略。相互密切接触的人之间，可以像水管工教徒弟那样用手势交流。在工作组、会议和代表大会上也是如此。在口头上，人们可以更好地相互理解，或者至少有人这样认为，因为所有说过的内容都可以再次被解释。

在办公桌上写书——我从来没有制止它——是个体工作者的方法，这种方法在科学领域发挥良好功能，可以调集相当大的知识储备，以供重新编辑和扩展。在这里你可以确定所写出来的东西能够直击要点，因为它表述清晰、表达充分。然而，由于仅有少量

㊀ Institution voor de Ontwikkeling van het Wiskunde Onderwijs，数学教育发展研究所。

有组织的经验和知识可用，那么很自然地，背景哲学就可以填补空白；如果不存在任何可以用来清晰表达的工具，它就会成为某种糟糕意义上的哲学。

这是一个有利于团队和专业工作坊的论点，或者至少它应该是这样子的。这取决于对团队的理解。正如例子所示，团队同样会出现错误。

我心目中的团队是工程师组成，而不是声称或相信他们从事纯研究的人组成，这支团队的活动——就我身在数学教育发展研究所的经历而言——是课程开发，这是一项为了团队合作而创造的任务。这样的团队能在多大程度上促进更基本的发展呢？

无论如何，一个团队能够有助于技术语言的开发，如果它的任务能够像是数学教育发展研究所的任务那样实用，那么它可能会成为一种有着丰富内容的语言。但是这种现象不会自动出现，有些团队从来没有达到这一点。一个人可能会在行动中过于固执，以至于团队中志同道合的成员之间忽略了口头交流，但这是一种可以预防和纠正的沟通失败。在实践者的团队中，需要理论家，但理论家与实践的联系如此紧密，使得他们的话不会被当作耳旁风。

教学理论仍然缺乏专业术语，至少如果只计算内容丰富的术语的话。在一个团队中，可以开发技术语言，也许这些技术语言中的绝大多数仅供内部使用。此外，在团队中，不太明确的术语可以在使用中进行很好的操作性定义。我们在数学教育发展研究所所说的“项目”“主题”或“灯塔”的意思，局外人最多只能猜测；但如果我们说的是“看望奶奶”或“跷跷板”，他们甚至无从猜起。如果团队创造富有更多基础价值的语言工具，那就太幸运了。

稍后我将会论述语言的作用。与此同时，我会进一步阐述在教学论的科学发展过程中团队合作的影响。与实践的紧密联系将团队从定居在托马斯·曼的“魔山”上圣灵降临教派的命运中解救出来——甚至数学教学法都无法幸免于这种经历。但是当考虑到实践的时候——例如水管工的工作——基本原理不应该被忽略。我在这里提到这一点是为了强调我声明中的“尚未”，即尚不存在数学教育科学。

如果计划在创新时代进行课程开发，那么至少出于某些实际原因，我们认为去接近学校是错误的，学校里是根据教学内容对课程进行实验，而教学内容很早之前就用笨拙的程序结构开发好了（例如借助对教学目标和初始条件的调查研究）。尽管它可能准备得非常充分，但它实在是一个过于僵化的系统。可以肯定的是，所准备的教材中有相当一部分将无法正常发挥作用；即使这只是其中的一小部分，它也足以成为一个试验学校混乱的根源。而且由于数学学科内容的逻辑关联，对其他可用部分的功能也会构成威胁。将设计和实现相分离是有害的：这不仅在“客观上”是错误的，因为反馈路径将变得不必要的漫长；而且“主观上”也因为中介缺乏学习过程的信息而造成不利局面，因为这些信息可以促进他们自己的学习过程。

在课程开发过程中，在设计、准备和教师的进一步培训、课堂指导和评估、重新修订设计的循环中实现统一是一种更具发展前景的策略。某人设计了教学内容，准备和指导教师在课堂上的表现，评估教师的表现和设计。在这些活动中，他本人由一个团队陪同和观察。这有助于保证设计背后的意图得到肯定，使出现问题的教学内容立即得到修正，并在平行班级以暂时改变的周期重新尝试。

灵活性是这个组织的一个实际优势，至少在人们小心而广泛使用它的情况下是这样。如果可以轻易修正设计中的缺陷，那么实验就可能变得更加容易。陪同设计师的团队应该警惕单纯为了实验本身而进行的实验。

考虑到它的实际结果，我并没有解释这个组织。我认为具有很大价值，并且能让我们在教学的科学研究中更进一步地接触学习过程、学习机会，或者更确切地说是同观察学习过程中的内在约束的持续接触。这些约束存在于自己身上、老师们身上、学生们以及合作者身上。这些只能或应该在不知不觉中完成吗？我认为人们应该使之尽可能的明确，这包括提醒参与者注意他们的学习过程——只要还没有被训练到能够用自己的方法发现它们，他们就要参与到学习过程中去。（事实上，我观察到，优秀的教师会把学生的注意力吸引到他们的一些学习过程，尽管他们并没意识到自己是怎么做到的。）观察学习和教学活动以训练为前提——我们总是注意到这一点——如果它涉及某人自己的活动，这是一件特别微妙的事情；这种意识不能以挫败一个人的自发性为代价；人们不应该遇到这样的情况：当被问及在床上躺着时，他把长胡子放在被子下面还是上面，就翻来覆去再也睡不着了。人们应该开始观察他人的学习过程。如果学习过程发生在这个人所处的团队中，那么观察就很困难，事实上这是很常见的情况，无论是一个人教另一个人，与孩子一起玩耍，与他一起散步，还是回答他的问题都会遇见这种事。然而，一个受过教育训练的人应该在学习的情况下设法克服这种困境。我想说，他应该在自己的训练中学会这一点。但要保证这一点，首先应该保证培训者能够做到，并且他自己也能意识到这一点。

4.4 团队中的理论家

然而，我不能说目前为止我们的团队在这个方向发展得有多好。目前为止，我们只做了一些关于学习过程的系统观察实验。大多数时候，我们的工作只是灵光乍现，全凭天意。我们做实验是为了刺激和发起学习过程，而不是描述它们，尽管我们并不排斥观察发生的过程。目前，我可以为每个年龄段提出一系列主题，这些主题非常适合观察学习过程的方法，但我不会冒险尝试这些主题，也不会建议其他人尝试。我们真正缺乏的是发现我们的观察是否值得分析以及“需要”分析的能力，而不是被一些不引人注目的事情所打动的能力（不是准备就绪）。我们作为一个团队目前工作时间还很短，我们仍有很多需要学习的，尤其需要学习互相培养那些没人能够合理进行描述的能力。

在这个过程中，团队中的理论家角色不是带来现成理论的人。从我们的经验来看，它们并没有扎根。即使是加里培林或其学派的一些理论，也已经与他们应该组织的实验和经验相去甚远，以至于实践者无法再与自己的经验建立联系；毫无意义地使用“内化”和“定向基础”这样的术语，就会导致我多次提到的操作庸俗化。团队中的理论家应该能够运用他们领域的背景知识，来应对该领域发生的现象，并将它们联系起来，将他们放到更大的框架中，而不是诉诸（更不必说）预先建立的理论。例如，他应该能够识别学科内容或陈述中的共同元素，将其作为一个预示成功或失败的信号，即使没有任何理论在特定情况下允许演绎这个结果。举个例子来说明这一点：某册“连环画”中写着一年级的加减法混合运算，画上是一个有着若干人的公交车，在第一站上来若干人，在第二站下去若干人等，在每一特定公交站都画了出来，并用带数字的箭头来表示加减数。一个意外的困难出现了：为了能把这些连续的图画理解为一个故事，许多孩子从一开始就把连环画重新演绎了一遍。如果他们知道了第 n 站之后车上有多少人，他们就重复向前计算来得到在 $n+1$ 站之后车上有多少人。这看起来很荒唐，不过如果将它联系到相似的、看起来不荒唐的不同年龄段的现象时就不再是这样荒谬了。比如逐步算术程序中的难题［$63+24=(60+20)+(3+4)$］，当计算器转向新步骤时，就会“忘记”上一步之后的结果。从这个关系中，人们应该知道在这里需要训练更多的基本能力，而不只是加减法混合运算。我把它称作局部和全局视角间的张力。

然而，首先这些理论家应该通过观察团队的目标来形成团队的意识，尽管这些目标并没有很明确，只是出于警惕和警告目的而制定的。我特指的是表达背景哲学的形式目标。举个例子：学科内容设计，甚至计划时，它们越好，对它们所做的修订就越多，意识结构的标志就越清晰；在开放学习的情况下，所有的细节都在最后被特别规范起来；特别是丰富的内容最终被过分强调的形式特征所取代。理论家应该注意到并指出这种偏离初衷的行为。

4.5 学情作为研究来源

在家庭的温馨氛围中，学习的过程常常悄无声息；成年人很少能抓住机会去观察它们。然而，敢于这样做的成年人缺乏团队的监督修正；另一方面，他们可以看到学习过程中的发展联系，这可能意味着对解释的意外修正，这一点我将举例说明。在将这些经验应用于教学时应注意，因为在家里的学习情况不如在教室里的教学情况；但从根本上说，它们可以为理解做出很大贡献。

在课堂上缺乏连续性的观察，但由于学习不是自发进行的，人们的注意力可以更有意识地转向观察学习过程。这取决于教学是否使学习过程以一种可观察到的方式进行。按照传统方式进行的教学，不会产生过多关于学习过程的信息。一个孩子急切地想要发言，可能是在表达他发现了某种事物之后的喜悦；如果老师无视这些迫切的要求，而把讲台让给更害羞的孩子，这是很正常的（而且在每种情况下都可以根据其优点进行证明）。在更高的程度上，学科内容本身可以通过其内容和结构阻碍明显的学习过程。事实上，大多数情况下，学科内容的结构都是为了不断发展能力。例如，分数概念的构建是一个大的台阶，在伴随着掩饰伪动机的同时被强加给学生，然后开始持续的训练过程。

从课堂谈话到自由探索，有许多不同的开放学习情况，学习过程是可见的和可观察的。对于开放学习环境，我所见过做得最完善的例子是巴黎一所学校三年级的一节课，由巴黎国际教育学院的杜迪夫人负责。

孩子们以前通过正方形格子学习过许多几何知识，现在，他们被要求从一张彩色美术纸上剪下至少10个，最多20个相等的菱形，这样就“很少”浪费了。（事实上，作业的表述更具体；菱形是小丑衣服的一部分。）老师需要确定孩子们是否理解这句话中的“至少”和“最多”，一个学生问了一个问题，当一组学生要方格纸（平方厘米）时，其他学生也拿了过来。然后他们分组工作，没有人干预。可以想象，他们在各个层面都很活跃。一个没有同伴的学生计算了彩色纸的面积，为$608cm^2$，他把它除以20。他知道菱形面积的公式，然后把对角线的乘积控制在$60cm^2$，他试了对角线对（2，30）、（3，20）、（4，15）等，但并没有得到足够的数据，因为他的菱形图案从一个角落向外发散。其他人都选择了他们认为合适的菱形；大多数人在方格纸上，用格子点作为角。许多人把它剪下来，反复地把它放在彩色的纸上，然后围着它画；聪明的学生们只是在方格纸上一个接一个地画一些菱形。第一组将菱形先沿有色薄板的下边缘铺设，然后沿左边缘铺设，这就产生了不规则且不太节省空间的覆盖物。其他在方格纸上工作的人找到了做出规则覆盖物的方法，在一些作品中，出现了不间断的打破常规的直线。最弱的学生选择在菱形之间留出空白；而一些把正方形当作菱形的学生，突然开始纠正他们的错误。

最后每组派出一位发言人到黑板上讲解该小组的解法。这是开放学习环境中伟大教学美德的体现。毫无疑问，较弱的学生可以效仿理解较成功的学生的解释；在工作中，他们已经深入到这个问题中去，知道什么是重要的，也知道发生了什么。那些找到满意答案的学生也会听取其他答案并进行讨论。当然，这个问题课上还没有完全解决；我不知道它是否以及如何继续下去。

这种开放的学习环境为研究提供了大量的着力点。广泛的水平范围是关于教学现象学特征和学习过程水平的认知来源。当然，创造开放的学习情境或一系列的学习情境是一门艺术，这些情境不是无限的，它们允许在连续不断的学习情境中清晰地识别学习过程。这个一定要学会，也必须学会。

然而，严格、规范的学习环境提供了优势——这是优势吗？——我们将学到什么（如果有的话）这是预先确定的。在有计划的开放式学习情境中，学习过程也是在思维实验中预先设计的；教学实践可以证实或否定实验，可以观察到显著的差异。我们在初级职业教育（L. B. O. 7年级）一年级时读了一篇侦探小说，我们的一位合作者对它进行了分析，认为它很不错，尽管缺乏任何值得注意的数学教学目标；在试验中，它似乎充满了这样的目标；而如果没有试验，这些目标就永远不会被认可。

这可能是观察学习过程的实际产出。在给定的情况下，学科内容的设计者预先假定学习者的知识和能力，而这些知识和能力或多或少来自传统上属于这些环境的主题。然而，这一传统在教学情境下成长，这与设计师的目标有很大不同，这可能意味着他的设计目标太高、太低，或离目标太远。设计师的活动既是有意的，也是随机的；思维实验和对学习过程的观察一样必不可少。仅仅说明一个学习过程是否发生是不够的，我们想知道是什么阻止、阻碍或促进了它的发生，或者我们是否应该重视并有意识地促进它；在团队的课程开发中，这是理论家应该做的事。

我想提醒大家注意一个更基本的事实。非常重要的是，材料设计师在判断所提供的材料将引发的学习过程时，可能会误入歧途——我不是指起初那些可能是太简单或太困难的，而是指那些被成年人认为不值得或学习过程不需要的东西。开放式学习环境使这些惊喜成为可能，这或许是最富有成效的结果。就我刚才提到的侦探小说案例而言，它是我们初级职业教育一年级的教材。学习过程是获得数学能力所必需的，每个人都认为12~13岁的孩子就具备数学能力的潜质，而且最终可以毫无困难地获得数学能力。其他的实验显示，这些学生不能在小组内分享工作，但却能够获得这种能力。让我惊讶的是，有一个8岁的孩子，他完全不知道体重的概念，但是学习的过程很快，而且他对自己的顿悟体验也很满意。同样是在这个8岁孩子的学习过程中，一种强烈的冲突导致了一个矛盾的认知，即$\frac{1}{100}$比$\frac{1}{1000}$大，这种认识使他大为震惊，于是他迅速地向他的父母和成年邻居提出了这个问题，两个星期后又向我提出了这个问题。

偏见决定了传统教科书所表达的关于学习机会和学习必要性的观点，每迈出一步，这些偏见就会被开放学习环境中的学习过程撕下假面具。这表明，在办公桌后制订教学目标清单的计划是一种妄想。即使是谨慎的教学现象学也是不够的，稍后我会用一个例子来说明：我对比率概念进行了非常详细的分析，以至于我认为没有什么可以补充的，但第一篇关于五年级学生的文章告诉我，学习过程中缺少了一个不可或缺的元素，即对比例问题结果的定性评估，后来的文章也显示出了其他根本的差距。

我隐约地提到开放学习的情况。我意思并不是“开放式”在我看来太狭窄了。“问题解决”是一个更加限制开放学习的情况。两者密切相关：一个已经提出的问题不止有一个解决方案——起点就是问题，终点是开放的。然而，举例说明通常否定了开放学习情境的主张。我将举出一个例子来展示如何谨慎地应用像“开放学习情境”这样的术语。三年级时，我们精心设计了一个主题为“重新分配”，在一个正方形格子（如几何板）上，我们给出了一个异想天开的划分：划分成有直线边界的区域——甚至是不相连的区域。这种划分应该重新改进分配规则，为此各领域应该用格子表示单位。无论如何，第一个目标是独一无二的，尽管有很多途径可以实现，可几乎没有任何两个学生会做到完全相同。（执行这种减法有三种水平，稍后我将在适当的背景中解释。）如果目标是开放式的终点，人们最终可以以一种合理的方式重新分配可用的资源，那么目标就不再是统一确定的，尽管导致这一结果的行动是统一的——这只是一种非常肤浅的开放式学习情境。现在课堂上的实践表明，即使这种设计也留下了太多的自由；如果它的结构更有效，那么很有可能会有更多的学生更快地达到更高的处理水平。通过观察学习过程，可以发现步骤和中间步骤、水平和程度，因此一个新的设计可以在结构化示例的顺序中显示更严格的程序，从而以一种方式向学习者强烈建议所有必要的和偶然的学习过程。那么开放学习情境就消失了。或者更确切地说，开放式学习情境已经成为一种表面现象；仔细分析就会发现，所有这些都是逐步规范的。

这看起来是矛盾的：从最初的开放学习情境中获得的丰富经验，让设计师能够构建一个流水线式的学习过程，在这个过程中，一切步骤都是预先设计的——用捣碎的学科内容填鸭，没有人能折断一颗牙，尽管现代技术已经合理地说明了，并掩盖了用勺子喂养和捣碎的过程。

学科内容设计人员如何避免为了“完善”材料，而滥用学习过程的信息材料？首先，他应该经常经历这种威胁，从而意识到它。其次，可以开发出相当多的技术，在新的学习过程中使用来自学习过程的信息，而不是强迫学习者在一个学科内容被精心设计的课程中蒙着眼睛学习。我不能在这里处理这些问题，因为它们在很大程度上取决于教学形式，尤其是取决于如何约束教师在学习过程中的干预方式。最有效的方法是自由探索，当探索受到僵局威胁或搁浅时，教师立即以建议的方式进行干预。然而，这需要老师付出很大努力，应该允许老师将注意力集中在由 10 到 12 名学生组成的小组上。

工作表系统应该在预设程序和探索之间表现出复杂的平衡；任务之间应该交替进行，这样一个不成功的探索就可以通过预设学习步骤来弥补。在一个连续不断的预设学习程序中，学生决不能像瞎马一样被缰绳牵着走，他应该有机会看到目标，尽管是模糊的、全局的。

预设的另一种方法是由问题解决的技术术语表示的。它意味着从自然环境中剔除一个依靠思维实验的力量或学习过程的经验似乎有成功的希望，并把它作为教学材料提供给学生。在最有利的情况下，之后这个问题将以一种或多或少自然的学习顺序形式与其他预设程序巧妙地结合在一起。如果不是这样，它就仍然是一个孤立的问题。很自然地，课程设计者从这些孤立的问题开始尝试，就像五指练习一样，但这不应该成为一个系统，因为它已经在一些美国自然科学实验中出现了，而且确实非常出色。这种方法的危险在于，它可能从一开始就阻碍全局性理解的学习。

4.6 语言作为研究工具

在本章的开头，我提到了我在过去几年里模仿成“术语”的一系列词汇，它们很好地描述了本章的内容。为了传达思想，人们当然需要术语，而如果这些思想是新的，人们就会不得不通过模仿词汇来创造术语。当然术语本身并不重要，但这个事实常常被遗忘。术语应该有意义，它们应该有丰富的内容。他们通过所表达的东西来获得这些内容，而这应该不仅仅是一些词汇。

就语言而言，内容丰富是检验科学性的标准之一。我相信我并没有打破这条规则，在这些年里，我把一些词塑造成数学教学法的术语，但是，即使是最认真的服从，也不能防止误解和误用某人向大众提供的术语——我是说“误解”，我当然不能禁止其他人以与我不同的方式使用这些词汇。如果“数学化”有时被用在“公理化”的意义上（这是对已经存在的数学主题的一种非常特殊和微妙的数学化），或者甚至是“形式化”的意义上（对学科内容语言的数学化），它会让我感到不安，让我生气，因为它让我在“各个水平”上对数学化的要求降低了，我不得不一遍又一遍地警告这种片面性。然而，数学化是一个公认的清晰概念，它已被成功地应用，并且主要是在一个定义明确的意义上成功应用。如果像在《魔山》中[1]，智力的曲解被用来证明数学化不存在，那它

---

[1] 系列出版物 I. D. M，1（1974），5-84。

看起来更像一个糟糕的玩笑。

我举了许多例子，概述了“局部组织”的概念，以此主张一种数学方法的合理权利和权威。尽管许多数学家培养了这种方法，但在追求数学精确性的错误观点时，这种方法很容易被拒绝。当我这么做的时候，我不想创造一个口号，在未来的某个时候——幸运的是，我认为还很遥远——任何骗子都可能滥用这个口号来为数学上的无稽之谈而辩护；但如果发生这种情况，只要看一眼我的例子就足以让任何诚实的人拨云见日。

在我看来，我所谓的“学习过程中的水平”是有充分限制的，尽管为了防止误解，还需要更多的例子——实际上比我目前所能提供的还要多。

“教学反演”很难被误解或者被误用为口号，尽管我想通过更好地区分“正”和“逆”，而不是偶然的数学行为来深化它。

我觉得有必要通过更多的例子来说明“学习过程的不连续性”，通过“理解和领悟”来更清晰地构建“范式”的概念。“矛盾设置”“局部和全局视角”“视角转变”，这些都是我最近在观察学习过程时才想到的词。长久以来，我一直在考虑一个基本数学概念的“教学现象学”，但是之前我不敢说出这一术语。最近，我已经成功地构建了一个关于它的例子——我将把它作为最后一章的最后一节来介绍。

我对许多其他术语的研究还没有达到理解的关键点。关于“教学目标”，读者已经知道了。在“一般的”观点中，我还不知道它们是否不仅是一种背景哲学的表达——如果仔细观察的话，它们本身就有一些用途。在实际“操作”中，我缺乏存在的证据，因为它们还没有令人信服的例子。这需要时间和经历，即使成功了，也需要很长的时间，并且经历了很多才能将教学目标从口号的泥沼中拉出来。遗憾的是，将术语作为“分类学”和“模型”来展示，往往会散发出一知半解的光芒，这并不是学习。

早些时候，我把团队当作语言的模塑者。团队可以用手势和模仿的语言走得很远；它还可以开发一种管道工和畜牧业语言，使之接近团队的现实行动；尽管脱离实践——假如被外人接手——它可能沦为一种口号或夸夸其谈。这种情况可能有两个极端：科学进步可能会被仓促的语言发展和停滞的语言发展所阻碍。例如，由玛利亚·蒙台梭利创造并被她的追随者广泛使用的术语“敏感阶段”，无疑是符合规律的，但由于缺乏适当的基础，它仍然是无效的：由于缺乏独立的标准，我们只能事后从成功或失败的角度，来判断某个学生是否处于敏感阶段。敏感阶段过去是，现在仍然是一个草率的语言。相比之下，动机这一术语急需用形容词加以修饰，但在语言学上却很少出现；如果它不屈从于琐碎的操作和空洞的各类研究，那么它在很大程度上将仍被日常语言的魔力所左右。我敢对学习过程中的动机说几句话，即使没有丝毫的深意。

4.7 动 机

4.7.1 通过学习过程的不连续性

一年级有几堂关于概率的课，当然没有提到“概率”这个术语。他们在课堂前面玩一个大骰子，偶然一次老师无意中问这样的问题：抛出 A 和 6 哪个更容易？“我”比“你”扔出 6 更容易吗？学生们毫不犹豫地给出了一致“错误”的答案。他们知道掷骰子扔出 6 是多么困难，他们也知道成年人会比孩子更熟练。在这些介绍性的练习之后，每个学生都会得到一个正方形网格纸，老师让学生把它们剪下来，粘在一起，然后涂上骰子的符号。这要花很长时间——可怜的左撇子们用右手拿着剪刀，胶水被纸板吸走，骰子在涂上颜料时塌了——我非常后悔浪费了时间。有些孩子知道骰子上两个对立面数字的总和必须是 7，有些则不知道。所有人都重新开始玩，记录下结果，并进行比较，然后老师又随意地问了一遍：扔出 A 和 6 哪个更容易？我扔出 6 比你容易吗？学生一致地给“正确”的答案——他们甚至觉得这些问题很荒谬。所得证明是可推广的；在其他情况下，同一节课和下节课上，骰子的魔力消失了——但如果下星期天他们玩骰子游戏，我不好说他们会表现如何。

尽管我在观察学习过程中见到了许多明显的不连续性，但这是最明显的，从确信的“是”到确信的“否”的完全逆转，甚至这个转变发生在没有进行适当指导的情况下。骰子的实际而麻烦的构造比人类和天使的语言更能令人信服。这就是这个故事可以成为五花八门教学反思的绝妙起点的一个原因。

我谈到这个故事是因为我想从中引出另一个结论。孩子们似乎并没有意识到自己的转换，或者至少他们没有注意到这一点。有人可能会问，教师是否不应该在学习过程中明确指出这种不连续性；动摇已经获得确定性的学生信心是正确的吗？学生的这种确定性是不是太容易获得了？通过事后的阻拦，不是能使他们的习得更为深刻吗？

就我而言，我会让孩子们注意他们的学习过程；只要我意识到这种不连续性的时候，我就会这样做，因为我相信让这种不连续性成为意识的重要性。我承认这里我可能遇到困难。我们应该讨论一下为什么一个是错的，另一个是对的。六岁的孩子不能争辩，成年人也不行吗？

在我自己的学习过程中，我记得许多强烈激发不连续性的经验。成年人已经多次从他们的生活经验中证实了这一点。我观察到，和我一起工作的孩子很长一段时间都记得他们学习过程中的不连续性，这种不连续性似乎深深植根于他们强烈的积极情感联系中。在某些情况下，这种经历让他们兴奋得无法控制自己——我将在此处和稍后的论述提到几个例子。

每个人都知道，人身上具备的许多能力是突然获得的。突然间，一个人得到了它。突然，一个孩子学会站了起来——他对自己的成就感到非常兴奋，以至于突然摔倒了。突然间，他说出了自己的名字，或者是成年人所理解的名字，他太兴奋了以至于有点结巴。突然间，一个人就学会了骑车、游泳、滑冰。突然之间，训练就开始了。那么，智力也是一样的吗？

是的，有一次，当一个孩子发现是什么颜色，以及关系从句的用法时，我在场；有一次，我想我离一个孩子发现计数意味着什么已经很近了；当一个孩子发现基数，当他发现心理学家所称的体积守恒时，我在场。每次都有顿悟体验以及难以言表的兴奋。我之前提到的男孩，当发现$\frac{1}{100}$比$\frac{1}{1000}$大时，他特别兴奋。这样的例子可以列出很多。

一天下午，我和巴斯蒂安一起经过我们的地质研究所，告诉他，他的两个叔叔曾在那里搞研究（study）。由于他不知道这个词，我向他解释说 study 意味着学习（learn）。他问这有什么用，我告诫他要先学习才能有能力。他突然说出：“我会骑自行车”。就像所有的孩子一样，他过早地得到了一辆设计结构糟糕的自行车，但最终，就在今天早上，他掌握了将踏板动作转变为旋转动作的诀窍，他很激动。而现在，他把自己的学识同他叔叔们的学识相比较，这种激动情绪就更加强烈了。他不仅学习，而且还发现了学习的基本功能：为了能够学习而学习。

4.7.2 通过目标

如果发现的乐趣能激发一般的活动，尽管是在一个特定的方向上，那么目标就会更具体了。我前面讨论了详细的教学程序和被缰绳牵着走的学生。有时，这种结构很难避免，而且可能非常有效，尤其是在常规学习的情况下，尽管在课程之外有一个明显的目标是可取的。

在一个人实现目标之前给他展示目标是不容易的；但它也没有那么难，不应该像学校课本中那样系统性地避开它。

我说的是“一个目标”，而不是“这个目标”。在我前面提到的初等职业教育一年级的侦探故事中，我们的目标是引导孩子们（就像人工养殖野兔以激励灰狗奔跑一样）抓住逃犯——这个目标必须以某种方式变得可信。学科内容设计师记下了一些数学能力，这些能力的发展将通过研究故事来刺激，然后他将随时检查每个步骤是否正常运转。如果事后告诉学生们这本侦探小说的用意，并和他们讨论他们所学到的东西，倒也不算太坏。事实上，至少有一些学生已经足够成熟，能够从更高的角度来看待这个设计，并对它进行批评，即发现可信度的差距。我们知道，对学科内容的物化观点实际上是一种本身就有用的活动。

创建这个伪目标，是出于激励的目的，但如果这个目标已经实现了，它的效果也不需要终止。实际预期的目标保留在伪目标的背景中，如果需要，可以从那里调用它们。正如大家所知，“我在某个机会学到的东西”可以成为一种有用的联想和助记工具。

学生为了达到伪目标而按照或多或少严格的程序进行的活动，以及大部分是目标本身的活动，都有偏离伪目标的倾向。我们对这类主题和项目的研究表明，许多学生需要一步一步地提醒他们伪目标——这不仅适用于缺乏专注能力的漫不经心的学生，也适用于深入到每一个细节的刻苦学生。局部和全局视角之间的紧张关系变得如此强烈，以至于所有的联系都破裂了。在提供给学生的材料中不断地提醒学生伪目标是有用的。

如果不能预先向学生清晰地展示目标的全部内容，那么人们就会努力以独特的清晰度向他展示独有的特征，这是一个预示，应该激励他，也是应该引导他的方向点。例如，如果几何是从一把剪刀和胶水开始的，人们可以相信手工活动在相当长一段时间内具有激励作用，尽管它不是作为几何，而是作为手工活动；而且是局部的，不是全局的。然而，这似乎是一个更好的策略，可以将学生的注意力转向一个更遥远、更客观的目标，例如向他展示一些漂亮且形状规则或半规则的现成模型，比如菱形十二面体，以使他可以充分探索。接下来的目标是制作这样的模型，并通过不那么矫饰的模型来实现——立方体、四棱锥等，作为预备练习。或者我们可以提出最初被经验所接受的毕达哥拉斯定理，作为演绎几何课程的起点和探索的最终目标——这种探索当然应该从更基本的事实开始。他的脑海中应当有一个不断被回忆的全局性目标，比起没有这样一个方向点，学生可以更安全地经历一个严格预设的学习序列。我们可以想象在小学开设的计算机操作课程（例如，通过老式手动计算机来教授位置系统及其操作）；对于这样一个过程，一个有效规划的系统是可以想象的，也是合理的。被蒙蔽双眼的学生编程可以完善到万无一失的程度；机械处理机器可以激励很长一段时间，尽管只有在局部的每一个点上。即使在这里全局概述和洞察力是可取的，几乎是可有可无的目标，但这是否在许多学生中自发产生仍旧值得怀疑。我曾提议在这样的课程之前先进行展示（例如电影），并且以挑剔和紧凑的方式展示要点，不允许立即进行合作理解。然后在系统的课程中，他的工作簿中的图片提醒学生在全局范围内，每个特定的局部活动的位置。

4.7.3 通过装扮

我考虑了两种动机，第一种是使用学习过程的不连续性，第二种是目标（可能替换为模拟目标）。我在这里看到更科学处理方式的起点。学习过程跳跃的机会已经可以在思维实验中找到，但可以肯定的是，之后可以理解为什么在某些过程中会出现不连续，并在理论上讨论如何使用它们。即使在办公桌上，也可以设法表明目标，并观察哪些目标是最有效的。此外，这种反思和经验，也可以充分地传达给那些可能重新考虑和使用它的人。

但大多数使用或推荐的激励方法，都来自粗糙的经验主义。他们提出的理由都是模糊的情绪，甚至无法充分描述。这预示着科学方法还有很长的路要走。正因为有了这种系统的对比，我才着手探讨动机这个主题。我所谓的“打扮”或“装扮”（关于学科内容、教学设备、学习过程）看起来如此随意，以至于人们很少能了解到这种“打扮”背后的意图——也许根本就不存在，也许他们不能明确地表述出来。（我说的“打扮”不是为了处理这种方法，而是为了表明它的任意性。）

新的算术书（或他们所说的“新数学”）与传统的算术书不同之处在于，在旧的算术书中，人们可以一步一步地遵循作者的意图，而在新的算术书中，只有一个全局意图是可见的，即激励的意图。在一些心理学装扮的背景哲学指导下，人们渴望接近生活，这在一个所谓的儿童世界里被解释为塑料玩具、小矮人和穿着衣服的动物——毫无疑问，这是合理的，因为在这个世界里，生活确实是按照绝大多数给予小孩子的东西而继续的。

光面纸上的三色印刷比木浆上的黑白印刷更能激发灵感吗？（我指的是学生，而不是那些参观教育展览会的人。）有趣的照片比严肃的照片更能激励人吗？男孩更喜欢足球图片，女孩更喜欢跳绳吗？什么样的语言更能激励人呢？更大胆、更聪明还是更浮夸的？问这些问题几乎没有价值，因为即使有一些合理的答案可以回答这些问题，算术书籍的作者也不会为这些问题操心；在任何情况下，他都会创造出在他看来能带来教学成功的东西，或者能够引诱他人相信它具有教学意义的东西。

我不反对"打扮"和"装扮"。相反，我很乐意相信，如果它们是有功效的，它们可以为动机服务。但正如我们所观察到的，它们并不是，或者更确切地说，不是自动产生的。对孩子们来说，无论他们是数十字架还是大象，无论他们必须加苹果和梨，还是无聊的维恩图解，都是一样的。在进行算术运算时，物体的特征会逐渐消失，就像阅读练习时的插图一样（阅读书籍的出版商很清楚地意识到这样一个事实，并且从中获益，即孩子们不会注意到文本和插图中的颜色标识是否不匹配，他们也不介意相差得更离谱）。

为了起到动机的作用，打扮必须与计数和计算过程相关，但这个目标是不可能不付出努力就达到的。孩子至少在潜意识里已经知道，算术运算的功能已经独立于对象的意义。这确实是孩子学习算术的原因，孩子甚至可能已意识到这个事实。图片只能转移其注意力，一旦转移其注意力，他们就不能正确地计算。教科书作者当然知道这一点。他希望孩子将对象的特征抽象出来。为什么他表现得好像他想把学习过程转化为具体的东西呢？通过偏离预期学习过程的材料，来激励学习过程的基本原理是什么？教科书作者有没有追求任何教学目标呢？

好吧，其中一个原因可能是保证操作的具体特性及其适用性，从而阻止过快地抽象。但如果这是真正的目的，那么所使用的装扮必须有意义。这意味着，与其将每张图片作为一个算法数据来阅读，不如将其解读为一个图文结合的故事。如果画上有五个小矮人，三个站着，两个走开，孩子应该把它读成"五个小矮人，两个逃跑，三个留下来"或"五个小矮人在跑，两个放弃，三个继续跑着"；但即使是"三个站立、两个行走的矮人加在一起是五个人"也不能算是误读。图片下面的一些问题有一个独特的解决方案，诱使学生和老师草率地运用算法，这暴露了它的装扮是一种错觉。当然，将图片理解为图片故事包括这样一个假设：允许孩子们创造自己的图片和故事——孩子本身应该提供算术。

然而，许多算术课本的作者似乎相信，一个良好的装扮会激发这样的动机。毫无疑问，正常的活动可以持续一段时间；至于只有观赏作用的装扮，似乎不太可能有持久的动力，三色印刷在美术纸上只有短暂的效果。我们应该要求课本设计者思考装扮“如何”才能影响动机，并明确或含蓄地传达这种反映的结果，或者通过将其整合到设计中，以使装扮能有意义。如果设计者满足这一要求，就知道如何对其方法进行科学评估了。在使用不受控制或无法确切说明其使用情景的情况下，就对两个装扮进行统计学意义上的比较，是一种伪科学的做法。在为学习过程提供赞扬和奖励方面也是如此——我无法想象如何能使这些材料的条件具有可比性。我原则上拒绝将统计学作为理论的替代品。我看不出任何一丁点把装扮作为激励手段的理论，而且有充分的理由说明，这样的理论即使不是不可能的，它也是一项困难的任务。尽管我希望设计师能够像我所做的那样，去考虑如何让装扮产生激励效果，在某种程度上他也应该把结果传达出来。但我很清楚地知道，这样的愿望是不容易实现的。如果设计师和教师都想激发创造力，那么基于非显式经验的本能行为是创造力的前提之一，这是他们无法回避的。尽管如此，人们还是应该注意寻找实现真正科学分析的可能途径。虽然不是“先验的”，但作为设计师，作为老师和观察者，我们应该尝试“事后的”证明，来理解一种装扮是如何产生激励效果的（或在其他地方起到消极作用）。理论家和实践者、设计师和老师告诉我们这个或那个对孩子来说是否是有趣的，这是不够的。在为五、六年级（11~12 岁的学生）播放了一系列关于概率的电视节目之后，对参与该节目的教师进行了为期六周的民意调查，结果毫无疑问地显示，关于学生动机的答案十分分散，从非常积极到非常消极、从“令人兴奋”到“无聊”、从“终于有了与算术不同的东西”到“它对我的孩子们毫无用处，他们喜欢做算术”。不用说，这些统计数据，即使用数学手段分析，也不能对人们了解动机做出任何重要的贡献。

4.8 通过理解和领悟实现一般性

许多手工技能是通过不断的练习和大量的重复来获得和熟练的。人们相信一般知识也是这样，在这一点上几乎没有反对意见。哲学家们说，通过归纳法，一般思想、概念和判断都是从无数实例中衍生出来的。“狗”的概念是在认识了大量的“犬类”代表之后形成的；根据这种广为流传的哲学，我们知道狗叫是因为我们经常听到它们叫，而无支撑的物体坠落是因为我们经常目睹这种现象。事实上，自休谟以来，归纳法一直受到批评，他只是说通过归纳法得出的结论不能是强制性的，但是，如果我可以相信文献的话，迄今为止还没有人怀疑通过归纳可以获得一般的思想、概念和判断这一论点——其中实例的数量是主要因素。这是目前培养的所有知识证明理论的基础，无论它们是强调验证、证伪还是概率表现性。

科学的方法论不是作为一种经验科学，而是作为一种“先验”科学被方法学家追求的——就像一般教学法经常被教学法工作者所追求那样。在各种科学中实际发生的事情并没有引起方法学家的兴趣，他们通常是逻辑学家或哲学家，而不是科学家。因此，他们举的例子，如吠犬和落石，通常来自科学发展以前的认知。所以他们没有注意到，从众多实例归纳并不是科学认知的唯一来源，也不是最重要的来源。与前科学的态度相比，科学态度的特点是通过理论建立，在那里被混淆或证实的不是单一的陈述，而是理论或论断，以及嵌入在理论中的假设。要说明光速的恒定性，需要进行一系列的实验，这是不正确的；一个实验就足够了，而这一个实验足以引发解释这一现象的需要，也就是说，将其嵌入一个理论。当然，其他人重复这个实验是因为他们不相信这个报告，或者是因为他们想用自己的经验说服自己，但每个人都可以做出一个令自己满意的实验。“一个”福柯钟摆足以证明地球的自转；无数次的重复是为了说服广大公众。“一个”实验决定了光是纵向振荡还是横向振荡；X 射线的波动特性，可以通过“一个”晶体的“一张”X 射线照片来证明，如果这样的照片被拍摄了数千次，那就不是要重新证明波的性质，而是要确定特定辐射的“波长”或特定晶体的“晶格常数”。

一个实验的无数次重复——是的，这是存在的，尽管是出于其他原因和目的，而不是让我们相信那个天真的方法论。重复实验，是因为它没有成功，实验者急于知道出现了什么问题；或者为了消除观测误差；或者因为期待的结果不是单一的数值，而是一个函数或一个概率分布。我们的科学认知是理论或嵌入理论之中，因此，一个精心选择的实验通常足以产生一个问题，或者在太多不同的假设中做出选择；为了应对观测或测量误差或概率分布，需要进行一系列实验。可信度随着“大量”经验的增加而增加的说法也不正确。正是新实验的独立性提高了可信度——这就解释了大量针对光的量子特性和普朗克常数的独立实验设计。单纯的重复不会得出新的证据，事实上，独立实验成功地获得了新的证据。

这就是“科学”的现状，尤其是所谓的精密科学。近代科学出现以前的认知可能是不同的，但是否如此，迄今没有人真正研究过。他们一遍又一遍地引证那些老生常谈的一般性思想、概念、判断的例子，使我们相信它们是由许多事件归纳而来的。然而，对于有能力学习的生物，它们的学习程序极不可能如此糟糕和低效，以至于他们真的需要大量的例子。人们有充分的理由相信，他们的学习是这样一种方式的预定程序，例子很少但足够了。一个一岁的男孩还在爬行，他有两个房间的生活空间，这两个房间用一个台阶隔开。“第一次”从楼上爬到楼下时，他摔了个头朝天，每次要走过台阶时，他“总是”转过身来，然后向后倒下去。当在森林里寻找复活节彩蛋时，我把它们三个三个地隐藏在树木周围，巴斯蒂安在一棵树上第一次找到三颗彩蛋之后，再有条理地在另一棵树上找三颗彩蛋。一次与好斗的天鹅妈妈遭遇的经历，足以让一个人对天鹅产生长久的恐惧。在我的房子里，所有的地板都铺着粗糙的剑麻垫子。当我的孙辈们第一次用裸膝触碰垫子后，他们再爬行时都抬起了膝盖；他们一走到地毯和油毡上，就恢复了正常的爬行方式。谚语说，一朝被蛇咬，十年怕井绳，但从休谟到卡尔纳普（以及之前和之后的许多哲学家）的哲学家都会说服我们相信，害羞是通过持续的学习过程慢慢发展起来的。只有坐在办公桌后面的人，将完整的学习分解成孤立的学习过程之后，人们才能思考如何从一次经验中学习到原则。理论上孤立的学习过程是一个流行但人为的结构；学习是一个广泛的过程。

巴斯蒂安选择性地收集他在街上所发现的东西，他捡起了一块铁丝网，好像那是一个扁平的螺旋线。然后，他从他的裤子口袋里掏出一个厚厚的橡胶圈，使它在铁丝上移动，同时保持水平，就像一条“人行道”；然后他使铁丝倾斜，最后保持垂直，这样橡胶圈就沿着铁丝向下移动。然后当我们走进一步，他从口袋里掏出一小块塑料，使它沿着铁丝下降，这是一个更有趣的场面。接着他拿出口袋里一个扁平的铝啤酒瓶盖：“现在我必须做点什么。”我建议他在家里把它挖个洞，这给他留下了深刻的印象，并引起了一场生动的技术讨论。突然，他说了一句类似“螺母上有个孔，螺丝可以插进去”之类的话，然后学着专家的手势，把手伸进口袋掏出一个螺母（他有两个），又做了同样的实验，场面非常滑稽。我对他说“你是一个伟大的发明家，你还没有发明什么?”，不过我怀疑他是否明白‘发明’这个词，但过了一会儿他说：“我想到了一件事。”他骄傲地在家里展示他的发明。

我之所以详细讲述这个故事的细节，是因为它包含了丰富的信息。那个男孩从未见过类似的事件——否则他会这么说的。早在第一次试验时，他就做了相关的概括：这个东西肯定有个洞。我的干预只起到了引入“洞”这个术语的效果，尽管我真的不应该干预。他不仅概括了情况，还系统地寻求改进。此外，他确信自己发现了一件重要的事情。他能解释为什么这些物体沿着铁丝如此有趣地下落吗？也许过一会儿就能吧。他做事很有主见，很少碰运气。

当然，个体差异是很大的。有一次，我观察到一个三个月大的婴儿发现自己手时的兴奋，然后通过不断的练习学会了抓握，还有一个婴儿几乎从第一天起就异常活跃地使用眼睛，他从不沉溺于毫无用处的抓握东西试验，但当他第一次试图抓东西的时候，他就成功了。这些都是性格的差异，后来在他们两人的发展过程中不断地显现出来：一个在无用的尝试中衡量自己的力量，另一个除非知道自己会成功，否则什么都不做，但在两人的一生中，成功的时刻是非常明显的，在情感上也是如此。

我预计会有反对意见，我给出的例子——爬行的婴儿、寻找彩蛋、被咬的孩子——与认知无关，而是与行为表达有关。一个人不需要成为行为主义者，就会承认认知也可以非语言地表现出来。事实上，被咬的孩子没有学会说“哦”，不仅仅是当他明确地称呼咬他的人为“哦”时，我们就确信他已经把咬者“识别”为“哦”了吗？一个孩子要多有意识地哭泣，才能被认为是“认知”到了引起他人同情的痛苦行为呢？我们是否应该区分证明认知的行为形式，以及不证明认知的行为形式呢？有学习能力的儿童，在反思和行动时都不会这样做。树木在春天盛开，羊在咩咩叫，马在跑和汽车在开，红灯亮起则禁止通行，右侧通行，所有这些都是相同顺序的认知，因此孩子会问同样的问题：“为什么?”不仅是孩子这样询问。如果真的发生了这种情况，我们必须在进化和系统发生学方面走很长的路，直到这个观点被推翻。“规则”一词作为自然法则和人类法规的双重含义——或者它是双重含义的吗？——仍然萦绕在我们的脑海中。

我谈到了思想、概念、判断，它们是否是从许多事例中归纳获得的。从一开始我就可以加入“行为”，但是我没有这样做，因为它不会提高我论述的可信度。因为还有什么比塑造我们行为过程的连续性更明显了吗？就像持续不断的滴水穿石，就像传说中每年用喙磨一次岩石的鸟，这表明当石头消失时，永恒的第一秒就消失了。然而，人不是石头，他们活不到永恒。人在几年的发展过程中，像语言、态度、倾向和性格这样的行为早已定型，人们又从哪里能抽出时间和闲暇来一步一步地学习呢？因为每一个特征都需要大量的经验来形成。

然而，在“滴水穿石”的寓言中，也有一些真理，很多真理与人们获得行为的模式有关。这不是简单的发明。妈妈们都会说“我告诉过你100次了!”，这就是教育。说99次是不够的。事实上，妈妈们会说100次“我告诉过你100次”这句话，第99次也没有让她们相信这是没有用的，而爸爸们喜欢短小精悍的方法，但是老师的方法更像是妈妈。如果训练了99道题还不能得分，那么就必须做100道。或者用现代版本的差异化教学：A级学生通过一个例子学习B级学生10倍的知识，同时也是C级学生100倍的知识。令人头疼的问题是，是否不仅仅是C级学生需要这个独特的问题。但在教育和教学中大多数人必须这么做。人们提示小孩子们数数，直到他可以像一只鹦鹉喋喋不休地背出来。可怜的孩子拒绝重复，可怜的母亲绝望了——想象一下，孩子不会数数！或者说这样的情况，我们是否可以说正是由于孩子强大的性格特点，他们才不会鹦鹉学舌般地背诵自己听不懂的单词呢？

因此，与我的论点相反，一般的态度、思想、概念和判断确实是通过众多的实例和不断的重复获得的。这是真的，因为这就是人们获得教育的方式。这不是基本知识，而是一个技术，它可能是错误的。它就像糖果和鞭子、鹳鸟和食人魔的教学法一样真实。只是它没有像这些那么过时而已。相反，按照大量实例的顺序获得态度、思想、概念和判断不仅是当前实践的原则，也是许多学习和教学理论的原则，总的来说，这不会改变，因为这是最省力的方式。向学习者提供大量的例子，比寻找最重要的例子要省事得多。要找到这样一个例子通常非常困难，因为这不是随机发生的。

每个人都知道大自然是如何慷慨地展示它丰富的物产的：成千上万个鱼卵中的一个变成了鱼，数百万个精子中的一个使卵子受精，数十亿个行星中的一个孕育了生命。农民的行为已经更加经济了：每个种子都应该结出果实。但为了做到这一点，他不是随便种地的，也不是随便播种的。观察、经验，甚至最近的科学，都帮助他有目的地行动。这一切的缺失阻碍了教育者有目的地行为，虽然他不能像大自然那样挥金如土。

我在数学教育科学这一章中讨论了这些问题，因为从数学里我洞悉了我所说的论点，我将更详细地解释它。我是通过观察学习过程获得的，首先是我自己的学习过程，然后是其他人的思维实验和实际实验。没有一门学科比数学更容易得出这种见解。但这并不意味着它的范围仅限于数学。尽管教学研究只能从某一特定学科“开始”，但它肯定“不应该原地踏步”。

我用理解和领悟来区分两种获取一般性的方式。我冒昧地以比我发现它们时更明显的方式，塑造了这些术语的理解和领悟——我这么做并非毫无词源的背景。理解（comtprehension）意味着“一起获得”，领悟（aptprehension）意味着“接受”。一般性是通过一个例子“收集”许多细节，而不是通过一个例子来获取一个结构。我并不局限于使用这些术语来获得一般的思想、概念和判断，但正如前面清晰论述的那样，我将使用行为模式，尽管我的例子和论点都将取自数学。同样，我的主要目标是寻找未来数学教育科学的可能途径。

教学是对学习过程有意图的促进，但学习过程的结果不一定与意图相匹配。在接受教育的过程中，人们会学到许多课程之外的东西，甚至老师也不认为这些东西是必要的学习成果，而认为它们只是学习过程的副产品。这意味着可能有些意外收获会被忽略。通过某些学习过程，使人们意识到自身所获得的，并且能够因此进而获得的，应该总是意味着在教育技术上的收获。我并不认为这总是一种收获。这种情况可能会发生——我将举例说明，这是认知偏见而不是提高教学技巧。我已经提到了计数。确实，数字序列是以毅力为原则学习的——成人的毅力。然而，有人可能会怀疑这是否有助于和对象相关的计数技能。实际上，通过数字计算出一个集合，而集合中的每个元素都被精确地查一次，这无论是在视觉上还是在心理上，都是一种一次性获得的能力，不依赖于在流畅讲出数字序列时所取得的定性和定量的进步；我认为这是不太牵强的假设，机械地运用数字序列会阻碍而不是促进与对象相关的计数能力。

另一个例子，在集合理论的影响下，很多人已经意识到这样一个事实：集合的等价性能够而且应该独立于数字序列的计算而被发现。这确实是一种在传统算术教学中获得的无意识能力，尽管它从未被有意地练习过——我已经确信成年人掌握了它，甚至经常是有意识地掌握。然而，这一新见解在规定系统的练习中已经成为教学操作，其中两个集合的等价性必须由明确的一一对应关系来证实。这是用无数对维恩图做到的，这些维恩图通过连接相互关联，两页纸的例子，一个接一个，每个基数为从0到10，在这种平淡无味的活动中，唯一的不同之处就是画纸上的彩色图画，而这些图画又被铅笔的线条无可挽回地破坏了。

这是一个最典型的大量练习的例子，而不是一个直击目标的练习。进行这些练习的孩子已经拥有了基数和计数的能力。如果两个集合比较小，孩子们就可以通过直观观察说明它们的等价性；如果两个集合比较大，则通过计数说明它们的等价性。这种能力的目的是通过一一比较建立联系，这是不能练习出来的，只能被一场阵雨遮住视线。一个人一旦想到自己作为一个成年人如何应用这种能力，就会一下子掌握如何教别人也获得这种能力，以及测试别人是否具备这种能力的方法。事实上，正如我多次强调的那样㊀，孩子们有权被当作讲道理的人对待；维恩图提醒我，一些大人喜欢用婴儿的语言来称呼孩子。

事实上有很多的例子能够满足我们的要求。我拿起一个花瓶，或者是它的照片，花瓶的外壁交替装饰着太阳和月亮——当然，它的背面是看不见的。现在可以提出问题："太阳比月亮更多吗，还是更少"。或者可以使用更复杂的同类壁纸图案；或者使用一条由两颗红珍珠和两颗蓝珍珠交替组成的长链，或者它的相片；或是它的两端可能是也可能不是相同的颜色；或者是图画上的墙的每一层砖数量是否相同的问题；或者是如何让每个人获得相同回合数的游戏。一年级学生不仅可以用"是"和"否"来回答这些问题，他们甚至可以用一种有意义的方式来争论他们的答案——我的意思是使用一一映射，但当然不是这个术语。通过这一点，可以看出他们已经将一一映射作为一种比较集合的方法，这种方法比用维恩图比较集合的方法更有说服力。同样的，成年人也拥有这种能力。我比观察孩子更频繁地观察他们的顿悟经验，发现了一种从根深蒂固的潜意识经验中觉醒而来的意识。

前面应该有证据表明，意识的觉醒和学科内容的显性化，以及传统意义上无意识的传播不需要被视为进步。这种学科内容之所以不引人注目，也不那么重要，可能是因为它是通过领悟而获得的。如果教师意识到这一点，那么就存在一个真正的危险，即教学方法是全面构建的，就像我所说的，用了大量的例子构建，而不是用真正起作用的那个

㊀ 《作为教育任务的数学》，第118页。

例子构建。

基数的概念同样属于早期阶段，我将在后面讨论。目前在一年级算术书中，大量使用数字 0，1，…，10。我所有的观察都证实，这一概念是较早获得的，又是一下子就会的，稍后我将解释我认为它是如何发生的。没有丝毫迹象表明，数字的加减是全面习得的，这显然是教科书作者所假定的。综合学习的方式确实适用于最终表现为掌握加法和乘法表的态度，把这一学科内容刻在记忆上，看起来更像是不断的滴水穿石，但即使在这方面，它的效率也不应高估。在我的印象里，一种通过领会来学习加法和乘法的教学方法，将概念和态度的理解和全面习得的领域更清晰地分开，也可以促进日常学习。

许多例子和持续练习的方法，源于对态度、观念、概念和判断模式归纳获得的哲学总是适用的；只是问题在于，这种方法是否不仅仅是许多学习失败的原因，它是否会经常阻碍学习。毫无疑问，许多学生可以像活的自动机一样被预设程序，以获得非常有用的算法技能。从远古时代起，这种预设就由刺激反射法来进行，这种方法不是由行为主义发明的，而是由行为主义发现的，而且早在行为主义之前就开始使用了。然而，这也是一个古老的经验——这在算术和数学方面，最多一半的学生超出了最原始的反应范围，而在那些成功地超越这一限制的学生当中，绝大多数仍然远远低于计算机的成就水平和实现能力，计算机可以用比现在编程人员更简单、更可靠的方法进行编程。

理解法的缺点是它需要大量的洞察力——对学科内容的洞察力，对学习的洞察力——只要我们缺乏思考和观察它们的计划，这种洞察力就很难发展，只要这方面的通信设备几乎不存在，这种见解的结果就很难传播。教师和教育工作者不准备接收并应用这种洞察力，课程开发人员和课本的作者可以承担一些风险，当然不会用从未尝试过的大胆创新取代旧的综合方法。好吧，我不指望革命性的改变。必须进行大量的初步工作，还有大量的工作必须在理论上和实践上双管齐下地进行。我没有给出一堆例子，而是要求提供一个重要的例子，但我不知道如何找到它。

4.9 领悟与范式

我称这样的例子为范式——典范学习是另一个术语，意味着在学习中强调范式。众所周知，“范式”一词起源于外语的语法学习。例如，拉丁语的词形变化“a”是通过名词“mensa”来记忆的。为了学习法语的“er”词形变化，一代又一代的学生背诵了动词“aimer”的形式：我们这代人学的是“donner”，但我不知道现在流行什么。对于不规则词型，还有一些范式，例如，“partir”代表一组动词，“croire”代表另一组动词，范式句是最近发明的一种学习外语的方法，它包括简单句和复合句。如果这种对范式一词的使用让读者想起了老式的外语教学方法，那么他就被一种肤浅的联想所误导了。从更广泛的、不那么严格的意义上讲，范式的确是一种重要的语言教学手段，尽管主要是无意识地使用它，包括母语教学法。至少我猜，那些更令人担忧的方法也被隐藏在看似丰富的综合元素之下。

目前，如果一个人指的是研究模式，那么他有时会说“范式”，也许是为了与意思相同的“模型”一词交替使用，提出“范式”的库恩用了一种更粗俗的方式，如果他指的是在特定时刻自然科学中所有流行的东西。我把“范式”的使用限制在学习过程中，在我看来，这没有任何贬低的意味。“a”词形变化的“mensa”范式是让学生有意识地学习，并有意识地转换成其他含“a”的单词，但这不是我对教学范式的解释。它的效率要高得多，它需要在不使用记忆法的情况下运行，也不需要意识去实现其功能。它看起来更像是孩子学习掌握母语语法的范式。这是另一件事，之后这样的范式可以被带到使用者的意识中，以便在有用的情况下，为更高层次水平的知识做出贡献，比如母语的显式语法。

通过这个哲学-历史-语源学的介绍，我已经沉溺于一种普遍接受的教学法，虽然它只是我说过我拒绝的那一种教学法。如果我希望别人模仿我的行为，我自己应该首先做到。现在，我将讲到这些行为，为了自己教学中的观察，我经常谴责这种教学反演，我从一个事件开始，如果记忆没有欺骗我的话，对我来说是范式中的范式。当然，我长期以来一直在坚持范例式的教学，我可以给自己和别人提供范式的例子，但直到与八岁的孩子交谈时我发现了一个范式，我真的发现了令人信服的一个范式的例子。它不属于传统的算术和数学教学领域——这使我的经验成为可能——尽管它至少适合二年级学生，但即使是参加我们进修课程的幼儿园老师们，也做了令人信服的尝试。

同时我多次阐述了这个范式：我画了一张地图，上面有三个城镇 A、B、C。其中，A 和 B 有三条路相连，B 和 C 有两条路相连。问：有多少种方法可以从 A 到 B 到 C？如图 4-1 所示。8~9 岁的孩子在这个问题上有困难，这是我们传统算术教学基本弱点的特征，即使是成年人，包括那些受过高等教育的学习人文或社会科学的人，往往也不知道如何解决这些问题。

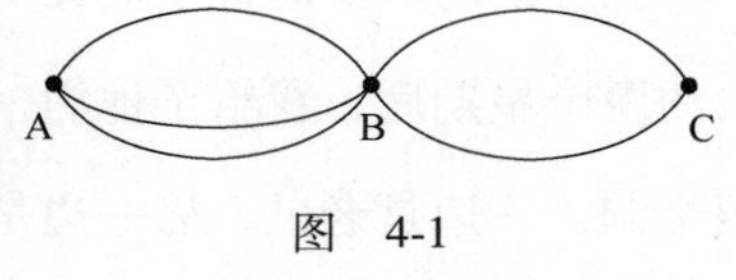

图 4-1

这个问题的难点是什么？只有把仔细分开的物体按顺序排列，比如十个弹珠排成一排或十个樱桃放在一个盘子里，孩子们才能学会数数。但是我们应该如何处理问题中道路的混乱呢？需要计算的东西并不存在，复合道路仍然必须被创造出来。这是问题吗？我相信不是。事实上，这个孩子很早就知道，那些无法接近的、不在身边的东西是可以数出来的，或者至少他已经练习了这种活动。我稍后会解释，这种能力，甚至是关于这种能力的知识，可能是把序数和基数概念结合在一起的学习过程的基本不连续性——举个例子，我讲了一个数公司里坐在桌子旁的腿数的故事，桌子隐藏了要数的腿。

造成麻烦的不是缺少要计算的对象，而是它们呈现出的混乱。就像用尾巴绑在一起的老鼠一样，要计数的物体也相互缠绕。从哪里开始计数，如何计数？当问题被提出时，最好让孩子们充分感受到困难，以此迫使他们努力找到解决办法。事实上，观察它们是最有趣的。他们不会无系统地进行；相反我总是观察某一系统：他们同时系统地改变两条部分道路，如果第一种选择是从 A 到 B 的路 1，从 B 到 C 的路 1，那么第二种选择可能是从 A 到 B 的路 2 和从 B 到 C 的路 2。遗憾的是，这是一个糟糕的系统，但这仍然需要孩子去学习。

教授这个问题的教学方法是把孩子们的注意力从绘制的地图上转移开，这一策略似乎对学龄前儿童比对二年级到三年级学生更容易见效。孩子们确实能够数出想象出来的物体。让孩子们意识到这种能力，以便他们在需要的时候使用它，这是一种教学的必要性和责任。我应该说，我从来没见过这种事发生在教学中——这样的基本事实通常是未知的。

可见的画面令人困惑，用铅笔画出来的画面更让人困惑。只有在仅存于脑海里的画面中，具体的画面才能被分解——一个可以通过言语和节奏或戏剧化（在课堂上表演问题）来具体化的想象画面。事实上，这种表现不需要是眼见为实的，感觉运动的想法也许更有效。学龄前儿童当然也是如此（然而，在我们的实验中得到的是一种变体问题）。如果问题是独立于其图形表示而提出的，问题就变得容易了，但在教育的整体背景下，局部促进不一定是一个全局性的优势。

我分别向八岁的孩子们提出了这个问题，他们花了大约半个小时才找到解决方案。大约两个星期后，我给了他们一系列的问题：两堵平行的墙，一堵有三个洞，另一堵有两个洞；一边是老鼠，另一边是奶酪；老鼠有多少种方法可以跑到奶酪那里？如图 4-2 所示。它毫不犹豫地得到了回答。他们要么立即说“六”，要么用有节奏的节拍回答：“dadà-dadá，dadà-dadá，dadà-dadá—六”。三个房子和两个车库，从每个房子到每个车库都有一条小路；从房子到车库有多少条路径？如图 4-3 所示。三件衬衫和两个裤子，三个衬衫和两个裙子，如果每天都穿的不一样，可以穿多少天？所以人们可以继续问类似问题，等着学生惊叫“这些问题都一样”（这可能不会发生——后来我的一个研究对象同情我的迟钝：她告诉她的父母，我在无意中给她出了十次同样的问题）。

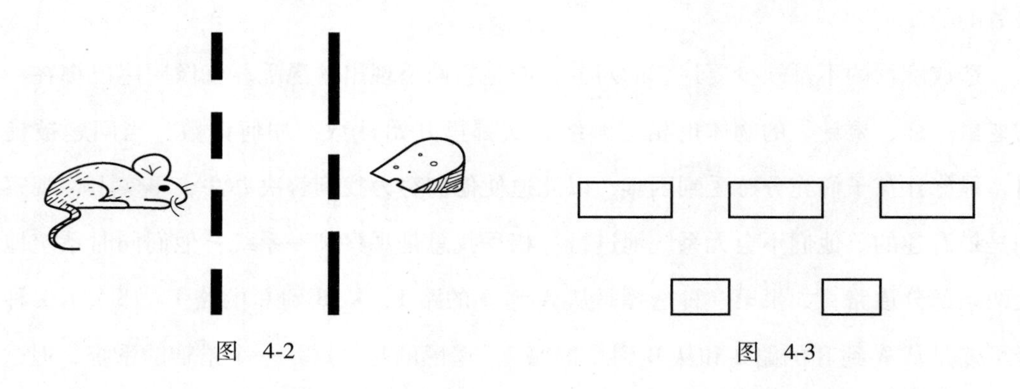

图 4-2　　　　图 4-3

我们不是说“它是一样的”，而是说本质相同——即同构性，尽管其意义比纯数学中的同构更广泛；如果数字 3 和 2 被其他数字替换，同构性也不会被打破。这种范式的力量植根于广泛的同构中，而这种同构性使有目的的行动成为可能。完全不必要求行动者意识到同构性——相反，经常会有一种缺乏意识的情况，但这可能意味着一种优势而不是劣势。这种同构性更不需要在语言中表现出来；给出同构性的论证是一个更高的水平，这需要相当多的数学洞察力或惯例程序——想想如何将道路和老鼠这两个问题情境同构具体化。如果孩子们很难说出他们是如何知道的，他们会回答“我是这样看的”[㊀]，这也没关系。的确，强迫孩子理性地激励自己清晰而独特地看到事物是错误的；除非视力出现问题，否则不需要进行理性分析，而故意闭上眼睛是许多人无法达到的数学水

㊀ 荷兰语：“ik die yet zo”——我说不出说英语的孩子会怎么回答。也许是“因为”？

平，而如前所述，引导孩子远离直觉认知，是一种教学任务，可以在早期思想脱离视觉直觉的基础上进行。

我之所以把上面的例子称为范式，甚至是我称之为范式中的范式，是因为在范例本身需要付出巨大努力之后，同构性问题（或者更确切地说，我当时认为是同构的问题）的解决方案能够迅速而准确地迁移。总之我认为，在这种特殊情况下，我找到了一个可以代替大量例子的例子——当洞察力被惯例程序所补充时，这些例子就会随之而来。

错误的应用也有力地说明了范式的重要性。以上类型的各种各样的问题之后，我问以下这个问题（见图 4-4）：这里有四个房子，其中每一对之间有一条路，有多少路？“12”，孩子毫不犹豫地说。“把它们画出来！”“不，这是 6 个。”“你认为是 4×3吗？”“不，我认为是 12，但它是 6 个。”她犹豫了一下，“因为两个房子之间只有一条路。”“所以，你认为是 4×3。”“不，我想的是 12。”

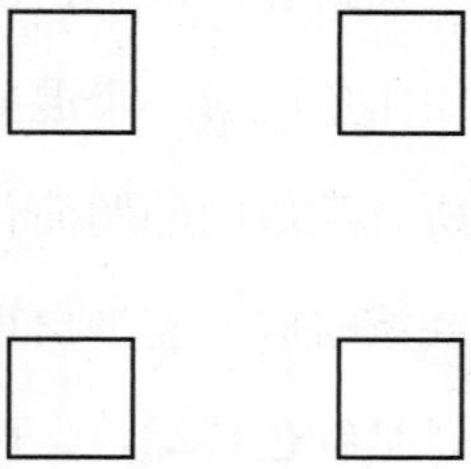

图 4-4

当她说 12 的时候，其实犯下了一个很高水平的错误。她的眼睛可以很容易地看到房子之间有对角线的正方形，但这张具象的画面已经被一个更抽象的结构取代，可能是一个 3 + 3 + 3 + 3 的结构，它还没有被算法解释为一个乘法结构。这个错误是达到数学水平的表现。下一个水平是将这种错误放入一个方案中，同样是由范式定义的。

四个点之间可以画多少条线段？如果四个人相遇，他们可以握多少次手？在四个物体中选两个有多少种方法？这几个问题实际上是同构的，只不过越来越抽象。四点之间总共可以有六条线段，可以想象相继握手，共有六次，但两件事中的六对因其复杂的重叠而引起困惑。然而在同构性的影响下，学生能够解决这些问题，只有“为什么”的问题需要数学水平，超越了“我是这样看的”的水平。

在我的实验中，这个问题被证明是高度典型的，尽管目前我反对它，作为第一种方法，它太简单了。我现在更喜欢另一种更丰富的方法，例如：一张纸，上面有 12 幅旗帜图，每幅都有三条横线，必须着色；最高的为黑色、白色和棕色，中间的为红色和绿色，最低的为黄色和蓝色——所有的旗帜必须是不同的。八岁的孩子一开始是不系统的，或者更确切地说，他们是按照系统的转变来改变所有的东西。直到最后当供应变得稀缺时，他们突然明白了这种情况，发现了正确的系统。我没有把这个问题交给那些从路径问题开始解决序列问题的孩子们，所以我不知道它的范式特征是否延伸到旗帜问题。相反地，我确实知道从旗帜问题开始的孩子们，不会对道路问题感到困扰。

这些问题所针对的整体能力是系统的计数，更确切地说，是在计数时系统进行的习惯、需要和技能。这可以通过完全不同的例子来训练：美国国旗上的星星，圣诞树上的蜡烛——这些都是整体结构，便于计数。对等高的塔上的硬币、成堆的长方体和金字塔的形状进行计数，这些结构都是分层的，在这个问题的数据中发现了更多结构。

在路径问题中，由于元素重叠，没有直接给出结构；但一旦这个结构被发现，它给人的印象就像一个混凝土堆。有一个惊人的发现，从路径问题开始的孩子，往往倾向于将所有类似的问题简化为路径模型——我将回到这一点。从旗帜问题开始的孩子，一个发展策略取代模型出现了："首先，我把顶部所有黑色的旗子都取出来，然后第二个块可以是红色或绿色，两者都可以搭配黄色和蓝色……"在这里，一切都以列举的口头语言形式流露出来。但通过适当的例子，可以刺激模型的形成，结果就是树状模型。在此基础上可以引导学习者转向路径问题，并通过合并同一层级上的节点来论证同构性，如图 4-5 所示。从路径问题开始的孩子，在逆运算中会有更多的麻烦。最后，路径模型因其更为紧凑而大受欢迎，尤其是当涉及两个以上的因素时，尽管人们可能会认为路径模型不够直观，因为它似乎隐藏了结果的结构。事实证明，孩子已经学会在具体材料中发现更抽象的结构。路径模型成为一种如此强烈的习惯，甚至在几乎没有预料到的情况下也会强加给自己：A 和 B 之间有六条道路。（图 4-6：从 A 到 B，然后返回但不走原路，有多少可能性？或更复杂的：ABAB 的路径不能有两次。）读者可以毫不费力地猜测这种路径模型的应用，都涵盖了哪些组合原则。

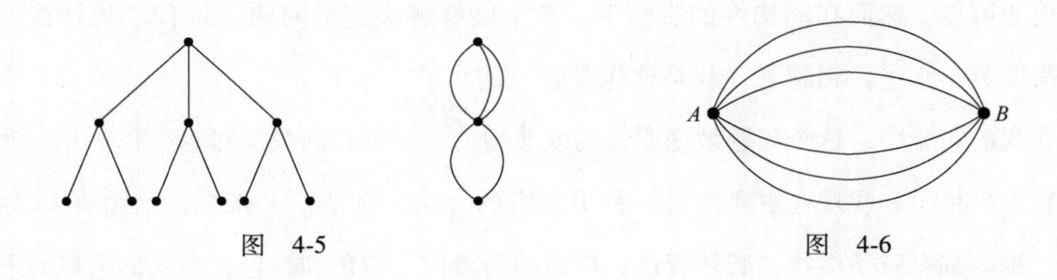

图 4-5　　图 4-6

我继续从路径问题开始的一系列实验——我用旗帜问题的变式及其结果打断了这个故事。

下一步是在正方形格子里的道路方法，或者如我们所说，有 8 条街道（水平的）和

8 条大道（垂直的）的城市地图。有多少条路没有绕道，但什么是真正的“绕道”呢？——从一个角到对角？或者，因为这太令人困惑，那就让我们从 O 到 A 的方法开始吧（见图 4-7）。

同样的，它从系统的试验开始。“你怎么把你所拥有的想法铺设出来？”孩子画出了如图 4-8 所示的方法。“你不知道更简单的方法吗？”需要推动力去让他符号性地进行表达，并写下这些方式。现在我们用“H”表示水平，“V”表示垂直，例如

HVHHV，⋯，

“你怎么能在这个列表上给出一个顺序呢？”再次需要一个推动力。“你知道词典是如何安排的吗？”通过这句话，一种迄今为止只是被动体验的范式被激活了，即字典顺序范式，这是一种在数学内外都具有深远意义的范式。

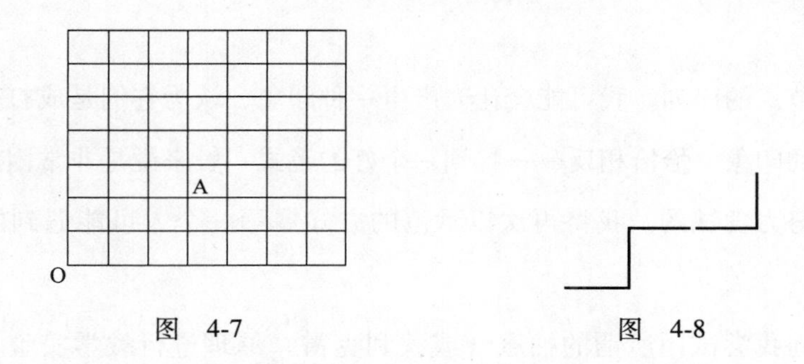

图 4-7　　图 4-8

从这里，这条路可以通向更深刻的数学知识。下一个重要的步骤是认识到，从 O 到 A 和 B 的路径数等于从 O 到 C 的路径数，如图 4-9 所示。这一知识使得数字模式（见图 4-10）的递归（或归纳）构造成为可能，沿着拐角 1 向上得到众所周知的帕斯卡三角形。

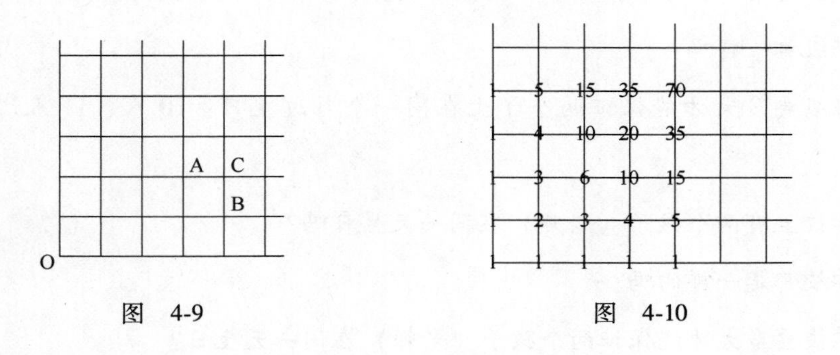

图 4-9　　图 4-10

我打断这个阐述，因为以后我会继续谈另一背景下的帕斯卡三角形，以此作为显著

水平形成的教学范式。目前，帕斯卡三角形作为递归定义的范式出现了，如果你想深入研究递归或归纳证明的范式的话。当然，还有数学上更简单、更基本的递归例子是：整数的加法和乘法可以递归地定义，也可以定义整数的幂；可以递归地证明三角形数之类的公式，如图 4-11 所示，尽管这些示例过于简单和静态，无法有效地范式化。帕斯卡三角形更动态而且更丰富，特别是当它与概率组合学有关时。

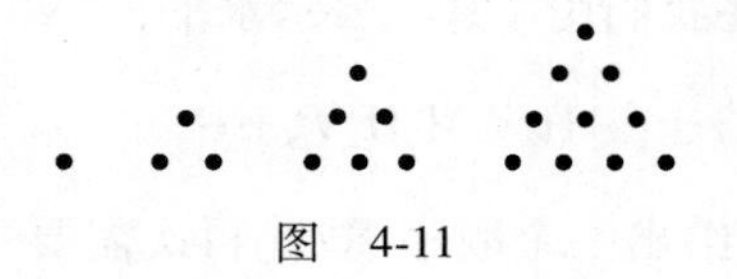

图 4-11

4.10 徒劳地追求范式

我中断了范式的序列。我可能会让人产生一种印象，认为它们是成打生产的，这是一种非常错误的印象。恰恰相反——找到一个好的范式一般来说是非常困难的，这一范式的确是值得努力尝试的。我将再次以示范的方式展示一个人可能遇到的意想不到的困难。

前一段时间我尝试用所谓的抽屉（或狄利克雷）原理进行教学实验。我陈述了一个著名的问题："世界上有两个头上有相同数量头发的人吗？"（从一开始就排除了光头是有用的）事实上，这个问题可以说是抽屉原理的陈旧语句，或者说看起来是这样的，尽管我知道这个问题太难回答，但我还是从它开始了。我的习惯是从困难下降到容易，以便在最后提升。在确定了这个问题确实太难之后，我转换成一系列的问题：

你们班上有两个孩子在同一个月过生日吗？（有，约翰和玛丽）。

每个班级都一样吗？

一个班级要多大才能保证两个学生在同一个月过生日：10 人、11 人、12 人、13 人……？

你的学校里有两个孩子（老师）在同一天生日吗？

每个学校都是一样的吗？

一所学校要多大才能保证两个孩子（老师）在同一天生日？

（接下来的问题用"村庄"代替"学校"）

所有这些问题，甚至对八岁的孩子都有效。他们的答案是如此有说服力，以至于我没有要求他们给出论据，事实上我也不会从他们身上得到论据。数学家们会这样论证这个问题：

孩子们的集合 X 由生日映射到月份的集合 Y；如果没有两个出生月份相同的孩子，那么映射将是一对一的，因此孩子的数量将小于或等于月的数量。因此，如果班上的孩子比月份多，那么必须有两个孩子有相同的出生月份。

我给出问题的那些孩子，接受的是传统算术教学，没有涉及明确的一一映射概念。他们是如何无意识地争论的？例如："一月份有一个孩子出生，二月份有一个，三月份有一个，以此类推，孩子最多跟有几个月一样多。"我不这么认为，读者在我阐述后就会理解我为什么不接受这个解决方案。

我的下一个问题是第一次提到：

蜈蚣㊀最多 100 米长，有两条脚数相同的蜈蚣吗？

答案是"哈哈！所有蜈蚣都是 34 米长！"我不知道这是不是真的，也不知道这个女孩在哪里学习或了解过。我试图以一个数学家的口吻说："让我们默认所说的蜈蚣是指至多 100 米的东西。"她对我的托词很感兴趣，但她并没有接受我的提议，而是完全享受她接纳了我这个事实。我选择了另一个例子：

一个用过的火柴盒最多可装 100 根火柴，是否有两个装了相同数量火柴的火柴盒？

根据我的经验，这个问题不适用于八岁孩子；我经常和十岁的孩子一起做数学题，他们常常会犹豫不决——但是转移到头发的问题上就很顺利了。为什么这个问题如此不同，它与之前的区别是什么？

显然这里孩子们也可以争论：一个盒子有 0 根火柴，一个盒子有 1 根火柴，一个盒子有 2 根火柴，以此类推，因此最多 101 个。他们没有这样做。为什么不呢？难道是因为根据日历列举月份是一个自然的过程，而不是根据火柴盒中火柴的数量来列举它们？

让我们从数学角度分析它。X 是火柴盒子构成的集合；Y 是集合 $\{0, 1, \cdots, 100\}$，然后 f 将是分配给每个盒子的匹配数量的映射。在第一个例子中 Y 是月份或天数的集合——就是现实世界的集合。将自然数集 N 的子集作为数学工具是一个奇怪的想

㊀ 对应的荷兰语术语意思是"千足虫"。

法；而且，映射f是难以想象的。Y应该是问题给出的一个集合，一个在问题中起作用的集合。还有其他选择吗？嗯，火柴盒中火柴数量的集合，但这也不是一个足够具体的集合。数字 0，1，…，100 不能出现在火柴盒里的火柴数量上。为了解决这个问题，孩子的潜意识必须形成这个集合，正是这个有问题的集合，使得这个问题比以前的问题更麻烦。

为了解决这些问题，孩子们不需要知道集合是什么，但他们必须能形成作为集合操作的心理对象，而且完全不确定这是否是由一个明确的集合概念促成的，我将回到这一点；但是类似于我们称之为“集合”的概念应该是操作上可行的。

能够明确应用集合的成年人，认为第一个和最后一个问题是同构的，我也一样，直到孩子们纠正了我。“在这两种情况下，不都是抽屉原理吗，一个集合映射到另一个数值上较小的集合，不是吗?”“抽屉原理”是一个很好的表达：抽屉里装的是月份，孩子们被推到里面。好吧，即使这样也不会太糟，但如果抽屉是火柴的数量，盒子就必须被推进去吗？表面上，我们陈述了一个不存在的同构性，人们却通过“抽屉原理”之类的表达式，偷偷地来获得同构性。而事实上，除非掌握了这个同构性的概念，否则这些表达式是毫无用处的。好吧，如果已知哪个集合必须扮演Y的角色，以及哪个映射扮演f，如果合适的集合构成Y和合适的映射构成f，那么这就是个同构问题，这是老生常谈。

不幸的是，在今天的学校里，集合理论并不是让学生熟悉集合的训练领域。这种风格在一方面对集合的正式定义和另一方面错误的具体化之间摇摆不定——两者通常混为一谈。学生被指引着相信集合可以通过纸上的维恩图产生。当然，你可以用这种方式生成集合，尽管不只是那些需要引入集合的集合。分配给一个人的不是头发的集合，而是他头上头发数量的集合——好吧，这可以用一幅图来说明（我的意思是事后，当它被理解之后）。更重要的是，事实上集合概念的本质特征，是为了形成不能在纸上表示的集合。

这是一个典型的例子，说明了教科书的作者是多么强烈依恋一个被错误理解的具体性，是经常出现的普遍集合（或全集），它被愉快地画在纸上，例如，根据它形成补集。如果保持这种天真的具体性，那它是可以忍受的。但是，随着维恩图解，我们得到了全集的定义，它是一个固定的集合，它包含了所有讨论的集合。幸运的是，这里不讨论所有集合的集合，但无论如何在半页后，集合 **N**，**Z**，**Q**，**R** 上场了；再过几页，还有乘积集和幂集（尽管只是有限集），最后还有分区和其他映射。幸运的是，这个学生同时忘记了全集，这不会造成任何影响，因为全集引入的唯一概念——补集，从来没有应用在后续的集合中（这并不意味着其他概念将以某种方式应用）。

显性集合理论不便于以范式的手段处理集合，这是显而易见的，但除此之外，似乎还有一个事实，即教学论工作者在寻找范式时受到了显性集合理论知识的严重阻碍。不久前，当我解释抽屉原理的成功实验（同一个月的生日等）时，我无法解释为什么一个示例以范式的方式运行，而另一个仅以受限的方式运行。我甚至说不出哪些未经分析的复杂思想——“我是这样看的”——在哪里有效，以及是什么限制了它的力量。我也不知道从哪里开始分析，我担心，为了找到答案，我所做的一切都会被我自己的偏见所左右。生日问题缺乏典范的力量，因为它不允许孩子超越“我是这样看的”的范畴，也不允许观察者理解究竟那里发生了什么。我们应该更深入地挖掘，让理解它们成为可能。围绕抽屉原则的问题不是典范的，但困难是对症的。作为“已完成”的数学化的结果，集合和映射现象的症状会影响“待完成”的数学化的结果。之后，当我谈到基数概念的发展时，我将再次问这个问题：如果有作用的话，集合的概念在其中起作用的是哪个部分。我们缺乏的不是抽屉原理的范式，而是更根本的集合和映射概念。我们如何才能达到这样一种情况：某物在操作上被理解为一个集合或一个映射；如何使操作上掌握的思想有意识地表达出来？更根本的是，在寻找范式的过程中，我们如何才能不会被我们显性的集合论知识蒙蔽？

4.11 徒劳地追求学习过程的不连续性

在其他地方，我已经谈到了学习过程中不连续性的必要内容，它们对理解学习过程的重要性，以及观察学习过程以发现不连续性的迫切需要。我到处举例子（或者把它们一打一打地翻出来，人们会重新考虑）。然而，情况看起来很像范式，因此，我在上一节之后附加本节。此外，在内容上也与前一节有联系。

学习者越年轻，学习过程中的不连续现象就越容易被观察到，这是有充分理由的。较小的孩子们在顿悟的经历中，毫无保留地表现出不连续性。年龄越大，他们的行为就越习以为常，最后剩下的就是一个人自己的顿悟：如果一个人知道如何观察自己的话。我也曾报告过学习的不连续性，不幸的是它没有被用于顿悟经验（前例中骰子的魔力）。

自从开始观察学习过程以来，对我来说最神秘的，是关于颜色和数字（基数、序数）的问题。在一个晴朗的早晨，它们已经行动了；没有人知道它们是什么时候从哪里来的。至于颜色概念，我曾经观察到它突然出现（“曾经”在许多试验中）。孩子指着一条非常熟悉的水沟，水沟上突然长出了一层厚厚的浮萍——此时正值夏末，他激动问道：“红色的是什么？”事实上，他认为人们可以在其表面上行走。这是他第一次使用颜色词，作为一个名词。这种颜色是作为一种物体被发现的。当然浮萍是黄绿色的，而不是红色的，当然，这无关紧要。他花了相当长的时间才学会无误地掌握颜色词，事实上，两年半之后他都没有达到这个目标。在色彩概念的发展过程中，在一个让人领悟的事件之后，似乎是一个长期全面的学习活动，而这个活动是鲜为人知的：为什么与其他词汇的学习相比，颜色词的学习要花这么长时间呢？这与人类的系统发育有关吗？为什么古典时期的语言就颜色词而言如此贫乏？从我自己的童年起，我就固执地使用颜色名称，甚至一直持续到小学开始。有一次，有人给我买了一套新衣服——那一定是在我四、五岁生日的时候——我从店主那里得到了一支淡紫色的小笛子。我被笛子和“淡紫色”这个词迷住了。然而，在回家的路上，当我玩的时候，它从一幢别墅前花园的铁栏杆里掉了下来，再也没有找到。从那时起，在很长一段时间里，我把那所房子命名为淡紫色别墅，因为别墅不是淡紫色，对成年人来说，这是我色盲的一个新症状。

尽管我做了种种努力，但在数字概念的正常发展过程中，我从未发现过不连续性。或者当一个孩子发现他可以数清看不见的东西而兴奋不已时，我离它就已经很近了吗？

数字构成的线索是什么？在许多语言中，数字都被用作形容词：很少、一些、很多。在有语型变化的语言中，超过某一限度的专有数字就不会变化。我所熟悉的所有语言都有一个共同的特点，那就是绝对不可能用数字作表语：“马是棕色的”和“棕色的马”，而不是“马是三”或“马是少数、一些、许多”。

然而，“三”是一个属性。是什么？数学家说，“集合”不是指马的属性，而是指群体的属性。这是构成集合的数字概念起源的决定性因素吗？我从上一节所讲内容中得出的论点，使我接受了这个观点。在更高的水平上，我运用抽屉原理，成功地解释了数字概念的失败，因为默认了基本所需的集合构造。

为了避免误解，我将尽可能清楚地说出来。我绝不会像今天的习惯那样断言，在孩子们形成数字之前就应该形成集合的“概念”。集合概念的构造，如果它发生的话，有一个更高的水平。重要的是形成某种以数字为属性的心理对象；我称这些对象为集合，因为这就是我们对这类数学对象所做的。我好几次发出了困惑的信号，这在现在很流行：与其形成集合（这对数字概念很重要），不如尝试向孩子们灌输集合概念。更进一步，我们希望教孩子们数字概念，而不是数字。这是学习过程中不断出现的水平跃迁。在集合和数字概念的起源中，最低的水平是集合和数字构成，只有在更高的层次上才形成集合概念和数字概念。

在数学的理性发展中，基数可以构成等价类。这是一个通过扩展形成概念的例子；其他的例子还有重量由等重物体的等价类构成，以及硬度由磨损材料的等价类构成。将学习抽象为一个综合过程的观点使人相信，原始的学习过程是根据等价类的模式或者至少是相似的模式发展的。皮亚杰的实验作为证据，却恰恰证明了相反的结论。

对于数学家，构成数字的等价关系是一一映射关系。然而，当一个孩子发明数字时，它不太可能起到同样的作用。一一映射有效的问题可以用来检查数字概念的起源有多久远（我们在 4.8 节上提到过这样的试验），但这完全是另一回事。决定性元素（或其中之一）是构成集合：无论一群马如何奔跑或站立，只要没有一匹马跑掉，也没有一匹马加入，这个马群都是同一个对象；无论昨天、今天还是明天，它一直是同一个对象。我想我可以从语言学上解释为什么我无法在学习过程中发现集合构成：在四岁的孩子的语言中，几乎没有（如果有的话）一个植根于具体性的集合术语。在更高的年龄段有很多词，比如家庭、社区、民族、社会、集团、群集、帮派，这一序列很容易延续到“集合”这个词本身——但是在四岁的孩子的词汇中，有什么能向我们表明集合的构成呢？

除非有必要，否则集合不会形成。在实验室中，实验者期望孩子们把一些大杂烩看作一个集合，但为什么会这样呢？形成集合真正需要的是什么？一个最明显的需求可能是孩子想要将某些物品，比如某种玩具，与其他的物品划清界限。旧元素的丧失和新元素的获得是显而易见的事，如果没有发生这种情况，则集合不变。

“守恒”是一个流行术语。这确实是一个重要的想法，比一一映射更重要。“一一映射”确实是一个高水平的概念。一开始它只有在所考虑的集合是分离的情况下才能构成。所有引入它的例子都假定一对一相关的集合是分离的。事实上，这是唯一的方法。集合之间的交集，甚至包含关系必然会严重影响这一概念的发展。一一映射的适用性被这一事实严格限制，它不会为数字的构成做太多贡献。

相对于一一映射的等价性，守恒作为心理对象的构成原则是自然而简单的。只有那些在理论上使用它的人才会把它投射到错误的地方。由守恒原理构成的不是数量而是集合，守恒原理本身可以像我们上面所做的那样表述：如果没有旧元素的散失，也没有新元素的加入，那么集合仍然保持不变。

然而，“守恒”并不是一个有魔力的词。人们不应该相信它可能解释太多。体积和质量的守恒原理与集合的守恒原理截然不同。一颗被粉碎的大理石——什么是守恒的？什么是可逆的？心理学家假定儿童的概念系统在很大程度上并且持久地脱离了现实，而没有考虑到：这种脱离在多大程度上不是由重要的事实经验决定的过程——尽管我同意在他们实验的实验室环境中，他们不能做其他任何事情。我认为有必要报告我在学习过程中唯一观察的守恒（除了那些集合和数）。

有一天，我和巴斯蒂安沿着阿姆斯特丹莱茵运河散步，那里正在施工拓宽河道，目前这项工程还在继续。他突然说了一串我听不懂的话。最后，当他平静下来的时候，我猜想他是想知道后续水会从哪里来，以堵住挖掘出来的缺口。我是放在一个更广泛的背景下回答的，甚至包括全球自然界的水循环。虽然他仍然缺乏进一步的体验，但我觉得巴斯蒂安的问题显示了他在守恒发展方面的一些决定性作用[⊖]。无论如何，它显示出一种在人工实验室的实验中完全缺乏的特征。

我还没有能够在心理上观察到获得集合的过程。我只知道，四岁孩子可以操纵集合，但我说不出他们如何获得它们。由于在这个学习过程中我没有观察到顿悟的经验，所以我倾向于相信它是全面发生的。在这个年龄段的孩子也可以估计集合的基数，他们可以在不计算的情况下以惊人的精确近似做到这一点（巴斯蒂安也是如此，他可以用一只母鸭身边有多少只小鸭子，用一只猪身边有多少只小猪来计数）。但这并不能证明什

⊖ 在他的进一步发展中，他没有表现出缺乏“守恒”。

么，因为它通常不是自发发生的，但在“有多少”这个问题之后，这就已经是数字的构成了吗？我不认为如此。数字的构成需要更清晰的特征。

我假设一个孩子把构成数字作为集合的属性，但我不能相信这是在没有任何激发试验的情况下发生的。他所在的整个部落从未成功过。为什么呢？因为没有什么能够促使他们这样做。

有人可能会反对：那些部落也没有任何数词。完全正确。在我们的社会里，孩子们很早就学会了数词，就像他们学颜色名字，甚至数数一样。只是他们没有准备好用这种技能做任何事情。心理学家称，一遍又一遍数同样的东西得到同样的结果，且与顺序无关，会产生越来越强烈的联想，从而产生数字。我不需要强调，我不相信涉及基本要素的持续学习；基本概念不是通过记忆乘法表的方式获得的。我寻找不连续性，引人注目的事件和强烈的诱因。

是什么引发了这种跳跃？我猜想，将自己的属性与他人的属性划清界限，是形成集合的诱因。如果这是真的，那么检查一个人的属性是否没有改变的需要，这可能是构成数字的诱因。只要一个集合中的元素能够被单独地区分和识别，例如一个家庭的成员，只要集合作为一个很容易被调查的整体，那么这种需要就不是迫切的。不幸的小鸭子失去了它的母亲，它不能计数，因此对人群中存在的差距一无所知。在那一阶段，这只小鸭子的不幸并没有让巴斯蒂安相信，他应该计算而非估计。这个问题还没有引起他的注意。在正确的情况下，有了正确的材料，人们会突然感觉到这种需要，而能够亲眼看见这种需要真是幸运。我想，孩子们数数是为了确定是否什么都不缺——他们中的大多数人早在掌握数字构成之前就已经学会了数数。有一次，他把三根棍子一个接一个地扔进水里，他数了 1、2、3。数数是计算过程的第一步，而不是集合。

数出一组集合并不意味着什么。如果数数是证明某人所有物没有改变的一种手段，那么数数所产生的数字的恒常性，必须被视为一个集合恒常性的标准。孩子是如何得出这个假设的？

刚才我提出了一个假设：对不可见集合的计数不就是明确的不连续性吗？事实上由此可能会得出集合恒常性的标准：孩子对可见的集合计数；集合消失了，它已经消失很久了，但仍然可以在记忆中计数；它又回来了，你看，它还是可以数出来的。

构成数字有三个步骤：第一，构成集合，例如所有物，这是一个可能全面进行的过程；第二，集合的计数，不用担心成年人在压力下全面发展，这也不是不可能的——而结果的恒常性，人们还没有把握到；第三，计数作为一种检查一个人的财产的手段，可能会引起忧虑，例如，在计数缺席、部分缺席或暂时缺席的集合。

这是数字发展的方式吗？当然有很多方法，因为孩子的差别很大。这种发展令人不安的特点是，在数字构成之前，孩子们在计数方面走了很长一段路。这似乎是正常的。据我所知，唯一偏离这个模式的是巴斯蒂安，他在得到基数之前拒绝计数——关于他的故事，发生在本节写完之后，将在后面讲述。

无论如何，根据我的假说，一对一映射不起作用。即使孩子知道所有人都有相同数量的手指，所有骰子上都有相同的图案，同一品牌游戏积木盒中包含相同数量的积木，这也是对一致的、类似的或功能相同的集合的比较，而不是一对一的分配。如果这些比较手段失败了，就计算集合数，因为孩子很容易就知道这是最有效的工具。对于较大的孩子，为了让他或她通过一一映射来比较集合，那就必须想出一些技巧——前面我提到过一些，比如花瓶上太阳和月亮交替的装扮，颜色交替的珍珠链。我们几乎总是通过自然数的集合来比较集合，因为大多数情况下，要比较的两个集合不会同时存在。如果一桌要坐六个人，我们必须把盘子数出来；在这之后，又要一对一分派放置刀叉。这是我们对待一年级学生应该做的方法，他们中的多数人已经建构了数字概念：让他们和成年人们一起数数，让他们在成年人们也练习的情况下进行一对一的分配。他们当然应该学习它，因为它影响系统的计数。尽管基尔希已经很好地描述了更高年龄水平中需要一一映射的数学化情境㊀，例如，将所有三位数的集合与

a2 在结尾，

a3 在结尾，

a3 在中间

a3 在开头

第一个和最后一个数字相等

进行比较，并将一一映射形式化，这属于一个完全不同的水平。

随着基数和序数概念的综合，这一发展仍未完成。还有多少待观察的：掌握等式的

㊀ A. 基尔希，“五学年的一次性分配，数量概念或组合能力要求的合理性”，《学校管理》，7-8（1973）：29-36。

传递性——同样包括数值——序关系，洞察计数过程的无限性[⊖]，以及映射在这一切中扮演的角色。

4.12 一种理解代数的方法

在算术和代数教学的指导下，我再次将传统方法与范式方法进行对比，以便转到第三种方法和第四种方法，这两种方法虽然不是范式的方法，但与领会理解有关。

传统的算术和代数教学的常用方法是引入运算，并通过实例来证实运算法则；与此相反，如果真正理解几何和代数方法，则需要直接针对一般性。正如我所强调的，例子并不是坏事，只要它们是真正的典范，那就是范例。“从 A、B 到 C 的道路”的例子具有如此令人信服的力量，以至于它的有效性，即使没有得到一般性表述，仍像一层油一样蔓延开来。如果语言的发展还不够深入，那么一般的表述可能不如范式的例子具有结论性，甚至会阻碍内容的一般化。相反，如果例子具备范例的特点，则它们可以是具有良好声誉的数学。

如果学习者频繁地转换一种范式，从而最终达到一般化表达，那么人们可能会被误导，得出“一般化是众多应用的结果”的结论。然而，情况根本不需要如此；这样的信念证明了没有充分洞察学习过程的水平：认知与它的表达相混淆。至于内容，一般化可以在第一个实例，即在范式中发生——通过范式处理新案例的便捷性可以证明这一点。然后“有必要”使用大量的例子来引出一个一般化表述，并运用其语言条件。当然，在某些情况下，一般化以及内容是必须费尽心力积累同类材料才能完成的，但这并不是我们现在进入的领域的特点。

算术方法在代数中很经典，但现在已经高度完善。它包括教学生解决问题，比如

$$-3-5=\cdots,$$

$$3-(2-7)=\cdots,$$

以此希望这能帮助他们掌握规则

$$-a-b=-(a+b),$$

⊖ 我在《作为教育任务的数学》书中提到的一个观察，第 173 页。

$$a-(b-c)=(a-b)+c,$$

并应用它们。人们不仅希望，甚至通过这些数字“例子”来“论证”一般公式。

事实上，这些例子根本不是范式的，我想说，它们是“反数学的”。它看起来像画一个直角三角形，在边上写上3、4、5，然后在下面写$3^2+4^2=5^2$，并解释：“这是毕达哥拉斯定理，$a^2+b^2=c^2$。”“$-3-5=\cdots$”的解决最多是一种范式，它“容易”转换为“$-4-8=\cdots$”等，但重要的是一般化公式$-a-b=-(a+b)$，不仅对于$a>0$，$b>0$成立。即使教科书没有声称或暗示“这就足够了”，并且仔细区分了四种情况，这对获得理解是没有帮助的，因为这些基本事物不能在区分的情况下得到理解。

第二种问题，$3-(2-7)$，它更糟。事实上，结果是简单的$3-(-5)=8$，而公式$a-(b-c)=(a-b)+c$的所有微妙之处都在计算出的数字中消失了。这里的数值例子甚至没什么帮助。

对于这种建立代数的算术方法，我反对真正的代数方法[⊖]。它基于我所说的代数原则，比如

定义$-x$为

$$x+(-x)=0,$$

在这里，公式如

$$-a-b=-(a+b)$$

是通过使用已知的算术规则明确地推导出来的：

$$a+(-a)=0,\ b+(-b)=0,$$

$$a+(-a)+b+(-b)=0,$$

$$(a+b)+((-a)+(-b))=0。$$

在这个证明中，a和b也可以用任意数字代替——这是典型的例子。在引用的地方，我详细地讨论了对这种方法可能存在的反对意见。我已经证明，特别是在引入分数时，这种方法比算术方法更可取。算术方法今天已经被闻所未闻的方法完善了，但只在少数阶段才可操作。

很快，我重复我在同一个地方说过的关于建立代数的几何方法的话。这些操作被解

⊖ 《作为教育任务的数学》，第224页。

释为数轴的映射，例如，从-3 中减去作为如下映射

$$x \to -3-x,$$

直观地看，这反映的是 0 和-3 的映射。在这个映射下，5 或数轴上的任何其他数发生了什么是显而易见的，不需要区分情况。现在，映射

$$x \to 3-(2-x)$$

是两个映射的结果，因此可以翻译成“把 $x=0$ 代入得 $x=3-2=1$”，

因此

$$3-(2-x)=(3-2)+x,$$

同样，这一个例子是典型的，不需要区分具体的案例。

然而，我将尝试更深刻地奠定几何方法的基础，而不是简单地以范式的方式。如果必须这样做，那么数学教学在早期和根本上已经几何化，这是一个不可或缺的教学条件——这是一个假设，我将在后面更详细地讨论。

在这种情况下，孩子早期熟悉几何映射，通过定期的训练，这方面的知识越来越深入。孩子熟悉平面上的反射，并能将平移视为平行线上反射的结果。这些平面映射现在被限制在一条固定的直线上，以后会附加上实数，但目前仍是一个单一的几何对象，是一个没有刻度的精确方向标尺。映射为平移和反演的动态体验 ——到目前为止，我已经在 9 岁的孩子身上尝试过了。下面是一个思想实验：

所有平移是作为一个群来体验的，同样，所有平移和逆也是一起——当然不使用群论术语。

然后设直线上有一个不动点，用“0”表示。平移（逆）的特征是 0 的象，这是一个直观且明显的事实。将 0 代入 a 的平移（逆）由 $a+(a-)$ 表示。这包括恒等式 0+和在原点处 0-的反射。这些操作的一系列“计算法则”被推导出来，同时使用这样一个事实：哪种映射是一对这样的映射的产物——这是一种概念上的范式活动，计算法则在其中获得几何内容。在加法结构之后，用同样的方法处理乘法结构：伸缩变换是不改变加法结构的映射；与 0 不同的点用“1”表示；伸缩变换的特点是其 1-象；如果 a 是 1-象，它用 $a\cdot$ 表示乘法。与加法类似，乘法的“计算法则”是从群结构中推导出来的。

在这条几何线上，数字必须被定位，算术运算必须被识别。这应该在什么时候完成？我想说，除非几何仪器在概念上和算法上发挥作用之后，否则至少在一定程度上，

在处理完加法之后、在乘法之前就要完成。事实上，如果不诉诸数字，乘法交换律是很难证明的。

如果数字被定位在数轴上，那么它只是第一个“自然”数，然后自动生成它的“相反数”。7 在原点处的象称为 0-7（简写为-7），这并不是新的定义。但这一事实可以简单地根据先前的定义来说明。值得注意的是，作为状态符号和运算符号的加号和减号的复杂双重角色是不存在的。这里只有运算符号，$-a$ 是 $0-a$ 的缩写。

在这个阶段，有理数并不重要。在处理完伸缩变换之前，它们不需要出现，但只要具有整个乘数的伸缩变换被进行逆变换，它们就会出现。整个过程类似于我在早期书中所描述的内容[⊖]；它是对先存在数轴上数字的逐渐渗透，而不是它的创造。

这种几何代数方法的决定性特点是，计算法则不是通过非范式的例子偷偷获得的，而是通过一般性的概念捕捉，虽然不是通过范式，但却令人担忧。因为它取决于许多先决条件。一般来说，没有必要决定这种方法是否必须以数学证明的形式来阐述，或者是否所有都停留在几何洞察力的水平上——稍后将在这一水平上进行更详细的描述。

如果不使思想实验更精确（并且不将其转化为真正的实验），这种方法的各个步骤将适合不同的年龄层次，那也就无法解决这一问题。几何准备可以尽早开始，但这取决于仍然完全缺乏的经验，以及它们可以进展到什么程度。概念的精密化和形式化应该尽早开始，但即使它们来得太晚，以致与目前的情况相比，形式化代数受到了阻碍，这也不会是一种损失。这已经不是什么秘密了，形式化代数在九年级（15 岁）之前很难发挥作用，尽管他们很早就学过了。

为了说明我上面概述的方法在逻辑上涉及什么内容，我将描述它的数学背景。所以应该用数学家的眼光来阅读下面的内容。

4.13 代数之几何方法的数学背景

公理 A~E 已经被接受了。

公理 A 直线上有一个方向和一一映射（“刚性”变换）组成的群 G，它要么保持方向

⊖ 《作为教育任务的数学》，第 14 章。

（平移），要么逆向（逆）；逆变换两次得到恒等变换（这种逆变换称为“对合”变换）。

公理 A 的结论：

1. 两次平移的结果是一种平移。

2~3. 一次平移和一次反演的结果（两方面都是）是一个反演。

4. 两次反演的结果是一个平移。

公理 B　对直线上任何两点 a、b（允许 $a=b$），存在一个平移和一个逆，使得 a 转换到 b。

备注：a 到 b 的逆是互换 a 和 b。

符号：直线上确定的一点记为 0。将 0 平移到 a，用 $a+$ 表示；a 关于 0 的逆变换，用 $a-$ 表示。

然后有：

5. $a+0=a$，

6. $a-0=a$，

7. $a-a=0$。

从公理 B 来说它有：

8. 如果 $a-b=0$，那么 $a=b$。

从 1 可知，从 x 到 $a+(b+x)$ 的变换是一种平移，因此，对于适当的 c：

$$a+(b+x)=c+x。$$

这个 c 是什么？令 $x=0$，因为 5，有

$$a+(b+0)=a+b$$

和

$$c+0=c,$$

满足 $a+(b+x)=(a+b)+x$。同样由 2，有

$$a-(b+x)=c-x,$$

对于适当的 c，令 $x=0$，则有

$$a-(b+x)=(a-b)-x。$$

进一步类似。将以下式子放在一起：

9. $a+(b+x)=(a+b)+x$，

10. $a-(b+x)=(a-b)-x$，

11. $a+(b-x)=(a+b)-x$，

12. $a-(b-x)=(a-b)+x$。

交换律很难证明，按照这个顺序应用10、11、7、5、7得

$$\begin{aligned}(a+b)-(b+a)&=((a+b)-b)-a &\text{公式 10,}\\ &=(a+(b-b))-a &\text{公式 11,}\\ &=(a+0)-a &\text{公式 7,}\\ &=a-a &\text{公式 5,}\\ &=0 &\text{公式 7}\end{aligned}$$

并利用公式8得

$$a+b=b+a,$$

根据公理B，存在一个平移把a转换成b。如何表示？把0代入某个c，因此

$$c+a=b,$$

可用$c=b-a$解决，因为通过12、7、6得

$$(b-a)+a=b-(a-a)=b-0=b。$$

因此，

13. 对于任何a，b，存在一个c使得$c+a=b$，即$c=b-a$。

到目前为止我们还没有遇到像$-a$，$-a+b$，$-a-b$这样的表达式。如果它们是按照一般用法引入的，那需要引入一个符号：

符号：$-a$意思是$0-a$。

因此，

14. $-(-a)=a$，

因为$0-(0-a)=(0-0)+a=0+a=a+0=a$，

15. $a+(-b)=a-b$，

因为$a+(0-b)=(a+0)-b=a-b$，

16. $a-(-b)=a+b$，

因为$a-(0-b)=(a-0)+b=a+b$。

一个复杂的问题：如何发现所有的逆变换？

令f是一个逆变换。f把0映射到某个a。存在一个a关于0的逆变换，即$a-$。考虑到平移$(a-)\circ f$。它得到0，因此是恒等变换。因此f是$a-$的逆变换，因此和$a-$相同。结果有：

17. 任何逆都有形式$a-$（对于适当的a）。

根据公理B，存在一个逆变换，互换a和b，该如何表示？找到一个c，使$c-a=b$，这是由$c=b+a$得到，因为

$$(b+a)-a=b。$$

同样，对于a的方程$c-a=b$，由$a=c-b$解决。因此：

18. 给定a的一个方程$c-a=b$，b（唯一）满足$c=a+b$，对给定的b，c（唯一）满足$a=c-b$。

根据公理A，也可得到：

19. 如果$b<c$，然后$a+b<a+c$和$a-b>a-c$。

符号：代替$a>0$（$a<0$）的说法是，a为正（负）。

公理C　在直线上，存在一一映射组成的群H，保持0和加法结构不变（伸缩从0开始），且保持恒等或逆变换定向。

公理D　对任何两个点a，b（都不为0），有一个从0的伸缩把a转换为b。

公理E　H是交换群。

符号：某个非0点用1表示。将1转换为a（$\neq 0$）的伸缩变换，表示为$a\cdot$。

因此：

20. $a\cdot 0=0$，

21. $a\cdot 1=a$。

加法的不变性结构写成

22. $a\cdot(x+y)=a\cdot x+a\cdot y$，

23. $a\cdot(x-y)=a\cdot x-a\cdot y$。

从0将x转换到y的伸缩变换的存在和唯一性，被表达为

24. 对于任意x，y（都不为0）有一个a，使得$a\cdot x=y$。

当完成了加法，考虑两次伸缩的结果：

$$a\cdot(b\cdot x)=(a\cdot b)\cdot x。$$

承认 0 是有用的，并作为左因子定义为

$$0 \cdot x=0。$$

然后，从 H 的可交换性出发，一般可得出如下结论：

25. $a \cdot b=b \cdot a$。

如果 $a>0$，$a\cdot$ 保持着点 0 和 1 的相互顺序关系；如果 $a<0$，则顺序改变，因此如果 $a>0$，则 $a\cdot$ 保持该行的顺序，如果 $a<0$，则反转这一行的顺序。因此

26. 从 $x<y$，有

对于 $a>0$，$ax<ay$，

对于 $a<0$，$ax>ay$。

我在这里停止，不再叙述。

需要注意的是，除了乘法的交换律外，所有的细节在几何上都是可以承认的。加法可以放在一个更大的背景下，比如平面向量加法。为了证明乘法，则必须借助于算术经验，或者完全不同的几何经验，比如矩形的面积。

4.14 代数方法与代数之算术方法

在西方国家的小学数学教育中，没有强烈倾向于对运算和计算规律进行几何解释，也没有强烈倾向于代数解释。相反，在包括分数在内的代数中，反教学的算术方法从来没有像现在这样盛行过。在苏联，算术教学的代数化已经被解决了。这些调查（来自教授达维多夫的圈子）在西方国家几乎不为人知。这种无知，与其说是因为对俄语不熟悉，不如说是因为乍一看它们似乎没什么前途。我仔细看了一下，这些调查[㊀]涉及在 60 年代后半期，针对一~四年级（7~11 岁的孩子）进行的实验。因为无休止的重复和文体上的笨拙，使得它成了枯燥无聊的读物；另一个表面上令人生畏的特点是，它对苏联教育盛行的教学方法和学科内容的强烈依赖。在我看来，这些缺点和其他许多缺点在原则上都被一种不寻常的品质所抵消：这些实验的设计和分析背后有一个合理的教育心理学理念。

㊀ 我翻译了其中一部分供私人使用，并发表了一个合理的摘要，名为“苏联小学低年级的代数教学研究”，《数学教育研究》，5（1974），391-412。

调查[⊖]是关于教学的一个主题，这是苏联教学从一年级开始就具备的特点："文字应用题"。下面这些模式可能会让你对这个主题的含义有所了解。

一年级：在早上……拖拉机在田间工作。一天中有更多人加入了他们的行列。然后有……他们的工作。问：有多少人加入了他们呢？

科利亚有很多的书。爸爸给了他……本，妈妈给了他……本。然后他有……本书。问：他原来有多少？

二年级：一家百货商店得到了……吨的蔬菜，后来又进了……吨。他们卖了总数的……。问：他们卖了多少钱？

在河床上种植了一些植物，然后种了……次，最后一次比第一次多了……。问：种了多少？

三年级：建筑工地有……劳动者工作。其中有……瓦匠，其余的人中木匠和油漆工一样多。问：有多少木匠在那里工作？

在一个车间里，用三块亚麻布缝制了枕套。第一块是……米长，第二块比第一块长……米、第三块比第一块短……米，最后剩下了……米。问：用了多少米的亚麻布？

四年级："莫斯科人 407"比"伏尔加号"重 480 公斤，比"凯卡"轻 970 公斤，但"凯卡"比"莫斯科 407"和"伏尔加号"加起来轻 490 公斤。问：找出每辆车的重量。

在一个盆地有 190 升的水，另一个有 750 升。第一个以每分钟 40 升的速度填充，第二个以每分钟 30 升的速度填充。问：多少分钟后每个盆地的水量相同？

在过去的半个世纪里，这个问题在西欧越来越不受重视，而现在可能已经黯然失色了（在荷兰大约有 30 年）；在苏联小学的数学教学中，它得到了进一步的发展，它的数学教学法——算术而不是代数——得到了极大的发展。早在 30 年代末，辛钦就严厉批评了这种算术方法，称其食之无味，经过教师们的调查，只有少数学生学过它，在后来的几年里，格涅坚科和马库塞维奇再次抨击了这种方法。达维多夫和他的学派继续对其进行抨击，甚至犹有过之。达维多夫的驳论是非常值得注意的。这些实验背后，存在着一种合理的教学心理学理念：在许多情况下，抽象性和一般性不能通过使用大量具体和

⊖ V. V. 达维多夫（主编），《乘法的心理学分析》，莫斯科，1969，共同作者有 G. G. 米库利娜，G. I. 明斯卡贾，F. G. 博丹斯基吉。

特殊案例的方法来获得。相反，他们更需要（如果没有可用的范例，我们在讨论中也考虑了这种情况）一个简单的抽象和一般化方法。

这包括早期的字母算术，或者他们是这样称呼它，至少在应用题中，它甚至在时间上先于数字算术。孩子们看到的是水、积木、沙砾等的数量，这些都用字母表示。具体来讲，a 是 b 的一部分，a 水连同 b 水一起是 $a+b$ 水，$a-b$ 水就是 b 水离开 a 水后剩下的；同样的东西在图画中被符号化，用语言表达并通过一种精简的符号语言来表述。学生容易理解、吸收和应用如 $a+x=b$，$x=b-a$，$a=b-x$ 这样的式子在操作上是起明确作用的。它们可以避免所有由数值方法引起的错误。事实上，对于数字，我们很清楚地知道，如果是减法，大的减去的是小的，除法不会留下余数，以此类推。但除了这一点，很明显，这个字母的方法有许多优势。

遗憾的是，它只适用于文字算术。没有真正的代数。如果科利亚今天读 a 页明天读 b 页，一起是 $a+b$，而 $b+a$ 就被标记为错误的。如果一台机器重量 p 公斤，k 台机器重量就是 pk 公斤，而不是 kp 公斤。距离必须写成速度乘以时间，反过来就不行。字面表达式是过程描述，而不是数值的名称。它们没有被正确地用于计算：即使发生了这种情况，它所依赖的也是算术传统的程序。

令人痛惜的是，这些了不起的想法尚未得到更一致的实现。然而，我不得不对精心设计的教学方法和报告方法表示最高的赞扬——我在西方从来没有看到这样的东西。通过对该方法的统计评价，证明了该方法与传统算法相比具有明显的优越性。采用文字算术方法的学生在期末考试中得到了满分，而对照组的学生，即使是成绩更高的学生，也不超过50%~60%的分数。

然而，令人惊讶的是，即使对于对照组，这个百分比也远远高于上面提到辛钦的数据。与此同时，是教学方法已经达到了这样的高度，还是对照组属于更好的学校呢?

这些问题都是无稽之谈。我可以想象，辛钦不会接受这些实验来反驳他的观点。尽管这些作者一次又一次地断言，在实验的过程中，孩子们可以学会自力更生地解决新问题，但他们似乎总是在个案的狭窄框架内思考，我相信这是辛钦和其他评论家几乎不会接受的。我相信他们批评的对象不仅是算术方法，而且是人为选择的问题，这些问题是为了运用这种方法而设计的。实验结果表明，通过文字算术，学生解决这类特殊应用题的能力可以得到提高。但作为代数，这些问题毫无意义；代数最好是全力以赴地练习，而不是像字面上的算术那样。

作者们可能已经知道这一点，尽管他们可能认为算术方法必须首先在他们自己的战场上被击败。事实上，这可能是好的策略；尽管它肯定是错误的。机会主义可能是危险的策略。教学问题必须从根本上解决问题。

在这个批评后，我再一次强调这些调查的基本价值：抽象性和一般性不是根据大量案例的方法出现，而是作为一个原则，从一开始就这样。实验令人信服地表明这是可能的，抽象性和一般性很可能令代数比现在开始得更好——也许会开始得更早。

4.15 语言水平

早些时候，我惊讶地发现，人们似乎对母语的学习过程知之甚少。毫无疑问，在这个过程中发生了许多持续而不引人注目的事情。然而大家都知道，通过观察家庭环境，就突然获得了语言——念别人的名字或自己的名字（或者被成年人解释为孩子在学习语言的过程中给自己起名字），突然成功发出音位和词语的音，说出第一个单词，第一个复合句。有些突然的获得，是孩子在学习语言时自发而有意识地经历的；另一些则是受到成年人的压力才做出来的。

我不会把自己的时间都花在语音学习的过程上，尽管它对学习数学来说不可谓不重要——例如，我的一个儿子和我的一个孙子在荷兰语表示 2 的单词“2（twee）”上就有这样的问题，在很长一段时间里，他们拒绝发出它的音，或者用其他数字代替它。

学习词汇的过程中也会被忽视，尽管成年人获得这种基本发展，似乎与词汇库的习得密切相关。

我更重视句法的习得。人们可以合理地知道它们是按什么顺序获得的，但不知道它是“如何”发生的。人们可能会惊讶因果结构出现得如此之晚，因为孩子的行为无疑暴露了他们对因果关系的操作性掌握——逻辑的和事实的。我想是儿童和成人问答游戏的功能缺陷，导致了因果结构主动语言使用的延迟。如果孩子或父亲问“今天为什么没有苹果呢？母亲不太可能回答“因为蔬菜水果商没有买到”（当然也不会回答“我们没有苹果，因为蔬菜水果店没有苹果”），但答案很可能是“蔬菜水果商没有苹果”。如果母亲问孩子“为什么你的手这么脏”，她不会坚持要以“因为”开头来作答。所以有很好的理由来解释：为什么在“为什么”之后，“因为”被推迟了这么久。

我们很快就会看到，在数学上有趣的句法结构，以及由数学提出的句法结构，是另一种形式。但在进入这一领域之前，我想说一个原则。

我们都知道，我们大多数人能理解的语言比我们能说的更多。我最近读到一篇关于五~六年级外语教学实验的箴言——“我们不能要求所有学生的口语水平都一样高，但我们绝对要求他们的理解力一样高”——对我来说是很合理的，只要它不表达失败主义，我甚至可以赞成它。然而，我扪心自问，在它的教学后果中，人们对一般性理解和限制性发言这一事实的研究有多彻底，不仅是对语言教育，而且是对所有以语言为载体的教育。这造成了社会系统的成员被划分为不同群体：一群人能提出建议、计划、授权、决定，另一群人能理解并执行这些行为的人——在学校里，这种划分并不需要与教师和学生的划分相一致。我在 2.2 节讨论了这种语言渐变的后果，很明显，我想要理解它们，如果可能，就克服它们。以下，无论表述多么抽象，都可能对它有所贡献。

如果我区分语言的水平，那就不一定是学习过程中的水平，虽然在结构上非常相似。应该强调这一点，以避免误解。另一方面，我应该说我发现它们是学习过程中的水平。

我从一个已知的例子开始，尽管它纯粹是语言上的，缺乏数学上的处理。

我和巴斯蒂安一起散步。我们从一辆轮椅旁经过，轮椅上坐着一个由护士推着的女人。这位女士在轮椅上和护士说着什么。巴斯蒂安问道：“那位女士对推轮椅的女士说了什么?”[㊀]在第二个“女士”之后，他犹豫了一下，然后匆忙地说出了关系从句。显然，他已经注意到“女士”这个词的双重用法有问题；关系从句是一个有意识的附加成分，这是必要的。

巴斯蒂安说出的结构是混合的：“女士”第一次是明示的；第二次——加上了从句——关系的。一个完全语义清晰的结构应该是“这位女士对那位女士说了什么?”还有一个完全相对结构“轮椅子上的女士对推轮椅的女士说了什么?”巴斯蒂安很早就正式使用了关系代词结构；报告事件的显著特征是意识到关系代词结构的必要性，这是学习过程中更高水平的表现。

㊀ 荷兰语：“那位女士对推轮椅的女士说了什么?”翻译成口语并不容易。

在小学一年级（6~7 岁），我们让孩子们发现了镜像对称；其中，他们必须完成半个图形，例如半片树叶。当然，也有失败的情况。有时，孩子们被误导，不仅要互换左右，还会互换“上”和“下”，这样就形成了中心对称，而不是轴对称——成年人常常错误地把斜平行四边形解释为轴对称图形。用明示的语言来描述对称和不对称：“如果这里有一个点，那么那个点一定也在那里”。在这种明示语言中，孩子们会讨论哪里出了问题，并解释原因。在这种情况下，这个年龄的孩子很难达到使用关系代词语言的水平，即使是年龄更大的孩子也需要长时间的准备。面对复杂的结构，这是不容易描述的，而且在描述之前必须用数学方法组织起来——这是一个漂亮的数学化例子。我们迫切需要一个辅助的数学概念，即反射或镜像，以及它的语言表达；具体的镜像当然是发展它的一个有用工具。有了“镜像”，描述看似复杂的情况就变得容易了；现在，我们可以用简明扼要的语言来说明，为什么完成的叶子必须或不必须在这里或那里有一个点。我们不能指望学生们发明这种辅助的概念；有目的的指导是必不可少的。在五年级（11~12 岁）进行的一个类似实验表明，学生们能够在墨卡托地球地图上找到一个给定点的对跖点，但无法描述这个过程，更不用说解释它了。由于缺乏用坐标来描述的仪器，这几乎是不可能的。

让我们回到对称的问题！孩子们可以合理处理镜像的概念，但还无法描述它是什么，甚至如何正确构建。“镜像”可以是一个未定义的概念，将前面提到的“这个—那个”关系转换为相对的语言：“每个点都有属于它的镜像”“这些是彼此的镜像”。然而，什么是镜像可以被解释得直白明了，这是可以用动作来演示的，例如用尺子和圆规构建镜像。真正的操作，可能已经被仅描述的操作取代。“点 P 相对于直线 l 的镜像是什么?”可以呈现为“我们怎样才能找到镜像?”然后他回答说，“我让垂直于 P 的线落在直线 l 上，并把它延伸到 l 后面，和之前的 P 一样多。”在更高的语言水平上，“镜像”的定义及其结构可以用关系代词语言来描述，例如“如果一个点与另一个点在镜子后面成直角的距离一样远，那么这个点就是另一个点的镜像”，或者说得更复杂一些：“如果两个点在镜子相对的两端，而它们在同一点上离镜子的距离一样远，那么它们就是彼此的镜像。”这些复杂结构需要相当大的语言能力才能表述；事实上，描述者大多更倾向于通过活动进行描述。然而，数学语言中有其他更有效的方法：为变量引入常规符号。正如日常生活的现实被诸如“反射”这样的辅助概念所数学化一样，日常语言也被常用变量符号所数学化。在目前的情况下这可能是："点P，P'被称为关于直线l互为镜像，如果PP'垂直于l并被l分成相等的部分""或更短的表述如果l是PP'的垂直平分线。"

同样地，垂直平分线的性质可以在不同的语言水平上加以表述。论文中给出了两点，但没有命名——但是为了与读者交流，我把它们叫作P，P'——还有几点也指出来了，但还是没有命名，尽管我称它们为Q_1，Q_2，Q_3，…，根据他们的长度，总有$PQ_1=P'Q_1$，$PQ_2=P'Q_2$，$PQ_3=P'Q_3$等。其中，这些线段中的成对相同符号表示长度相等的线段，该活动伴随着孩子们诸如"这个和那个一样长""这个和那个一样长"等重复语句。新的点位于这条直线上——我展示了这条直线——与连接前两个点的直线垂直，这一事实再次用语言直接描述。

用这样明示的方法，孩子可以非常早地进一步认识几何。在传统的学校课程中，几何姗姗来迟的原因是，传统上几何是用一种不适合小孩子的语言来教授的——这一点我稍后将讲述得更详细。

这取决于学生的语言技能，在某个时刻——可能是出于温和的冲动——他们将采用部分或完全相对的方法。再说一遍，最有表现力的是通过常用变量，比如我用来与读者交流的语言，它会产生如下的结构：

Q位于PP'的垂直平分线上，当且仅当$PQ=P'Q$，

或进一步地：

Q在PP'的垂直平分线上$\Leftrightarrow PQ=P'Q$。

在第一种方法中，我区分了三个水平（但很快就会改进）：明示语言，即用手指指着或在脑海中表示，并伴有"这个"和"那个"这样的词；关系语言，通过描述对象间的关系来描述物体；对常用变量的引入，使语言更加顺畅。与此同时，我还做了另一个区分：无论描述的是一件事的状态还是一种活动——例如，"第三街左边的第一街，过红绿灯向右转"与"直走到红绿灯，然后在第三街向右转，第一街向左转"。两个表达中唯一共同的明示元素是"交通灯"；这种语言主要是关系限定的，一个是对事态的描述，另一个是对活动的描述，然而，其中包括带有时间性的明示修饰词语"然后"等词。

代数也可以为我们提供例子。我用平方根为例，描述如下：

$3^2=9$，所以 3 是 9 的平方根；

$5^2=25$，所以 5 是 25 的平方根等。

这是典型的，因此它是明示的。如果是如下这样说的话：

一个数的平方根是通过寻找一个平方等于已知数的数而得到的，

这种通过活动的方式描述是关系限定的；相反地，

一个数的平方根的平方还是原来的数字。

用日常语言中的一些令人不舒服的变量，如“数”，“原来的数”来描述事件状态。如下面的式子：

$$x=\sqrt{a} \Leftrightarrow x^2=a,$$

虽然使用了常用的变量，但是使用一个新的辅助概念可以做得更好：

开平方是平方的逆运算，

这是一个函数描述，通过引入一个合适的函数，即通过引出“开平方”的一个函数来实现。

不可否认的是，很多数学——甚至是真正的数学——都可以发生在明示水平上。我要讲的是我在一次为期四天的会议上，目睹了一个最重要的事件。该会议是针对我们初等职业教育的检查员和其他负责人——这一相当广泛但被忽视的中等教育体系分支，我们起草的不是课程，而是教学科目的来源，我们打算向参与者解释我们对初等职业教育中数学的想法。在我们的活动过程中，我们养成了通过实践练习而不是讲座来展示这些东西的习惯。参与者不是数学家，他们中的大多数人都没有把小学后学的很多数学知识牢记在心。整整一个下午，他们都在忙着练习。至于练习的内容，虽然它们确实是在较高的水平上进行的，但它们接近于初等职业教育水平。

我要描述的练习顺序是关于概率的。参与者分为两到四组，在一个教学表上工作。帕斯卡三角形一次又一次地出现在他们的练习中（高尔顿板的方向：头部=向下向左；尾部=向下向右）；它发挥了重要作用，尽管尚未正式化。当我观察参与者时，其中一人对我说：“我觉得自己好像是聋哑人”。当他看到我那张愚蠢的脸时，他接着说：“就像电脑一样，做了什么事情，却不知道究竟做了什么”。我分析了我的观察结果，明白了我将在晚间会议上说些什么，我必须在会上发表演讲。我在经过编辑的版本中重复这次演讲的要点：

你已经解决了概率问题；为了解决这些问题，你已经开发、计算并考虑了一种以帕斯卡命名的三角形如图 4-12 所示。你用这些三角形进行了具体的推理。你已经向你的同桌和你自己解释并回忆了帕斯卡三角形的定义，同时在纸上伴随着食指的某些动作，用短语比如“这里这个加上这里这个就是那个”（手指在 4 上的“这里这个”，手指在 6 上的“这里这个”和手指在 10 上的“那个”）；当你的手指沿着一条斜线滑动时，你已经证明了命题，并且你已经说出了像“这些的总和是那个”（1+3+6+10=20）这样的话。当你证明一个特定的陈述时，你用你的食指在帕斯卡三角形中爬上爬下。我向你保证这是高质量的数学。最伟大的数学家可能这么做，特别是当他们正在探索一个新的领域时。然而，这肯定不是最值得推荐的数学交流和记忆方法。语言显然有更有效的工具。我们怎么才能找到他们呢？

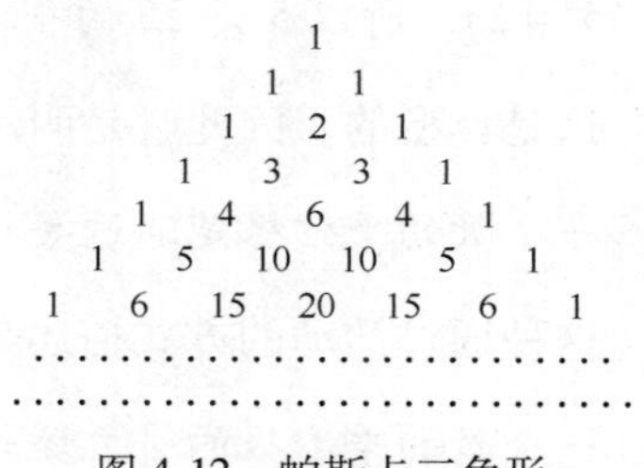

图 4-12　帕斯卡三角形

你今天下午使用的语言，都具备指示词属性。这是一种通用的语言，充满了像“这个”“那个”“这些”“那些”之类的指示代词，这需要食指的动作才能被理解。这是一种原始语言。现在试着摆脱食指的使用，同时保持展示的证明力。

你必须摆脱指示代词（我和其他人试了好几次：建议指出了部分步骤）。“这个加上右边这个是那个……下面那个”“这个加上那个是下面的邻数”“两个邻数组合在一起形成了下面的邻数”“每个数字是上面这两个邻数的总和”。

这是第一阶段最终的公式。一个有趣的特征是视角必须改变——必须从下往上看才能找到最简单的公式。

好吧，我继续，但“邻数”和“上层”是什么意思。试着告诉一个盲人或通过电话告诉他人。

我们也必须消除三角形。如何消除这种几何结构？按坐标！水平层从上面编号。我提议，按照今天的常用方法，从 0 开始。在第 0 行有一个数字 1，在第 1 行有两个数字 1，以此类推。行内的位置从左到右编号，同样从数字 0 开始。这是帕斯卡三角形的坐标描述。现在它都已经填上数字了：……第 7 行的第 4 个项是第 6 行上第 3 项和第 4 项的总和。第（n+1）行的第（k+1）项是第 n 行的第 k 项和第（k+1）项的和。最终我提出了数学符号：第 n 行第 k 项可以表示为$\binom{n}{k}$，对所有自然数 k，n。因此

$$\binom{n+1}{k+1}=\binom{n}{k}+\binom{n}{k+1}$$

是二项式系数的公式。然后我们还可以写出食指沿着斜线滑动时产生的公式：

$$\binom{1}{1}+\binom{2}{1}+\binom{3}{1}+\cdots+\binom{q}{1}=\binom{q+1}{2},$$

$$\binom{2}{2}+\binom{3}{2}+\binom{4}{2}+\cdots+\binom{q}{2}=\binom{q+1}{3},$$

$$\vdots$$

$$\binom{p}{p}+\binom{p+1}{p}+\binom{p+2}{p}+\cdots+\binom{q}{p}=\binom{q+1}{p+1}。$$

顺便说一下，考虑如何正式地证明它吧！

我解释这个并不是为了教你们一个形式化的数学，而是为了在陪伴你们学习的过程中，让你们意识到这个学习过程。（这同时也代表了一个我自己的学习过程）。它的内容与其说是帕斯卡三角形的数学，不如说是对形式化和算法在数学中的意义的认识。数学语言既不是武断的发明，也不是脱离任何内容的行话。它在抽象或形式化阶段以完全自然的方式发展。首先，摒弃日常语言中的原始指示词，以摆脱伴随的手指指示运动，这是通过用图形或几何关系来代替的，比如“邻数”和“上层”。然后，图形化工具被淘汰，取而代之的是更抽象的排序工具，比如自然数编号，而“上层”被平移从（n+1）行替换到第 n 行，“邻数”通过平移从（k+1）行到第 k 个和第（k+1）个元素交换。常规变量出现了。

然后第三步是，用数学语言代替日常语言的“第 n 行的第 k 项”和“和”被数学符号代替，第四步是“等”被替换为一个新变量（在上面的公式中用 p 表示），第五步是省略号三个点用被 Σ 符号所替代：

$$\sum_{n=p}^{q}\binom{n}{p}=\binom{q+1}{p+1}。$$

这些是数学语言进化所依据的语言水平：就像我在你们面前做的那样，进化而不是提供。这就是学习过程中所需要的：让学生提升语言水平，而不是提供现成的语言形式。

4.16 视角的变换

4.16.1 把握语境

在比较研究的过程中我们的合作者之一，[⊖]教授了两种初级形式的中学课程（七年级，13~14岁）的同一科目，两所中学用A和B表示，二者都有25名学生。A类属于进入大学和高等职业教育的学校类型，B类属于初等职业教育（贸易和国内经济学校）；A是男女合校，而B几乎所有的学生都是女生。A学校坐落在一个大学城，B学校在工农业小镇。两个学校的两堂课涉及同一主题，但A课需要70分钟，B课需要130分钟。

开头是这样一个问题："平均每个荷兰家庭有几个孩子?"A和B的估计合理地分配了相应的社会群体中的实际情况。"我们如何检查呢?"在A班，孩子们直接走向我们所说的样本；在B班，第一个答案是"让我们去市政厅获取信息"。

人们选定样本。在实验者的建议下，孩子在课堂上列一份清单，计算平均值，绘制直方图。在A中，一个学生自发地说样本不好（她的论点是样本中没有0个孩子的家庭），其他人在这句话上做出明智的反应。在B班中，直方图显示0个家庭有0、1、9、10个孩子（一个家庭有11个孩子），这很难说服孩子们，从抽样方法来看，0个家庭有0个孩子不是偶然的，因为0个家庭有1个孩子很可能是偶然的。孩子们不明白样本出了什么问题。

经过讨论，实验者提出了另一种抽样方法：每个女孩记下她所熟悉的五个家庭，给出各自的孩子数量。然后进行计算，并对样本大小和代表性进行定性讨论。在第二课中，我们根据同样的原则讨论了一个类似的问题：20~65岁人群戴眼镜的频率。实验通过一项测试结束，该测试旨在确定女孩们是否在定性意义上理解样本大小和代表性的重要性。我给出了测试项目的翻译：

判断下列哪一项调查是正确的，哪个是不正确的？解释你的答案。

⊖ W. 克雷默先生。

1. 为了研究荷兰学生一个星期平均去看几次电影，一个调查人员召集了每个大学城（阿姆斯特丹、乌得勒支、格罗宁根、莱顿、奈梅亨、鹿特丹、蒂尔堡、特文特、代尔夫特和埃因霍温）的三名学生，问他们平均一个星期看几次电影。

对/错，解释。

2. 为了调查有多少人观看某电视节目，N. O. S. 任意选择1500人每天填写他们当天看的节目的表格。

对/错，解释。

3. 为了研究荷兰的年轻人怎么度过他们的闲暇时间，一组调查人员从地图册中随机选择了一个城镇，询问了该镇所有10至18岁的青少年如何打发闲暇时间。

对/错，解释。

4. ⊖为了研究平均每月荷兰家庭主妇去购物市场的频率，一位研究人员询问了200名家庭主妇，她们在任意选择的60个市场中购买商品的频率。

对/错，解释。

你认为以下两节课怎么样？你学到什么东西了吗？如果学到了，学到了什么？

在A班中，第一题到第三题的答案明显令人满意；无论如何，孩子们已经明白了利害所在。B班25名学生中有22名缺乏这种理解。我尽可能地去翻译，这些女孩中有五个人对以下四个问题给出了她们的答案：

1. 正确，他们不必减少电影的数目。

错误，平均每周仅上映一场电影。

正确，由于人们可能会去看很多电影，所以学生必须知道他们贡献了多少钱。

正确，他们仅仅偶尔能去看一次电影。

错误，他们每天都可以去看几次电影，我发现这一点针对学生来讲是错的，因为他们确实是学生。

2. 错误，因为人们了解他们自己喜欢看什么节目。

错误，我发现做这件事情很愚蠢。

错误，这件事并非很正常，它只需要人们花邮费。

⊖ 问题4仅仅在B班上问。

错误，我认为这件事与他们无关，人们一定要知道他们自己想看什么节目。

错误，因为他们那天看了什么与他们无关。

3. 正确，他们第一次考虑的是年轻人。

错误，这仅仅是消磨时间，浪费时间。

错误，他们不必告诉所有人所有的事情，他们知道他们自己做了什么。

正确，因为偶尔他们会去其他地方。

正确，确切地说，这是对的，也是错的，因为我发现总有一些事情在发生，像乡村旅行之类的。

正确，因为这样你就可以看到在利用闲暇时间方面的不同。

4. 正确，那么他们就不需要取消市场。

错误，因为每个月至少有一次集市，并且他们也可以去其他地方。

错误，这不关他们的事。

错误，因为有些人一周去三次市场，有些人一周去一次，而那些一周去三次市场的人肯定需要它。

错误，当家庭主妇想去市场的时候，无论什么时候她们都会去。

我在这里，而不是在概率那一节中提到这个简朴实用但最具启发性的研究，因为主要结果（根本不是有意或预见的）比一个特殊数学领域的范围更广。这是一个极其典型的、灾难性的没有把握语境的例子——我指的语境当然是数学语境。22 名不及格的学生确实看到了一个语境——社会语境。他们无法从中脱离出来。他们不能实现所需的视角转换的要求。这么做很愚蠢吗？我想的时间越长，我越倾向于否定地去回答这个问题，并提出反问：A 班学生（以及 B 班表现很好的三个女同学）中到底哪一环节脱节了？他们遵守了数学家扭曲的意愿，顺从地无视社会语境，在接受数学背景方面没有问题？我提出反问的方式表明，我不仅从积极的意义上重视“好”学生的行为，我估计“差”学生的拒绝程度和“好”学生的愿意程度一样高。在一个更彻底的混合群体中，两者将很好地互补。“好”学生会从“差”学生那里学到社会语境之类的东西是存在的，如果他们坚持要消除它，他们就必须提供论据，而“差”学生可能在一个这样的讨论中已经睁开眼睛面对数学语境了。

我用反问回答了这个问题，但我甚至不能提供反问的答案的任何线索。然而，我相信我在这里报告的观察报告，是我很长时间里遇见的最重要的观察结果，并且我确信它所引发的问题是我们迫切需要知道答案的。最近我看了一个法国的调查：大概 60 个和之前 B 班同一年龄段、同样水平的女生，被问到一些问题，比如“当你听到关系的传递性时，你会想到什么?”最后又问“你认为数学有什么用?”60 个人中除了一个人外，其他人明确地表示，他们对一年多来灌输给他们的学科内容一无所知，而且他们只能把数学归类为无用或折磨。我们进行实验的 B 班学生，至少知道了他们可以依赖的语境，并且能坚信和适度地享受课程。那 60 个学生甚至都缺乏这种观念；没有任何语境可以让他们转换成数学。在他们看来，数学是一本天书。

我们全世界都很清楚，这就是数学在许多甚至是大多数人眼中的命运？——他们必须学习数学，因为作为数学家，你不时会遇到一些人告诉你，在某个年级之前，他们对数学一无所知，突然有一天他们意识到真谛——一个关于标志着事件转折的奇怪而听着难以理解的故事。这时他们进入了数学语境，但不要把那些永远不会成功的人计算在内，即使他们顺从地重复老师教给他们的所有问题。

我犹豫地在我们的实验上加了一些评论——目前为止还没有新的实验来检验我的解释。或者更确切地说，得到的只是一个事实上仅仅是疑问的答案。B 班的同学坚持社会语境，不就是因为在课堂上一直没有解决这个问题吗？当他们完成测试时，他们的心不都快提到嗓子眼了吗？我们的首要任务难道不应该是在社会语境和巨大的财富中伸张正义吗？不仅仅是代表那些“差”的学生。它始于这样一个疑问：“普通荷兰家庭平均有多少孩子?”“孩子”“荷兰”“家庭”是站在社会语境的角度，甚至在某种程度上这适用于“平均水平”，但是疑问本身与它相去甚远，即使它在语境内也可以被理解。这是学生们不可能知道的，包括那些“好”学生。

这个故事中有些迹象可能具有实用价值，我的意思是，如果要创造与现实相关的教学内容，我们必须知道各种各样的机会和陷阱。此外，它还包括一个一般性的警告：“要经常问自己，学生是否可能没有把握语境。”最后，这是对“把握情境”的更深刻探索的挑战。稍后，在概率论和几何学中，我将重新讨论这个问题。

4.16.2 逻辑问题

读者可能知道我有一个理解问题的奇怪习惯，就是用逻辑去理解每个人都称之为逻辑的同一事物（即使一个形式逻辑学家都不追求形式逻辑）。刘易斯·卡罗尔的《爱丽丝梦游仙境》比他最近重新出版的恐怖小说《符号逻辑》和《逻辑游戏》涉及更多、更加深刻的逻辑。在我看来，4.15 节所追求的语言分析属于逻辑。如果我观察和分析孩子和我自己的思想，我认为这是逻辑。每个人都知道观察思维过程有多难。这能帮助其他人有声思考吗？很可能他只是朗诵了他所学的一个计划或一种形式主义。思维的发展，学习过程中的不连续性很少会发生；人们应该通过特征来识别它们。

然而有一种负面特征更为明显、更为频繁，而且信息量也更大：形式、计划以及策略的糟糕运作、不运作、故障甚至阻塞。有一种我已经观察过很多次了，现在我要谈谈，它与我所说的视角转变有关——它是一种受阻的、错误的或不充分的视角转变。

让我们举个例子。一年级学生（6~7 岁）忙于绘制仙岛地图。在十字路口，他们设置定性的路标，并用图片标明显著的目标；然后再设置定量的路标（也就是标明公里）。沿着一条无分叉的道路，例如一条从塔楼到工厂的道路（10 公里长），在中间点放置指示牌。这是一个不会有任何问题的任务。现在的问题反过来了——视角的变化。给出带有图形或数字数据的标志杆，把它放在应该放的地方。它在定性方面遇到了麻烦，在定量方面只有少数学生成功——我再次强调，这是一个线性问题，一条从塔楼到工厂的直线道路。在初等职业培训的第一年（七年级，13~14 岁），在二维景观中使用定量路标也观察到了同样的困难；学生们只是管理一个“巴恩 5 公里”的路标，而不是一个“巴恩 5 公里，泽斯特 7 公里”的路标。一个更令人吃惊的事实是：一群五年级的好学生——他们毫不费力地明白，看太阳仰角为 45°，意味着竖直放置的尺子和它的影子长度相等。他们都对“我应该站在哪里才能从 45°的角度看到一个 20 米高的房子的正面”这个问题感到困惑。这需要时间和精力，直到第一个问题出现。在一年级的时候，根据一个模型拼出一个谜题并不困难；但是，根据模型将一幅画切割成一块块的拼图太困难了——他们根本不知道该怎么做。

我可以继续用这种方式，并且我会那么做。我积累下这些例子不仅仅是因为它会带给我们解决问题的更多方法，而是为了说明它有一个问题，一个教学问题，这个问题虽然不必解决，但需要被承认。事实上，我相信从教学上讲，至少要发现视角转变问题中的共同因素，并让学习者体验并在操作上使用这一共同因素，进而有目的地、系统地、尽早地进行视角转变练习，以免对从未预见到的障碍感到惊讶。

在传统算术教学中，转变视角的练习并不少见：“从7到11我应该加多少？”或正式的“7+⋯=11”。更困难的是：“我应该在多少的基础上加7得到11”，但这并没有使它在形式化表述上变得更困难。“从11减去多少得到7”当然比“从多少减去4得到7”简单，这意味着需要的是减法而不是加法。即使与乘法和除法类似的问题出现，整个程序也是受限制的，很难范式化。视角的转变确实是由一个已知操作的可用性所促进的，该操作将视角的转变系统化。

我在算术教学中遇到的一些问题，就是一个众所周知的错误视角转变的例子：

7+⋯=11，

这个小学生填了一个5，现在是

7+5=11，

在页边空白处有一个红色铅笔标记。“改正”是

7+5=12，

也用红色标记。读者被要求想象它是如何进一步发展的，并完成叙述。一个人可以写出关于这个主题的完整情景对话。事实上，它们已经被写下来了。他们不需要处理7+⋯=11或任何其他算术问题。他们在情景主题上有许多变化，其中最美丽的是丈夫和妻子之间的情景，当然丈夫是留下红色标记的人。

-15度很冷，南纬是-15度，管道缩短了15厘米，试着讨论一下。最后是：你知道零下15度和-15度是一样的吗？或者“管道是100厘米，现在是85厘米，也就是减少了15厘米”。

这个游戏不需要数字，困难可以触及比测量更重要的复杂事物。这意味着，在算术和数学教学中，这里所做的或被忽视的事情可能不仅仅具备局部意义。

二年级的学生们在“练习角”忙着解决一个我根本不重视的问题。它类似于下面带有指示的“加法表”（见表4-1）中的说明：在行列数字和为20的正方形中画一个圆，在和为30的正方形中画一个十字形。

表 4-1

+	6	12	18	11	22	16	8	21
8								
14								

（续）

+	6	12	18	11	22	16	8	21
24								
12								
18								
2								
9								
19								

不到一刻钟，所有的孩子都画好了，只剩下一个人什么也没移动，手指还在上面漫无目的地移动；因为他甚至没有掰着手指数数，所以我认为他的算术很差。最终我帮了他，把我的手指在第一列下方，问他是否可以在这一列中画个圆圈。他立刻把一个圆圈放进正确的正方形里，不到一分钟就完成了题目。他算术非常好，他也无须借助手指。显然，他被严重阻碍了。由于某种神秘的原因，他无法进行视角变换，即用一个未知值代替另一个未知值，将一个含有两个未知量的方程简化为含有一个未知量的方程。换句话说，就是将问题

$$(?\ [x,y])F(x,y)$$

转换成问题

$$(?\ x)F(x,y),$$

一个重要且不可或缺的策略。我感到惭愧的是，我低估了这个问题，完全忽略了观察其他孩子的策略，以及是否有些人遇到了与被难住的男孩相似的困难，不过很快就克服了。我只记得一些孩子注意到，在每一列和每一行最多可能会有一个圈和一个叉。我觉得这可能令人担忧，我发现一个学生——可能是一个好学生——几乎什么都难不住他，而一个很小的冲动就足以让他越过一个看似高但实际上荒谬的门槛。在学校，孩子们仅仅因为徒劳而落后的情况会发生多少次？

下面是一种目前非常流行的练习类型，如图 4-13 所示。

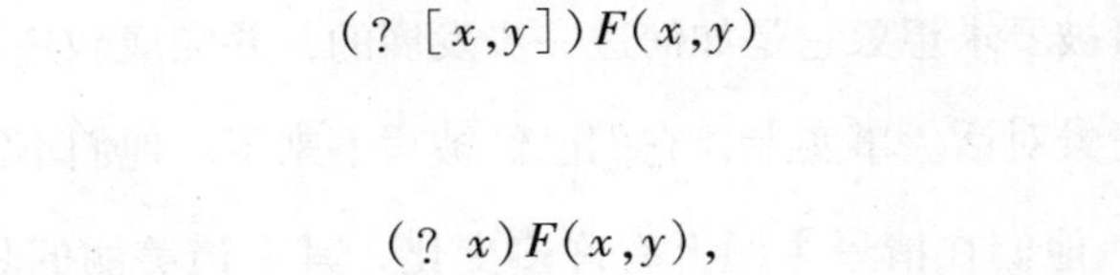

−4 −10 −4 −10
−3 −6 −3 −6 −3
50 −7 −7 −7 −7

图 4-13

那是在三年级。我越过学生肩膀看了看，他已经完成了部分，如图 4-14 所示，但

是 71 的两次出现使他感到困惑。他被一个矛盾难住了。他向我投来说明问题的一瞥，我点头作为回答。如何解决这些矛盾？重新做吗？这是一个方法，但不确定是否可行。如果问题是错的呢？他没有考虑过这种可能性。他决定改变他的观点。他从上面的 71 开始，回过头重做。在 78 下面用橡皮擦掉，把它改成 84，然后重做，直到我阻止了他。现在该怎么办？我可以给他一个新的表让他重新开始，但这是太简单的逃避。我想把对他的帮助建立在一个更深刻的基础上。一场讨论开始了，他邻座的同学们介入了。这就像一个戏剧性的场景。我寻找帮助，但老师在另一个角落里忙着。最终我被铃声救了。在我的读者中，会有相当多的人有比我更多的教学经验。在这种情况下，该怎么做呢？如何向学生解释哪里出了问题？一个人如何能让另一个人洞察到他的视角转变和矛盾，以及如何帮助他走出困境？这一点的确很重要：不是给他一张新试题表，看他是否从头开始能正确地解决问题。

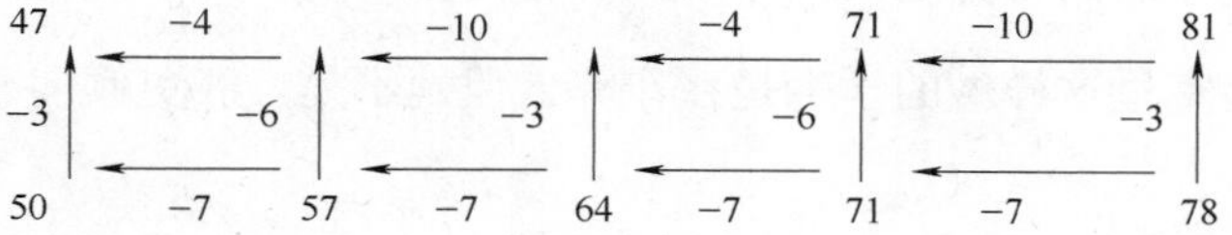

47 −4 −10 −4 71 −10 81
−3 −6 −3 −6 −3
50 −7 57 −7 64 −7 71 −7 78

图 4-14

在五年级（11~12 岁），一组四名学生在一张教学表上做下面的问题。他们有三个棉卷轴，一个完整的、一个半满的和一个空的；据说满的卷轴里面有 200 米的线[⊖]。为了确定半满的卷轴里有多少东西，他们必须称量三个卷轴。然后，他们要把半满的卷轴展开、量线。这张纸上的最后一个问题是："它对吗？"

给出一个坏的秤称出的重量：

满的　　48.5g

半满的　　26.0g

空的　　23.5g

（因为我不记得实际的数据，所以我用任意数字替换的。）在一些人的帮助下，该小组找到了正确的方法，并进行了精密的计算；也就是说，他们把计算的任务交给了一个勤奋好学的姑娘，她能以闪电般的速度做长除法。在询问"在半满的卷轴上有多长的

⊖ 事实上，细线被更厚的材料取代。

线?”填写 20 米；也就是说，女孩在做这件事的时候，其他人已经离开了，正在过道里忙着展开和测量。他们的最后结果是 24.50 米。这个女孩拿起橡皮擦，开始纠正。她想回去验算。我试图说服她。为了让她保持测量和计算的数据不变，我花了很多时间；她让步了，但那只是为了让我高兴。然而，在最后一个问题之后，她并没有放弃回答“是”。在学校，它一定是对的；事实上，如果我听到她在家里按照自己的想法又改成了原来的做法，我也不会感到惊讶。

当然，这个故事背后的原因不仅仅是错误的视角转变。解决问题则必须更进一步——重要的是测量和处理数据的教学法。不过我想知道一个更熟练的教学法工作者在这里会做什么。她是一个非常聪明的女孩，我希望我能说服她。但这里面临的问题并不是某个局部的问题。我们应该从更大的深度开始。但是在哪里开始呢?

我在很多场合讲过这个故事，每次都有人做出反应说：“这是实验室里未来的物理学生——一个人成年后的行为是由童年学到的行为决定的”等，这是对的；不，这是错误的。在物理实验室里这样做的学生是在作弊，但她不是。我更倾向于说：她是未来的数学家。

4.17 全局和局部视角间的张力场

我受够了在数学教学法中发展出来的一种“具体”和“抽象”的对比。这些词语在我的著述中并不常见。我使用了“具体”和“抽象”，虽然不是作为完全的对立，当然也不是为了把数学和抽象紧密联系起来：一会儿我将彻底处理这个问题。读者在我的著述中更频繁遇到的是“一般”和“特殊”的对比，但这并不是说一般即抽象，特殊即具体，当然也不会提出从一般到特殊或者从特殊到一般究竟是正确的还是错误的致命问题。我认为，通过理解和领悟的方式以及“范式”的方式，来阐明一般与特殊之间的教学关系更为恰当。如果需要相反的观点，那么我期待更多地从“全局和局部视角”[㊀]出发——我们将在这里遇到视角转变的新问题，如 4.16 节中所考虑的问题。

最常见到全局视角和局部视角间张力关系的领域，是阅读教学。孩子需要认识每个

㊀ 在《作为教育任务的数学》中反复提到的全局和局部组织原理，只是我这里所说的全局和局部视角在相当高水平上的一个极端例子。

单词、每个字母，同时概述整个句子、整个故事，这在某种程度上是一个严重的矛盾。阅读测试包含要求全面理解的题目，也包含其他要求细节的题目。在阅读速度测试中，受试者可能忽略了细节，或者被困在细节上，永远无法读到结尾，这对于全局视角来说是不可或缺的。我通过语音拼写来学习阅读——德语——每个字母都要先读出来，之后是整个词和词的序列，再次是整个句子。在同一时期，荷兰通常采用的方法是适度全局化的。我一直认为，在拼写像英语这样的语言中，阅读必须至少在一个词的全局环境中进行，但我从美国人对全局性阅读方法的指责中推断出这个假设似乎是错误的，因为全局性阅读方法是导致阅读成绩下降的原因。

我不需要干预阅读教学的斗争，至少在初级水平是这样；在较高水平上，阅读成绩肯定会影响数学教学；只有在纯数值问题上，阅读技巧才可被忽视。

在前面的另一篇文章中，我提到了我们初等职业学校一年级（七年级，13~14 岁）的一个主题，这是一个带有适度数学内容的侦探故事，旨在激励缺乏动机的学生。在故事的第一页结尾，提出了一个问题：7 点钟开着一辆时速 150 公里/小时的汽车从格罗宁根监狱逃跑的犯人会于 8 点钟在何处被发现。大多数的学生不知道怎么回答这个疑问；他们不能够把 7 点钟、8 点钟、150 公里/小时这三个数据彼此结合起来，甚至可能根本就没有注意到它们。这个文本只能做全局阅读，事实上，文本本身和问题也引导读者这么做。另一方面，经过几次关于计算、列表、绘图的局部指导后，他们不再知道他们正在忙于处理的全局主题是什么；建议在这样的文本中，构建连接全局的周期性问题，以确保读者不会忽略它。

我从很多例子中选择了这个例子。人们常常认为小孩子具有全局视野，然后惊讶于他们会注意到成年人容易忽略的细节，并称赞小孩子的观察能力。事实上，小孩子的关注点不同，因为他们还不知道根据成人的经验，他们应该关注什么，所以他们会关注成人以外的其他事情，这也影响了他们的全局印象。然而，全局视角和局部视角间的张力关系是永久存在的。根据成人的观点，在皮亚杰的许多实验中，错误的成就是由全局视角造成的，而实际上应使用局部视角。相反，如果有一~二年级（6~8 岁）的孩子将两条珍珠链或马赛克链相互比较，当一个手指在一个物体上、另一个手指在另一个物体上时，比较会在局部逐步进行，而且很难促使孩子们在全局范围内寻找显著差异。给孩子们一幅画，让他们按照不同比例的模型把图画分成拼图，孩子们能够找到局部的方位，例如切线上的几个关键点，特别是在纸的边界上，但他们并没有抓住关键点之间切线的轨迹，他们甚至表现得好像这个无关紧要。

一个更少假设的教学主题是数字在“一个一百的区域”中的局部化，也就是说，从1到100的数，都放在一个10乘10的框格里。如果二年级学生是通过局部和全局视角的分类来组织的话，那么观察他们的策略，可能是一个有趣想法的来源。有些孩子用十倍作为局部方位，从中向前和向后计数；还有一些人用他们同时确定的位置来扩展这个局部方位系统，最后是那些用十位作为行的指示符，用个位作为列的指示符去全局性建构百位数的孩子。如果这个一百的区域以几何结构展示，比如对角线，那么许多孩子会在相应的算术结构中识别出某些局部规律，而少数孩子则会全局地掌握规律，比如算术序列。有些人能够局部掌握并描述几何结构和算术结构之间的逻辑联系，虽然在这个年龄段，要全面把握和描述这种联系似乎太困难了：作为一个整体，在一个朴素的学科内容中有大量令人兴奋的变式。

在课程开发和教学中，应该认真考虑全局和局部视角间的张力关系。每个人都能全局性理解和体验数轴上的线性顺序或数值，数值的线性顺序可能是由数系与几何的同构性建议而形成的。千百年来，人类甚至数学家都满足于线性顺序的全局把握，而对于绝大多数人来说，这甚至到今天都没有改变。当然，数学家们知道，这个在全局上给定的顺序可以被传递性定律和其他一些定律局部地掌握，并且可以得到公理化描述。从这一认识出发，许多教学法工作者得出结论，线性顺序将会并且应该由传递性开始构成。这解释了6~7岁的孩子被要求根据传递性法则完成矢量图的练习。毫无疑问，这是一种很好的算法活动，但除此之外，它是毫无价值的。传递性法则的逻辑构建——定义中隐含的定义——甚至连8岁的孩子都无法理解；但即使是像“你又比你自己比赛更努力，你又比你自己更努力，你和你的关系是怎样的？”（当然还要配合食指的适当运动），这些都是无法理解的。相反，画跷跷板很容易：“A在上面B在下面，C在下面B在上面，那么A和C呢？”或者“A与B在上面，C与D在下面，A在下面，C在上面，我们现在能得出什么结论呢？”在数学系统中，传递性定律可能是以线性顺序为基础的；发展传递性是一个线性顺序的结果，而公理化的观点是我称之为“反教学性”的一种本末倒置。这位数学家有理由自豪，因为他对线性顺序的局部把握，使偏序的扩展成为可能，但在教学上这是完全不相干的。我忽略了一个令人沮丧的事实：学生们被一种错误的想法所迷惑，即传递性包含了他们对线性顺序直观数学的全部描述。

我认为现在有必要重复我早先书中的一个例子[⊖]，这是这种态度的最极端的例子，虽然比前一个更高级。这就是线性顺序的阿基米德性质，人们处理一个数量，比如长度，选择一个“单位” e，并形成它的有理倍数，即集合 $Q \cdot e$。阿基米德定理只是简单地说：

没有一个 a 小于 $Q \cdot e$ 中的所有元素，没有一个 b 比 $Q \cdot e$ 中的所有元素大。

这样一个相当合理的性质，正是阿基米德度量工作所需要的。它是阿基米德性质的全局性理解。两千年前，人们发现这个假设可以从更为宽泛的理论中推导出来：

对任意 a，b 都有一个 $n \in \mathbf{N}$ 使得 $na>b$。

沉迷于用最温和的方式管理其热情，是一种典型的数学态度。事实上，数学入门并不是展示这种习惯最合适的地方。只有那些愿意接受这种例子教育的学生才会接受类似的态度，那就是未来的数学家。通过反教学的反演，可以将阿基米德性质的全局定义替换为局部定义。然而，在现代数学中，假设二者同样精确，那全局定义也比局部定义更受青睐。所以如果今天从头开始，每个数学家都会选择全局定义，最多只会提到局部定义，因为它更容易得到。但似乎即使在数学领域，一千年的传统也不容易被打破。

我从自发学习过程中的全局和局部视角的张力关系，过渡到有组织学习过程中的张力关系。这是教师或教学内容设计者在态度上的张力，是我现在主要想处理的问题。如果一名教师不相信自己的直觉，而是对他教学中的“什么”和“如何”进行有意识的分析，那么应该意识到危险，这种分析的结果可能会提升到教学问题和教学方法的层面。之前我引用了教学原子化主义的可怕例子，教学内容分解为概念和关于概念的陈述，并根据这些陈述，由共同主语或谓词决定的关系来组织教学。这样一来，就回避了任何全局性的视角——而且令人担心的是，全局性视角甚至变得不可能。

我拒绝接受这种教育的观点，因为这与我对人的印象相反。在我的印象中，教育被视为获得文化的一种手段。但除此之外我将提出调查学习过程——自发和引导的——以期了解全局和局部视角在这些过程中所发挥的作用。我举的几个孤立的例子能提供的信息很少，远远达不到理解和领悟的程度。把一个初学者扔进游泳池并评论他的姿势，并不是教游泳的方法。但就我所知，今天也没有向他解释游泳过程中不同阶段的单一游泳

⊖ 《作为教育任务的数学》，第200页。

动作和身体姿势，并等待看他是否能够将它们整合到一项活动中。一个好的游泳老师知道在这两个极端之间的某一点上，才是最快学会游泳的方法，如果他能做到这一点，他应该和其他人交流，尽管这并不容易。另一个问题是，在这种经验主义的方法之外，一个更深刻的科学方法是否有意义。

如何剔除全局和局部视角的部分，取决于许多情况。在四到八年的学习时间里，每周只上几节课的外语教学需要另一种策略，而不是在连续六周内浓缩成每天 8 小时。一般的教学内容、教学方法、课堂环境、学生年龄对学生的学习有很大的影响。不过在数学方面，我将强调全局视角，因为它是更困难的，很容易被忽视。如果要准备一些教学问题，我倾向于从全局范围开始，例如，复杂的语境仍需建构，或者是一个巨大且无法直接解决的问题，后续内容中这些问题在丰富的局部方法中仍然是可见的，或者是经常可见的内容；探索的顶峰和终点可能是重要问题（或它的一部分）的详尽讨论和问题解决。

但这只是一个建议，可以有多种解释。人们可以在自己优秀天赋（或批判性的讨厌天赋）的指引下，试着对它们进行测试和比较，但如果能够建立在更基本的洞察力之上，那么结果会更好。这不是从哪些方法中得出的见解，而是范式材料。在学习过程或指导学习过程中，局部视角和全局视角之间的关系，可能意味着很大的进步。如何找到它们是个大问题。

4.18 定量和定性视角间的张力场

“全局”这个词经常被用作“量化”或“定量精确”的反义词。我并不是这个意思，尽管事实上，“局部和全局”和“定量与定性”两个对立面有很多共同之处，但是我不想强调这一点。两者在形式上的区别在于，在“定量—定性”张力场中某些综合系统是预先建立起来的，这可能会让我们更容易从教学现象学的角度来处理这种对立，只要它不会导致对这种综合的粗心大意的预测。

如果有人说食盐是由钠和氯组成的，这是一个定性的陈述，一旦加上这些成分的比例，就变成了定量的陈述。从描述某个冬天某一天的寒冷到给出精确温度，含义有很多种（例如用于天气预报），所谓定性的或定量的含义，就取决于实际的语境了。根据某种数量标准对一组对象或事件进行线性排序，可以根据特定的观点解释为定性或定量。人们可以以或多或少的精度进行量化，在不同的精确程度上，定量的粗糙度与精细度可以表现为质量与数量。

这些都是对立之间的转换，而不是我之前提到的综合系统。这将取决于所需的最终结果——这实际上是可以完全定性的——以此执行精确量化。关于量化优点的陈述可以是“绝对定性的”，也可以是“相对定性的”，也可以是“或多或少严格量化”，这就是数学意义上的误差理论。但应该记住的是，这种数学化实际上是任何一种数学化，都是通过一个本身与数学相关的过程实现的。当我在“定量—定性”的张力场中暗指综合系统时，我所指的就是这种对量化精确性的意识领域。

根据这个阐述，我现在画出了教学的连接线，我以多种方式这样做：学生、教师、学科内容设计者的定量和定性观点之间的张力。事实上教师和教科书作者至少在操作上，对前面讨论的观点变化很熟悉，即使他们没有将其理解为一个教学问题；相反，定量和定性观点之间的张力关系有一个特点：即使是熟悉数学教学的人也无法将其联系起来。我将很快通过例子来证明这一点。

量化本身就是一个目标，如今已经广泛存在，几乎不再受到反对——在计算机时代，没有人敢怀疑这个目标，以免被认为守旧。在前面，我描述了专业的数字猎人，他们希望从大量的数字材料中，只要它受到数学上的精细处理，最终就会产生一些有知识含量的事实；收集的范围可以达到让人们对这些数字的枯燥起源视而不见。即使这些都是过激行为——事实上有权威的认证——他们只是普遍存在的量化倾向的衍生物。如果人们在追求所谓的教育科学时忽视了这种张力关系，如果他们完全意识到这种张力关系，那么对于探索“定量和定性观点之间的张力关系”这样一个重要领域而付出的努力来说，是一个不祥的预兆。但是，尽管有这种态度，定量和定性视野之间的张力关系，仍旧是学习数学和任何领域学习过程的一个重要组成部分。在这些领域中，定性的东西要被量化，而定量的结果也要被定性地评估。

在第一章我提到了在公元前3世纪，埃拉托色尼估计地球的周长是25万个体育场，19世纪的语言学家试图找出埃拉托色尼指的是哪个体育场；埃拉托色尼的评估是基于测量，还是仅仅是估计？亚历山大和赛伊尼之间的距离，实际上，它被确定为5000个体育场，这是一个取整数，这表明了有10%的认识或未认识的误差，这使得不同个体育场的复杂区别变得无关紧要。在所有的定量理解中，数值精度是最薄弱的环节之一。每当数值数据被不加鉴别地从一个度量系统转移到另一个度量系统时，就会出现这种情况。根据报刊、广播或电视的记录，风速通常是每小时 162 公里、180 公里或 144 公里。如果有人怀疑如何以及出于什么目的可以如此精确地测量风速，他就会注意到，所有这些数据都是 9 的倍数。有人可能会猜测它们是用以 9 为基数的数字系统来衡量的，但这并不是原因；它们已经从气象研究所的“米/秒”语言翻译成汽车司机的“公里/小时”语言，从四舍五入的数字翻译成精确的对等数字，而不是取整的数字。我在一本荷兰百科全书中发现，一头狮子的长度为 2. 40～3. 30 米，体重为 180～225 公斤——这些数据揭示了它们以英尺和磅为单位的起源。据报道，一名美国飞机强盗索要 265. 3 万弗罗林的赎金；这并不是解释他将如何处理这么多弗罗林，因为实际上是根据当前的交易，一百万美元兑换成了弗罗林；因为卫星的速度是由千米/秒，经过英里/小时换算成千米/小时。如果十进制发展到一定程度，那么莎士比亚的《寸土寸金》中的英寸最终会转换成厘米。

我们还能从这种让孩子们在没有任何语境的情况下，就体验数字的算术教学中期待什么吗？当然，明智的人应该明白语境的意思。他们成功地将他们自己从 $10^{10}-1$ 和 10^{10} 差数英里远的世界中脱离出来，因为一个能被 9 整除，另一个不是。在不同的世界里，多一个或少一个都不重要。但是，如果学生在作品中把这些问题置之阙如，那么他是否就具备了教科书作者所显示的那种判断力呢？至少作为一个教科书作者来说，这种判断力是缺乏的。在这两个世界里，精确是一种美德，而在另一个世界里精确则是一种恶习。为了在这两个世界里都有立足之地，我们就应该学会有意识地把它们区分开来。

之前我讲了一个女孩的故事——有人开玩笑说“未来的物理实验学生”，我说是“天生的数学家”——她不接受测量可能无法确认计算结果，为了纠正错误的事情，她改变了观点。我没能成功地说服她，她的行为出了什么问题？当然不是，在局部确实是不可能的。就这一个例子来说，我是不会成功的。这种误解更为根深蒂固。我本应该更早更彻底地开始，以纠正或防止错误。但是从哪里开始呢？

另一个是二年级（7~8 岁）的例子。老师在黑板上绕着一个轮子画了一个圈。问：它滚一圈后，会到达哪里？所有学生的估计，都太短了。几次提议后，老师用一根绳子测量边缘，绳子在黑板上拉伸。现在如果轮子转动两次、三次，它会到哪里呢？孩子们非常熟悉转换线段的技巧。他们在工作表上用纸条练习，两个轮子的直径是2到3。他们将在一起演示几个回合？在工作表上也用不同的比率重复，而孩子们迟早会明白这是什么意思。为每个结构写一个“问题”，意思是

$$3\times2=6，2\times3=6，$$
$$6\times2=12，4\times3=12$$

等。如果使用直径为2∶3∶5的三个轮子，那么问题的类型就复杂了。再一次问同样的问题。有些孩子已经学会了，他们仍然会转换线段，并写出“问题”

$$15\times2=30，10\times3=30，6\times5=30，$$

即使序列由于转换错误而与绘图不匹配。另一些人坚持作图，把“问题”写成这样：

$$14\times2=28，10\times3=30，15\times2=30，$$

因为这是三个数字在三个数轴上的排列方式。

这里应该怎么做？这将是讨论精度和测量误差的一个很好的起点。不幸的是，下课铃声响得太早了。

宇宙万物中的数字概念，比我在以往分析[㊀]中所区分的还要多，而且必须以某种方式掌握它们。在这里，我提到了测量数，比如实数被神化了。但在它被神化之前，测量数字的存在必须非常认真地对待。事实上，本质上不准确的数字概念，并不是在五年级时候就有的十进制数字和某十进制小数，比如百万美元，当翻译成弗罗林时，也获得了错误的准确性。数字的准确性意味着什么，只能在语境中理解。当然，人们可以用精确的数据（3. 461±0. 002）来阐述数值数据；人们可以用误差理论丰富算术。但这些都是高级阶段，在此之前应该有更基本、更初级的阶段。事实上，对于显式的误差数据，其准确性是与语境无关的。但要达到这一点，人们必须首先在此语境中理解它。

如果在本章开始时，我认为“定量—定性”张力场中预先建立的综合视为促进同时又危害教学现象学分析的因素，那么我只是更详细地阐述了我刚才所说的内容。无论如何，正是教学本身因为这些综合的存在而处于危险之中。它邀请人们去强加或预期这些综合，而不是使学习者体验到这些综合的结果，把它们当作真正的综合。估算有时是

㊀ 《作为教育任务的数学》，第11章。

作为测量的额外内容而被教授，有时是作为准备性练习，或许也是作为系统误差理论的介绍，但这种情况往往发生在有限的语境下——如果有任何语境的话。然而，估算是一项我们不断练习的活动，比测量要频繁得多；如果在算术中忽视估算这件事，则表明缺乏现实感。那么，能否通过提供估算经验，来改进算术教学呢？让明确的习惯成为我们的“第二”天性，确实是一件困难的事情；但如果这是真的，我们是如何在自然科学中成功做到这一点的呢？好吧，我们，也就是人类，确实在自然科学领域取得了成功，因为我们从那里开始——这是一个古老的故事——通过明确“第一”天性。然而，就教育而言，“这门”科学还需要迈出第一步。

与此同时，就在这里，在探索定量和定性观点之间的张力关系时，我将常会提出这样一种方法——读者可能已经对它厌倦了：教学现象学分析作为构建丰富多彩的教学内容的一种准备；在提供教学现象学的过程中，我们应该对学习者和教师的学习过程进行明智的观察，以便改进、提炼、更深刻地锚定教学现象学，并修订教学内容。

我重复这个策略的梗概，是因为它在任何地方都没有如此紧迫地强化自己。在许多人看来，数学化意味着量化；毫无疑问，量化是数学化最引人注目的方面之一。用数字来把握一种原始物质，只是从质量到数量的一个步骤。但这不是数学化的终结，也不是它的开始。定性的把握，本身需要一个学习过程，就像回到定性的观点一样，更需要一个学习过程——就像定量和定性之间持续不断的相互作用一样。它要求学习方案的数学特性，它的数学特性在我们的潜意识中也同样具有说服力。

我并不是沉迷于一种理论，我要通过一个示例来说明：我得在十点半之前去市中心购物，因为到时有人会在百货商店门口接我（不准停车!），以便和我一起去另一个地方。我需要到处购物，花很长时间买这个，花很长时间买那个。我必须买两罐这个，因为明天晚上有两拨客人（我的银行账户里还有足够的钱吗?）。我要步行，因为公共汽车不可靠。步行需要多长时间？到这个或那个地点都是 17 分钟，到百货商店要长一半；假设是 25 分钟。所以我将离开我的地方，让我们有一个余地。只要稍微绕道一圈，我有九成把握会在街边遇到邮递员，然后把邮件带走。的确，我期待着从美国给我的回信，信中有这样或那样的日子，可能只会在周末推迟两天。

这就足够了，只要你愿意。我可以继续这种例子。我认为它的许多特点，都证明了我试图表达的更理论化的观点。其中有个特征是如何将数值上不确定的数据与清晰的数据进行协调，以实现完全定性的目标；另一个是根据或多或少确定的比例进行估算。这篇文章还包括一个定量规定的概率：九成把握。或者说九成把握真是一个定量的规范，而不是一个非强制性的短语吗？只有语境才能显示它是什么。邮递员是不是十天中有八九天都这个时间来？还是一百天中的九十天，二者有什么区别？

4.19 把握语境——可能性

在很长一段时间里，我一直在犹豫是否应该继续我上一本书中关于概率的思路。但我很难下定决心，因为这本书必须以某种方式完成，但在最后一句话之后，我再也不能逃避概率了。

当我写上一本书时，我的教学经验比其他任何主题都要丰富——这是我教大学新生时获得的经验。那时，我无法把 A. 恩格尔和 T. 瓦尔加考虑在内，只能简单地提一下。我们学院为 11~12 年级（17~19 岁）开设的一门课程还没有开发完，也没有人想到在小学里进行实验。从那时起，我在这一领域经历了许多，甚至发表了一些更具理论性的东西。但我仍然犹豫——没有什么地方像这里一样，让我受牵制于知识的序言性特征。现在我更强烈地感觉需要一个教学现象学，至少作为一个组织方案。然而，缺乏的不仅是力量——这并不是最糟糕的，我还缺乏写这本书的勇气。我钦佩勇敢的人，有时觉得自己就像哈姆雷特：

因此良心把我们都变成了懦夫；
就这样，刚毅的本色，
因思想苍白而憔悴。

那些教科书、电影和电视的作者是多么勇敢啊，他们用半小时或一小时让 8 岁、11 岁或 14 岁的孩子用一对骰子计算出双 6 的概率，然后在一周后解决了统计决策问题。他们能自夸与我不同的经历吗？或者我是个懦夫，而这个世界属于勇敢的人吗？当创新者展示他们的材料时——幼儿园的群体理论，8~9 岁的线性代数，11 岁的分析基础——这个问题就经常会被问到，但概率是一个非常特殊的情况。事实上，对于这样年纪的学生，一个人在学校里通过群论、线性代数或基础分析来传达什么意思，完全是由他自己决定的。然而，概率在某种程度上，充满了同现实的联系。概率有点和常识与初等算术类似，通过它我们不仅可以将 3 和 2 相加，还可以将 3 个鸡蛋和 2 个鸡蛋相加，用类似的方法可以检验对概率的理解。

我讲过一个关于二年级学生的故事，他们相信掷 6 比掷 1 更难，而且老师比学生更容易。虽然经过一个小时的不太熟练的剪切、粘贴和绘画，他们改变了想法。这是一条本可以避免的弯路。事实上，我们可以从一开始就告诉孩子们，这六个面是等概率的，不受掷骰子者的影响。那么，哪种方法更好呢？在目前的教学研究统计技术的武器库中，有决定这些问题的工具吗？可以根据不同的教学方法对两组孩子进行教学，最后对教学效果或多或少地进行定量评价。然后，人们会陈述并比较局部的成功或失败；但这意味着什么呢？最后一节课后的三个月内，这组学生是否还需要再做一次测试？也许他们会的。但是一年之后呢？在哪里可以找到他们呢？括号里写着：结果将在某个时候公布。这难道不会影响学习者在面对其他问题时的整体态度和行为吗？他是否已经在定义上给他留下了概率的均等性和恒常性的印象，或者他是否在自己的活动中，通过双手的工作、眼睛的视觉和头脑的智慧体验到了这些可能性？但是如何通过局部的方法来检验呢？而实现这一目标的有效工具在哪里？通过局部的方法来评估教学和学生，创造了阻力最小的途径，而多种力量阻碍了寻找通往正确目标的途径。同时，哲学也被用来决定骰子概率的均等性和恒常性是应该灌输给学生，还是让他们自己在活动中亲身体验这一事实。

学生自己活动的价值是什么？他们是多么轻易地改变了自己的想法！难道所有骰子真的都是如此精细地剪切、粘贴、绘画，如此对称以致机会均等而不受影响吗？当然不是这样的，这种假设未免太轻率了——令人愉快的轻率，因为现在既没有时间，也没有机会让学生们体验其他的东西，以及一些更伟大的真理。当然，要治好学生的这种轻率，或者至少要治好这种特定的轻率症状是很容易的。你也可以教育他们要有批判性；然而，这种情况持续的时间更长，其后果也是如此。人们不能用自制的硬纸板骰子来说服他们概率可能是不同的，而是用盲目的经验主义背负着蹩脚诡辩的例子来说服他们。如果有的话，我们能从自制的纸板骰子中学到什么？人们一致同意并很容易承认，在实际掷骰子的过程中，各面的频率并不相同；人们知道，很多东西应该归功于运气。机会均等是由对称性推导出来的。骰子真的那么对称吗？怎么可能呢？他们被随意地画了出来。虽然不是与众不同的骰子，但这可能会帮助所有人达到等概率。但这一结论能在哪一个水平上有意识地得出来的呢？

无论如何，学生现在知道所有面出现的概率都是相等的。他还不知道这不是真的。有一个令人信服的例子一定可以说服他。11～12岁的孩子被问到某些比赛是否公平。每一场比赛[㊀]的结果是偶然的，不能受到影响，因此被认为是公平的，这是普遍的态度。显然，人们还没有经历过任何与这种信念相矛盾的事情，或者不知道如何决定这样一个问题；公平和命运仍然太模糊，无法加以区分。

有人提议三个孩子玩掷两个硬币的游戏：第一个是正面—正面获胜，第二个是反面—反面，第三个是一个正面一个反面。很少有孩子会重新考虑公平的问题，但一旦被要求为之辩护，他们就会犹豫。有人说，这是无法决定的，因为一切都是偶然的。三个孩子被要求试一试。一正一反的混合结果远远超过了其他两项。它是公平的吗？是的，这只是偶然，没什么好说的。但随着试验时间的延长，他们的怀疑会增加吗？是的。决定问题的需要，会变得更有说服力吗？我不确定。如果是这样，他们是否能意识到这里发生了什么？越来越多的一正一反混合结果毫无疑问会让人哑口无言。不管怎样，人们应该能够找出哪里出了问题吗？

很明显，如果在一个11～12岁孩子的生命中，这是他第一次探索这样的问题，那么提出这些问题的教学观察者，不知何故要么来得太早，要么来得太晚。作为一个观察者，他对一个似乎已经孕育了结论的问题过于轻率；作为一个教学法工作者，他应该更早地提出这样一个游戏。当然也存在奇迹，比如大象有鼻子，骆驼有驼峰，但是很长一段时间以来，孩子已经不再囿于“为什么”这种情况。然而，有些事情是可以设法弄清楚的——为什么自行车轮胎瘪了，为什么狗叫了，或者是不是偶然的。是否需要解释为什么“正面—反面”超过了“正面—正面”和“反面—反面”？经验可以告诉你什么需要解释，什么不需要解释——严格地说，是个人经验。在这个阶段，为什么木头能燃烧，石头不能燃烧的问题，就像象鼻和驼峰问题一样无聊。只要是在日常经验的语境中，它就一直是无聊的问题。直到将它放在化学的语境下，与氧气和氧化这样的术语一起，它才变得有意义。不能指望学习者创造化学的语境，也不能指望学习者欣赏强加给他的化学语境。的确，有一件事他不能通过这种方式学到，那就是哪些问题适合这个语

㊀ 电视节目“寻找机会”（Kijk op Kans）。

境；在合适的时机提出正确的问题是一门艺术，也是别人无法卸下的负担。

如果我的论点偏离到其他学科，那是因为概率和其他数学概念之间的对比，使得概率看起来更接近自然科学。如果期望数学有助于解决一个问题，这个问题应该在其数学语境中提出来，但在概率的情况下，这种语境看起来很遥远。偶然性，是的，这是一个熟悉的概念，但最常见的情况是，偶然性和概率之间有一道沟壑，而智慧的经验必须表明这条沟壑只有一步之宽。化学家在学习过程中并不认为化学语境是不言而喻的——他不是曾经被很明确地引入过这种语境吗？如果我可以从大多数教科书中判断，概率的语境被认为是不言自明的，到目前为止，它确实不同于自然科学的语境。对概率的不同态度是可以理解的，并非毫无根据。概率语境属于常识范畴，但对于大多数自然科学语境而言，仅仅凭常识是不够的。当然，在数学中一切都是不言自明的，但正是这种特殊性使数学成为最不自明的。逻辑自明和心理自明经常相互混淆——或者说得更好——人们混淆了不同水平的不证自明。

对于 11~12 岁的孩子来说，认识到两枚硬币问题中的概率语境，理解“一正一反”的概率大于另外两种，需要并被允许进行解释，这是一项“绝技”。（事实上，年龄在这里并不重要；重要的是学习者是否曾经被引导到可数学化的语境中。）但是这个游戏只是一个方法，甚至也许不是最好的，甚至不是一个范例。一个经历了概率背景的孩子，比如说在我们的电视节目中经历过，那么在节目之外会有什么反应？一个女孩偶然接触到这个问题，她参加了一个游戏：一个人从 1 到 100 中在心里选择一个数字，另一个人必须通过提问尽可能少的是、否问题来猜出来。女孩将游戏置于概率语境中，也许因为这是一款游戏，也许因为选择数字或猜测数字是一种偶然行为。这种错误的倾向，使她在每一个转折点上都把注意力从发展提问策略的必要性，转移到概率计算的技术方面；对概率的熟悉只是一个令人困惑的因素，尽管如果这种熟悉更基本、更不专业的话，情况就不会如此了。这里重要的是制定一个策略，但女孩不太熟悉这个语境，或者隐藏在概率语境下。这个问题所需要的策略可以是非随机的，至少在第一次粗略估计时是这样。因此，忽略概率思想可以让我们更容易找到策略。事实上在接下来的粗略估计中，随机策略是首选，但这太复杂了。我们在不同学习群体的实验中使用了相同的游戏。猜测者从对分法开始，但在第一步或第二步之后就不再继续了；他们似乎也受到事后概率的阻碍。猜测者为了延长游戏时间而作弊的建议可能会有所帮助，可能是因为它消除了概率性的转移。

我举出这个例子，不是因为它能提供很多信息，而是因为它可能导致有益信息的观察。在刚才提到的女孩的例子中，这种景象被随后的经历弄得更加困惑。当她必须用一个有100个方格的草稿板玩同样的游戏时，她毫不费力地找到了正确的策略。为什么这项工作做得更好？因为它是几何？因为几何学消除了对概率的转移？因为这让她想起了一些搜寻游戏？

我不确定我们电视节目“公平吗？”中的方法是否正确。以博弈开始概率是一个古老的传统，这并不太糟糕，但可能是片面的。如果我们在考虑各种几何图形时，要问偶然性或非偶然性以及等概率性的问题，结果会怎样呢——比如水中随机游动的鱼或者是跟随某种趋势游动的鱼，无序的或在磁场中游动的铁屑，堆放在书架上或按某种方式排列的书，落在人行道上的雨滴？在许多游戏中，只要涉及数字，就会有一定的数学化，而几何则是更原始的语境。有了最后一段的经历，我又产生了这个想法。

我想现在我明白了为什么我要列举所有这些经验，为什么我犹豫打开现在的部分。对于概率论，我仍然希望能够收集更多的经验，并在这一经验的背景下尝试教学现象学分析。此刻我缺乏这种经验——我的意思是与获取、识别、界定概率语境相关的经验。在这一点上，我认为最紧迫的任务是在概率中寻求理解学习过程，而不是阐述教学细节。

为了理解游戏是否公平以及公平意味着什么，我们必须量化随机事件的结果。经验表明，在这一点上，11~12岁孩子的量化态度并非不言自明。在日常语言中，概率术语通常具有定性特征：数量从句（“90%确定”，“我敢打赌1到100”）实际上并不是定量意义上的意思。但是一旦量化概率的想法开始出现，似乎量化的义务就会产生这样做的倾向，并导致过早的联想。我回想起德梅尔骑士（Chevalier de Méré，即 Antoine Gombaud）的两个问题，这两个问题促使帕斯卡提出了概率论。帕斯卡之前的解决方案显示了数字实践的有害影响。在“掷一个骰子4次至少有一次是6”和“掷两个骰子24次至少有一次是双6”两个问题中，以及在“赌注分配问题”中，数字数据的存在诱使人们应用数字世界中传统的方案，结果是，把它放到概率的语境下第一个问题是不充分的，第二个问题是完全不充分的。帕斯卡纠正了这一点，到目前为止，这些问题在某种程度上是明确的范例。就理论和现实之间的关系而言，概率的历史就是发现概率语境的历史，事后看来，这可能显得微不足道，尽管历史上并非如此，对于个人也并非如此，即使他们的学习过程根本没有反映人类的学习过程。

我将列举几个例子，这些例子肯定是非常重要的，值得我们去发现：大数定律，也就是将从质量现象到概率概念的形成过程进行数学化，并在数值上理解概率，然后在相反方向上，以自主定义的概率作为一个新起点，随机解释观测误差的一种思想；将自然现象和过程识别为随机条件且随机把握的新思想，并产生最终形成统计力学思想；接受随机条件经验本身的想法——数理统计；以及有意识地根据随机方案设计行动策略的思想，特别是在与对手博弈时，故意隐瞒信息来源。

我按照大致历史顺序给出了一个抽象的总结——也就是特定历史范例问题被解决的顺序，而不是提出的顺序。可以想象到的是，我们必须让个人偏离人类的学习过程；在解决统计学的早期问题时，我们可以通过人类后期的学习过程为学习者提供帮助。我将对上一段最后一个例子进行更详细的阐述，以说明这一观点。

在概率论的早期，以及后来的很多次，人们面临着看似矛盾的游戏情境。这些游戏非常复杂，需要很长时间去计算（例如游戏 Le Her）㊀。我没有扩展它们，而是用一个更简单的替换它们，我要从我的上一本书㊁里抄下来：*A* 从 1、2、3、4、5 中选一个数字。如果 *B* 猜中了，他从 *A* 那里得到的弗罗林数，就与所选（和猜测）的数字所显示的一样多；如果他猜错了，他什么都得不到。当然，*B* 必须在游戏中下注，但现阶段的主要问题是 *A* 和 *B* 应该采用什么策略。如果 *A* 以相同的概率随机写下 1、2、3、4、5，那么 *B* 的策略就是，只要他赢了，就猜出 5 个能给他带来最大收益的数字 5：如果他真的赢了，他当然更愿意赢得尽可能高的奖金。为了减少 *B* 的获得，*A* 选择 5 的频率更低。如果 *B* 根本不选 5，他就只能猜 1、2、3、4，这样才会获得更高的收益。所以 *A* 必须遵守规则：不要太多但也不要太少选 5。*B* 也非常相似，如果 *B* 猜了太多的 5，*A* 会通过放弃选择 5 来惩罚他；如果 *B* 根本没有选择足够的 5，*A* 会明智地避免选择 1、2、3、4。类似的情况也发生在五个选项之外的其他选项上。对于这些问题的思考，过去和现在都被一个似乎无限晃动的跷跷板弄得更加困惑。*A* 说：如果我没有选足够多的 5，

㊀ 参考《数学原理》，H. 贝恩克（主编），第四卷，第 157-158 页（1966 年）。

㊁ 《作为教育任务的数学》，第 609 页。参照：弗赖登塔尔，《概率与统计》，阿姆斯特丹，1965，爱思维尔，第 105-106 页。

B 猜的 5 就会更少一些，但他知道我知道这一点，我想让他选更多的 5，这样他就不会选太少的 5；但他也知道我知道他知道这些；等等。

更简单地表述就是：C 必须告知 D 某系统的状态，要么是 X 要么是 Y。实际的状态是 X，但这必须对 D 保密。C 对自己说，说谎涉及的风险是，了解客户的 D 通过发现真相不信任我，所以我会说出真相。然而，D 可以得出同样的结论，并对自己说，我试图通过说真话来误导他，所以说谎更有利，但 D 也可以做出这种反思，等等。（更短的变体：他说 X 是为了让我相信它是 Y；虽然是 X，但他为什么要撒谎呢？）

像这样的问题，讨论了几个世纪都没有成功，现在约翰·冯·诺依曼的极小极大策略正在解决这个问题。A 和 B 都必须下定决心选择一个随机策略，这意味着 A 选择数字 $1,\cdots,5$，再分别对应概率 $p_1,\cdots,p_5$；B 选择数字 $1,\cdots,5$，再分别对应概率 $q_1,\cdots,q_5$。这些 p 和 q 中的每一个选择，都属于对于 B 的期望 $L(p, q)=\sum_i p_i q_i$。如果 B 知道 A 对 p 的选择，他将确定他的 q，使 $L(p, q)$ 取最大值。相反，如果 A 知道 B 对 q 的选择，就会确定他的 p 使 $L(p, q)$ 取最小值。他们谁也不知道对方的选择，两人似乎都陷入了一个恶性循环。这个循环被极大极小原则打破：A 考虑 B 对 q 可能做出的所有选择，然后计算出他自己做出的每一个选择 p 的结果，并且决定支持最大可能而损失尽可能低的 p 选择，也就是说他决定 p^0，使得：

$$\max_q L(p^0, q)=\min_p \max_q L(p, q)。$$

B 同样：他用他获得的方式选择 q^0，通过 A 的努力最小化，变得尽可能大，

$$\min_p L(p, q^0)=\max_q \min_p L(p, q)。$$

（后来出现了一个数学事实：

$$\min_p \max_q L(p, q)=\max_q \min_p L(p, q)=L(p^0, q^0).)$$

我不解释找到解 p^0，q^0 极大极小策略的程序——它们可以在引用的地方找到。

我再一次强调，在约翰·冯·诺依曼的解决方案之前，人们在面对这样一个问题时感到非常无助。我从来没有在低水平上尝试过它们，也没有将它们作为一个概率方法，尽管我有各种各样的理由来大胆猜测：试一试是值得的。的确，心理学家研究了受试者在与随机工具或其他玩家对抗时的随机行为，以及他们的学习行为，这种行为取决于许多参数，但这不是我所希望的调查。我想在学习数学和观察数学学习过程中引入这种策略游戏，或者更确切地说，我建议这样做；之后我说我更喜欢从几何游戏开始。我相信

这是一种调查工具，一方面可以引导我们发展教学技术，另一方面可以为基础知识做准备。学习者被置于一种他必须以某种方式行动的环境中，他的行为不仅被观察到，而且学习者还被引导以一种深思熟虑的方式行动，并解释他的决定；我们试图让学习者把他的行为嵌入到一个无意识的策略中，这个策略可能会在之后被更有意识地回顾。这将是数学以一种独特的方式从行为中出现，首先是非理性的，并且在学习的过程中，理解得更加深刻了。当然，我对这个主题的承诺仍然很模糊，因为我还没有尝试过；但是，尽管它很模糊，在我的教育哲学框架内，它仍将被很好地理解。

这将从什么水平开始？我认为孩子们很快就会掌握随机游戏的原理。我非常清楚，尽管我们可以通过数学来捕捉它，但很多东西必须是隐式的——类似的特征将在以后的几何中被注意到。在这个水平，我们可以放弃掌握组合技巧；但是在概率的领域里，这只是一种优势，即人们可以利用游戏的便利性，通过正确的玩游戏来理解游戏。我经常想，为什么有些人纸牌玩得这么好，他们甚至不知道自己为什么要这样玩。这是我所谓的学习过程的最低水平，因此是必不可少的第一步，如果精心策划和指导学习过程，这个基础必须保证在明确概念之前，而概念在行为领域是可操作的。

在概率领域，模拟是在最低水平中最强大的工具；在前面概述的方法中，正如在其他任何方法中一样，它将发挥重要作用。A. 恩格尔首先认识到概率教学中模拟的重要性；这是我上一本书中一个严重的缺点，我在概率那一章中没有注意到模拟。从那时起，我和我们的研究所利用这个工具收集数据。许多工具的同构性，被认为是模拟某种概率分布的，学习者无须讨论就能理解；有六个相等扇形区域的轮盘赌，就相当于骰子，这是毫无疑问被接受的；电话号码簿的最后一个数字的概率是相等的，这是可以模拟的。只要有肯定的证据，就不能回答“为什么会这样做”的问题。学习者应该故意被误导，以引发错误的模拟，这可能会对积极的证据带来新的启发；从几何模拟开始是完全合理的；但是，也许最好不要像我们在电视节目中所做的那样，从几何模拟过渡到组合模拟而不引起问题；学生至少应该知道一些新的东西。最清晰的过渡是由骰子提供的，骰子的几何面相当于数字 1、2、3、4、5、6。在骰子的情况下，等概率是从它的几何图形中以一种直观和非公式化的方式，从几何中得出的。骰子的几何组、互换的角、边和面，就像“掷骰子”游戏组一样。它被转换成掷骰子的活动。通过对骰子进行算术运算，同一组数字变成了 1、2、3、4、5、6 的特定排列组；几何对称被转化为这些置换系统中的一种。所有这一切都可能保持无意识或模糊意识。尽管不明确，但至少在一段时间内是这样。在更高水平的学习过程中，有意识地使用这种方法难道不是值得的吗？几何和概率之间的联系并不牵强。从前人们害怕几何概率，并极力反对它们，因为他们怀疑承认“先验”概率的权利。这两种态度之间有联系。我认为几何的概念过于狭隘，群的结构力量被低估。在其他地方㊀我强调过，许多从形成的现实模型中产生的概率场，实际上比它们可能呈现的结构更丰富。它们通常具有一组自同构性——称为对称性——这有时足以确定概率，或者至少增加了确定概率的可能性。适用于晶体和量子理论家充分考虑系统对称性的权利和义务，同样适用于所有实践概率论的人，至少在考虑到与现实世界关系的情况下是如此。

我再次阐明，我提出这一点并不是因为我认为它应该以某种方式融入教学；并不是因为群应该以某种方式变得有用；并不是因为这是一种将它们置于合适语境中的方式；而是因为它以一种有意义地补充数值方法的方式，阐明了概率论在现实中的地位。这名学生——虽然不只是他——太容易接受骰子的面和轮盘赌的相同部分在概率意义上是相等的。在更高的水平上，为了让他改掉粗心大意的习惯，让他（和自己）更难做到这一点是有益的。人们不加思索地注意到，旋转骰子模仿的是立方体的旋转组，旋转的轮盘模仿的是圆的旋转组。这是一个重要的理由。这属于哪里？一种对概率论教学的新解释应该会给出答案。

我的确认为 A. 恩格尔和 T. 瓦尔加的方法看起来具有革命性，但这只是一个开始。在概率论中，我们之所以执着于一种持久的传统，大概是因为它太好了。概率论比其他任何数学领域都更贴近现实。准现代主义的威胁在许多地方战胜了传统算术和数学教学，但并没有严重冲击到概率教学。我多次表达㊁的担忧并没有得到教科书的证实。的确，它们都加入了一场集合论公理的拙劣表演，但这仅限于第一章或前两章。在对现代主义的这种赶时髦地卑躬屈膝之后，它继续迅速地以三个世纪前的概率论为根基，始终保持着一直被教授的风格以及作者自己学习的那种风格㊂。

到目前为止，概率论教学传统中的信仰有好的一面。直到几年前，概率最多只在中

㊀ 参见文献［39］。

㊁ 例如，《作为教育任务的数学》，第 613 页。

㊂ 我对这个更详细地阐述在《数学教育研究》第 5 卷（1974），第 261-277 页。

学的最高年级，甚至只在大学里教；数理统计教学是最近才出现的。无可非议的努力从更早的概率开始——更早导致了学科内容的平行转移——如果我现在不考虑恩格尔和瓦尔加的话。关于概率的心理学研究，如皮亚杰和费施拜因的研究，在传统上也很受局限。照目前的情况，我强调，我认为这是一种美德。如果新的美德得到认可，今天的美德可能成为明天的恶习。我努力重新理解概率的语境及其相互作用，本节证明了这一点。我想要激进一点，但根源在哪里？我想观察学习过程，但我应该教什么才能够做到这一点呢？我可以继续这样的疑问句，但我怎么能在没有疑问标记的情况下写出这一节的最后一句呢？

4.20 我这样看

本节的标题翻译自荷兰语“我是这样看的（Ik zie het zo）”。孩子们解决了一个数学问题后如果你问孩子们：“为什么？”“你怎么知道的？”他们就会回答这句话。自从我第一次意识到这个答案，并产生疑问以来——这是一个9岁的孩子[㊀]解出一道复杂的算术问题——它就困扰了我很多次。有一件事我现在可以肯定：答案不是托词，而是事实。不是毫无征兆的猜测，也不是承认语言表达的无力。相反，看到解决方法，会阻止孩子做出口头努力。

如果有人问你“你怎么知道这是约翰逊先生的？”如果约翰逊先生站在你面前，你会从他的脸、他的身体、他的面容、他的手势、他的语言中抽离出一些约翰逊先生特有的特征，尽管这是否是约翰逊先生的共同特征还应另当别论。然而，如果约翰逊先生，或者他的照片，不是在你眼前，而是在你的想象中，那么就很难表现出一些独有的特征，除非约翰逊先生以一种非常引人注目的方式，将自己与他的同胞们区别开来，例如奇怪胡子和完全秃顶的结合，或者通过一条假肢，或者是一声雷鸣般的声音。

但我为什么要描述约翰逊先生？为了认出他吗？我清楚知道他是什么样子，他就在我的眼前。为了向其他人解释他在火车站会见的那位先生长什么样？然后我会说：“他将展示一系列著名数学丛书的一份复制品”。这是更简单和更可靠的。

㊀ 《作为教育任务的数学》，第129页。那里我将答案翻译为“我只是感觉到了”，但这并不适合这里。

由于我们所经历的许多学科内容都是在经过仔细分析的状态下呈现出来的，以便被我们综合起来，我们对全局认知这样一个主要现象感到惊讶，并构建了我们如何将大量孤立的印象整合到一个整体的问题。然而事实上整体印象才是一开始获得的不论有意识或无意识的，分析才是"事后的"；这是一个新的认识方向，需要努力和关注。我们不应该对孩子们这样看感到惊讶，而应该对我们自己这样看感到惊讶，因为我们自己并不这么认为，或者认为这样看是不够的，或者相信这是一个奇迹。

我们自己——这意味着是成年人，但在更早的年龄就应该划定界限。大约 11 ~ 12 岁。然后发生了一些变化，孩子们不再看到他们以前看到的东西。难道他们不敢吗？他们变得更挑剔了吗？是因为发展中语言能力抑制直觉吗？难道阅读已经对视觉能力提出了这样的要求，使不受语言限制的视觉想象力的空间变得更小了吗？传统的几何教学是从 11 ~ 12 岁开始的吗，因为那时人们可以肯定"我是这样看的"的几何已经消失了？传统的学科内容分阶段确实是依赖于经验。

这一节有着奇怪的标题，将讨论几何。在我经常提到的书[⊖]中，我用了很长的一章讨论了传统的几何教学及其最近的发展。两种趋势泾渭分明：四分之一的人认为几何是展示线性代数有用的绝佳手段；而另一种人则认为自己有能力也有义务"拯救"几何，用一些几何基础的教学来取代几何教学。这与我自己的哲学形成了对比：将几何作为我们生活、呼吸和活动空间的体验和诠释。将空间经验和实验数学化，作为一般数学化的一个例子，这很符合我的数学教育哲学。与此同时，几何教学市场上发生了很大的变化吗？我不这么认为。最近在一个关于几何教学的会议上，大家的观点和意见与我写那本书时差不多。在一个真正的、直观的、局部组织的几何教学典范之后——但当时是针对大学生的，就像现在这些年轻人已经不懂任何几何了——有人问，为什么真正的几何应该禁止在中小学学习，而只允许在大学里学。答案是："那是因为大学生也学习线性代数和几何基础。"

当我写上一本书时，我的观点就是从这一基本哲学出发的。具体而言，我想象的几何教学应从七年级开始（我们中学教育的第一年），根据学生的能力和爱好，该课程的进展更快或更慢，或者完全保持在最低水平，可能会发展到局部的，甚至是全局性的组

⊖ 《作为教育任务的数学》，第 16 章。

织教学。对少数人来说，可能会以将几何纳入数学体系而结束。

对此我没有什么要收回的，但我现在要补充一些要点，首先值得注意的是，作为一个原则，我转变了自己的视角。这并不是说我发现了新大陆，而是我发现了它的重要性，一种比我当时设想的更大的相关性，也许是一种决定性的相关性。我的这一发现，要归功于与我一起工作的那些小学和学前班的孩子们。很少但仍然是决定性的观察给我指明了方向。带着主要结论，我开始了这一部分。几何学应比七年级更早开始，几何教学应该考虑到这一事实。几何尽早开始并且以另一种方式开始：大约七年级的时候，孩子们确实发生了一些事情：几何学结束——我的意思是“我是这样看的”方式学习的几何结束。然后几何教学开始。这样做是有原因的，因为几何学被期望比“我是这样看的”更多。相当多的人从这一要求中得出结论：“我是这样看的”必须被消除、禁止。但是，如果几何教学不包括“我是这样看的”这一点，怎么可能包含更多的内容呢？在这几个世纪的过程中，创新者们一次又一次地想到用“我是这样看的”来开始几何学的想法。是的，在11~12岁的时候，这可能意味着太迟了。如果我们不带领小学阶段的孩子学习几何，我们是否会错过一个机会，一个永远不会回来的机会呢？我观察到的孩子越多，我就越肯定这个问题。在数学教育发展研究所的课程开发中，我坚持几何教学。当然说起来容易做起来难。提出全新的、完全未经测试的学科内容涉及严重的责任，尤其是对教师的责任。教师们被要求进入未开发的领域，他们被残酷地剥夺了在领导一个班级时习惯的所有安全感。在课堂上尝试新事物是一种冒险。如果成功就会回报以勇气。那么，你曾经在这样一节充满冒险的课后观察过老师（或你自己）吗？他很沮丧，因为他没有像过去那样随时可以上课；它的运行不像往常那样有规律。然后他需要一个观察课程的人来鼓励他。我不是要安慰他，而是要诚实地告诉他，这是极好的：就生命力而言，它比所有触手可及的东西都要好，而且这些东西的运转就像钟表一样精确。

小学里的几何——它必须做好充分的准备，就像所有的事情一样，否则就会出错。但提议并不仅仅意味着仔细阐述所有细节；几何学的成败取决于即兴创作。准备意味着将自己开放于几何之中，在几何出现的时候，认知并掌握它，而且一遍又一遍地问：这是几何吗？几何是什么？

事实上，几何是什么？我经常说，几何学的开始并不晚于定义和定理的形成。几何学从组织空间经验开始，这些空间经验催生了这些定义和命题。同样地，将一些东西放到几何语境中就是几何——也许我在之前关于几何的讨论中没有充分强调这一点，所以在我对把握语境的评论之后，我们有必要对它进行弥补。

让我们假设，在通常圆的几何知识章节之后，老师想要阐明众所周知的切线长度平方定理。他提出这样一个问题：在给定高度的塔或山上，人们能看到多远，地平线在哪里，电视发射机发射的信号能走多远。这个问题和几何有什么关系？好吧，我们数学家对此非常了解。但现在就拿一个思想还没有被大量几何知识所玷污的人来说吧。他会回答：这取决于天气、气象条件，他是对的！必须是一个数学家，经过数学调整，接受过数学指导，才会有这样的想法，即这些问题与几何有关，这些问题需要在数学的语境下理解。可以肯定的是，如果这个问题是在几何课上提出的，在有关圆的切线那一章之后，语境是用红铅笔标记的，那么你所要做的唯一一件事就是寻找合适的定理来匹配这种情况。但在野外，适合实际情况的数学概念或定理不是用大写字母和数字描绘出来的。根据伽利略的说法，要识别出自然这本伟大著作中的数学符号并不容易。我之前强调过这个，但我现在重申这一点，因为作为数学家，我们永远愚蠢地说教，根据我们的偏见，从一种形式提供现实，这种形式可能是原始材料，但实际上已经数学化了。视域或电视发射机的问题最好放在圆理论之前，而不是之后作为所谓的应用；从圆外一个点开始的切线，比其他方向开始更有意义地受到地平线光学的影响。

但让我在括号中说一句话：我已经承诺要更深入，而不是停留在学生们已经对几何语境有所了解的水平上（尽管对一些人来说，把某些东西放到几何语境中可能会更难或更容易），但要达到几何语境仍需达到形成或明确的水平，发展到对现实的几何把握还没有得到口头概念工具及其处理的支持阶段；在效率方面，可视化仍然是等同或甚至优于口语化的。

"几何是什么？"几个段落前我已问过。从小学生的态度来看，小学时期的几何特点是对"为什么？"这一问题回答"我是这样看的"。而不是回答"为什么？"在我之前书中关于几何学的章节中，我提到几何学的出发点是——也应该是努力从学习者那里得到另一个答案，而不是引证一种心理视觉体验。这并不是说我不会认真看待这个更原始的回答。我已经强调：如果孩子说"我是这样看的"，每个人都应该相信，不要质疑。我多次目睹小学年龄的孩子们看到了成年人看不到的东西，那是一种我们不知道的即时感觉。我认为这是份恩赐，难道不是吗？——人们大约在 11~12 岁丧失了语言能力的发展，或者至少被削弱或抑制了。

然而，作为一名教师，一个人根本不需要满足于回答“我是这样看的”。早些时候，我讨论了我所称的“简缩核心程序”，它使内在想象变为外部可见。当一群孩子被教导时，其中一个简缩的核心程序是：“我是这样看”的孩子应该向其他没能这样看的孩子解释它；在从被问问题到教别人的过程中，孩子可以获得适当的表达方式。另一个简缩核心程序可以这样问孩子：“画出（或做模型或展示）你所看到的。”被布置这种作业的孩子们，习惯了用这种显而易见的争论来解释他们的答案，以及他们寻找解决方案的尝试。

然而，人们通常只能得到一个全局性的、未简缩的回答“我是这样看的”，这确实是小学阶段几何学的典型特征。这个年龄的几何教学可能会为“我是这样看的”提供简缩核心程序，但不应该被简缩的可用性限制。在几何教学中所能使用的语言表达方式是如此之多，但语言表达并不是目标。事实上，在中学的初等几何教学中，我曾经强调过这一点。长期以来，人们一直试图在几何教学中教授几何的“口头表达”，而不是几何本身，尤其是对许多不易受这种表达影响的儿童。小学几何教学应以教授“几何”为主要目标。教师当然喜欢孩子们的思考过程沉淀在简洁的公式中，因此，必须由教师来估计他能在这方面走多远。如果“我是这样看的”被学生的口吃或老师的强迫解释所取代，那么教学就没有取得任何进展。每一个从事教学工作的人都能够亲自测试，用语言把自己看到的东西说清楚是多么困难。尝试一下也许是有用的，但这只能通过系统地质疑直觉来激发。

到目前为止，我的小学和学前教学哲学主要在几何方面！从这个角度出发，我想推荐那些我在观察过程中遇到的学习过程来加以分析，尽管在这里，缺乏教学现象学也是一个障碍，但它不像其他地方那样严重地妨碍我。只要我睁开眼睛，小学里几何的例子就会源源不断地涌来。对于那些努力准备传统几何以使其适合小学的人来说，我建议他们应该有一次发现并把几何悄悄地放在小学的教学内容中，就像它已经正在被开发一样。克服传统题材所强加的偏见需要付出很大的努力，但如果率真能打开新的视野，那么这些麻烦是值得的。我将在这里引证的许多东西，在许多人看来并不像几何学——甚至可能是学习过程中不值得注意的学科内容。与此相反，我认为我们必须抛开传统的价值体系，对所有的冲动敞开我们的感官，不管它们乍一看多么微不足道。

我重复巴斯蒂安红醋栗的例子：在长方形的餐桌上，他坐在姐姐对面，爸爸对着妈妈，爷爷对着奶奶。在吃甜点的时候，他激动地举起勺子，说道："我们有这么多人！"⊖实际上是 6 个。我问他："为什么？"他回答"我是这样看的"，然后又回答"两个孩子，两个大人，两个爷爷和奶奶"。可能这 6 个醋栗放在勺子上的形状和我们在桌子周围吃的 6 个一样，但我看不出来。当时，巴斯蒂安对数字还很模糊，而且坚决拒绝数数。他有一些数字概念的替代品，在这个观察中，这是一个几何特征——这在这个年龄可能是正常的。我们的集合论偏见，要求我们将巴斯蒂安所发现的醋栗和人之间的关系解释为一一映射；然而，进一步全局化，不是被原子化成元素，而是被结构化成组。我称它为几何，对吗？

巴斯蒂安在玩鲍尔斯费尔德的方块游戏。他把它们放在盒子里，让正面看起来只有红色。游戏中有 31 个红色的方块；三行 8 个和一行 7 个会让他惊呼"少了一个"。这是几何吗？

他建造了一个农场的篱笆栅栏。"这个一定和这个一样长"，他说。他的意思是一个（有点弯曲的）矩形的对边。这是几何形状吗？

如果我们年龄增长，就可以更加自信地回答这个问题。我们设计学校一年级的一部分是由"水上乐园"项目填补的。这是一个童话岛，它的画挂在教室前面墙上。岛上有塔楼、磨坊、桥梁、错综复杂的建筑、码头，还有一个方形格子状的城镇，就像一个由街道和大道组成的网，城镇外面有道路和路标。在这个特定的地方，一个路标的臂上应该显示什么；或者，如果在它的臂上有路标的图片，那么它应该站在哪里？告诉问你如何从楼梯平台到磨坊的人，从这里到那里有多远？在磨坊和塔楼之间应该有一个带有特定数字数据的路标吗？如果你在这些十字路口，周围你会看到什么？这条河从哪里来？你怎么能爬上右手角那栋奇怪的建筑？此外，还有大量的拼图：岛屿被切成碎片——尽管是另一种比例——必须重新组合起来；也有的要求孩子们根据给定的模式切割图片。作为在街道和大道的网络中寻找最短路径的预备练习，一个孩子必须扮演一个邮递员，把邮件送到教室里的地址。如何找到方格中的最短路径呢？如果有的话，"最

⊖ 我们就是这么多（Zoveel zijn wij.）。

短路径”是什么意思？计算是根据方格距离来进行的——孩子们更容易计算接触到的正方形，而不是边。我们该如何描述方格路径？我们将回到这个特定的活动。

我刚才提到的一些问题在4.16节“视角的变换”中已经提到过：从“这个路标上有什么?”到“放置此路标”；从“你站在这里看到了什么?”到“如果你看到这个，你站在哪里?”我们在尝试改变视角时所使用的图片并不简单，但对于那些从头到尾都了解这个岛屿的孩子们来说，它们也不是太困难。作为这一主题的变体，从孩子们同样熟悉的环境来看，这里有一些学校建筑及其前后背景的图片。“摄影师站在什么地方?”他问道。“离学校多远?”请看照片（图4-15~图4-18）。这怎么解决？当然，在图4-15中，摄像机离得很近；对于图4-16来说有点远，但是图4-17和图4-18呢？当然，背景

图 4-15

图 4-16

图 4-17

图 4-18

摩天大楼高于教学楼的高度，与镜头到学校前方的距离单调相关。如果人们合时宜地考虑到照片的使用，他们会要求摄影师在同一条线上（最好是学校前面的一条垂直线）拍摄四张照片，甚至更多。或者反过来说，我们可以在相同距离下从不同角度拍摄。或者有人会让他在某一特定的水平高度上转动相机，以便在照片中获得或多或少的前景。在第一种方法中，项目的设计者没有为这么多的系统性问题而烦恼。我们应该在修订中采用它吗？针对 6~7 岁儿童的这类材料，是否已经结构化和系统化，以至于所有三个参数都被很好地区分开了？提供的材料应该如何高度结构化，这是一个原则性问题：我倾向于给年龄较小的孩子提供更丰富的现象学材料。就外在结构而言，这些材料相对简单，即使是年龄较大的孩子也会从这种材料开始；因此，我不喜欢逻辑块，也不会驱逐操场上最前面的那些孩子，即使他们说服其他学生先去寻找图片中的朋友，而不是几何结构。越深入，几何结构的轮廓就越清晰。这一主题为取得进展提供了广阔前景。从幼儿园到最高年级的数学教学，这是一个可以纵向发展的主题。从三个参数的定性分离，到处理只有一个参数可变的情况；从仅仅对距离和视角进行定性的估计，到认识和形成这种关系的单调特征；从阅读图纸或模型中的定量关系到颠倒这种关系和推理，从绘图的实验方法到几何方法，再到三角函数和调查方法的使用——如此大量的问题清楚地表明了学习过程中的水平序列。这是一个非常有前景的纵向课程开发主题，但迄今为止还没有任何尝试，更不用说设计了。我们甚至没有想过在这样的学习过程中，决定性的步骤是什么、在什么年龄可以发生。举个例子，光的直线传播，或者更具体地说，把观察者和被观察物体之间的关系物化在一幅画中，观察者的眼睛和被观察物体是直线相连的，并对连接直线的相互位置进行了分析：那么在一个学习的过程中可以操作吗？什么时候意识到？什么时候可以公式化？事实上，这样一个问题只能在修辞意义上提出，这表明几何教学中还有很多基本的观察有待完成。

我已经从这个主题转向另一个已经在三年级（9~10 岁）尝试过的令人满意的主题，尽管它也适合二年级（8~9 岁）：网格中的几何图形、网格中的最短路径、网格中的距离——我已经提到过一个错误，学生计算的是正方形而不是边！距离不仅出现在一个直接的环境中（A 和 B 之间的距离），而且还伴随着视角的改变：找出到 A 给定距离的点。一个人观察正在研究此类问题的学生，他们如何发现一个学生更早、另一个学生更晚的问题，并从网格的对称性中推导出解的对称性？解决方案是由直线上的部分组成，不同距离对应的图形是“相似的”，这是多么容易被接受啊！

这个主题也可以纵向发展。学生何时以及如何解释为什么解决方案必须看起来像他们做的那样（“如果一个在垂直方向上被减去，那么它必须在水平方向上被加上”），距离增加后的解决方案可以相互归纳得出吗？

我第一次接触几何是在小学的时候，那是关于平面图形面积的计算。在我的前一本书㊀中，我讲述了我的一个儿子的故事，他给自己提出了一个正方形加倍的问题——这

㊀ 《作为教育任务的数学》，第 144-145 页。

个问题因柏拉图的对话“美诺篇”而闻名——并用他自己的方式解决了这个问题。我有了一个 8 岁的孙女，后来又有了更多的孩子，我的做法就不同了。我向她提出了一个问题：把画出来的正方形换成原来面积的二倍的正方形；大约半个小时后，她还没有成功，我安慰她：“这对你来说还是太困难，但在未来的某个时候，我将向你展示如何解决它。”两周后，我带来了一个几何板，让她计算出与几何板平行的长方形（用橡皮筋分隔），并在给定的区域里画出自己的轮廓（对于图 4-10 她选择画了一个带“包厢”的 3×3 的正方形）。她跳了起来，说：“这是两个，它解决了两周前的问题”。在这一发现之后，又出现了一系列类似的问题，其中一些问题是她自己提出的。一个惊恐的成年人看到了我们，大声喊道：“你和这孩子在做什么？她甚至不知道毕达哥拉斯定理——她知道吗？”恐怕等她学会毕达哥拉斯定理的时候，她就会对几何失去兴趣了。

计算面积也是 8 岁儿童的一个主题：重新分配。用方形格子覆盖的矩形，被格子角之间的直线分割成异想天开的，甚至是不相连的小块土地。这种划分必须通过重新分配来改进，这样最终每个农民都能得到和以前一样的面积。从儿童行为可观察到三个水平的操作。第一，切割和粘接（如图 4-19 所示，在右下角添加了三角形）；第二，局部补充（如图 4-20 所示，给定的三角形由阴影的三角形补充成两倍大的矩形）。在这两个水平上，给定的多边形（见图 4-21）被切割成三角形和梯形，由剪切和粘接或由局部补充来处理；第三个水平是全局补充，即将给定的图形拟合成一个长方形，并从中减去多余的部分——在一个三年级班上只有一个学生完全自主地达到了这种处理水平。

图 4-19　　　　图 4-20

我现在回到女孩的几何成就，她辨别出几何板上的方块翻倍了。有一次，我给了她一个 L 型的图，让她解决一个很多读者都很熟悉的问题：当正方形的四分之一形状的一个角被切掉时，问题就出现了，你必须把剩余的图形分成四个相等的部分（见图 4-22）。她立即画出了方案，她的母亲花了半个小时才找到答案。而她的祖母却根本没有成功地发现它。

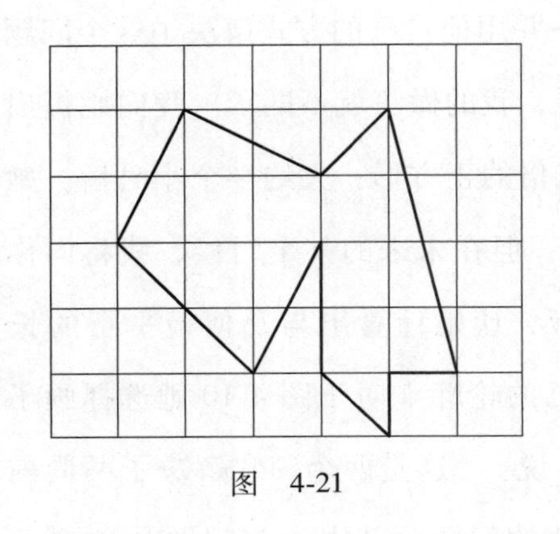

图 4-21

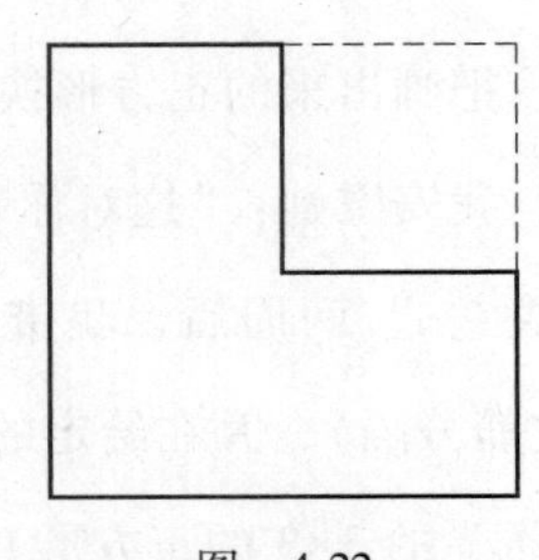

图 4-22

还有一次，我带来了一个棋盘和一个骰子，骰子的边长和棋盘上的方格大小一致。当骰子在棋盘上反复转动时，提问：它是否会到达每个指定方格上的每个想要的位置。每当我给出一条要被骰子覆盖的路径时，这个女孩预测最终位置的速度总比我通过实验检查它的速度更快。既然她什么都看得到，那就不可能使她像一个成年数学家那样通过推理来解决这个问题。

我和这个女孩做了很多几何（她在学校算术不好!）。最令人惊讶的是，有一次我去看我的孩子们时，像往常一样，那个女孩（当时 10 岁，三年级）让我给她出个问题。我累了，我没有更好的主意，我给了她一个我不喜欢的问题：两个朋友坐在酒吧里，午夜过后，你可以想待多久就待多久，尽情享用午夜前买的东西；然而，午夜过后什么也买不到。现在有：*A* 有 5 瓶啤酒；*B* 有 3 瓶。几分钟后的后半夜，朋友 *C* 来了。由于他什么也得不到，他建议其他人应该平分这些东西，几人一拍即合。瓶子喝空后，就结账了——也就是说，*C* 把 80 美分放在桌子上，其他两人把钱平分。他们是如何分 80 美分的?

女孩用 3 去除 8，然后开始长除法，结果愤怒地大叫起来："这除不出来，不是吗?为什么你给我的问题解不出来?"我回答说："但他们诚实地分享啤酒——难道不是吗?"这一刻她目瞪口呆。然后她画了 8 个她称之为瓶子的矩形，并将每个矩形分成 3 部分，她称之为四分之一。[㊀]在每一个"小瓶子"里，她写下谁喝掉了它：*A*、*B*、*C*；这包括用 *C* 标记从 *A* 来的 7 个"小瓶子"，标记从 *B* 来的 1 个"小瓶子"。她还画了 8 个 10 美分的硬币，给了 *A* 7 个，给了 *B* 1 个。

㊀ 荷兰语"四分之一"，明显与"部分"相混淆了；她还没有学过分数。

这“成功”后，我大胆地向她提出了“水龙头问题”：一个水龙头在十分钟内灌满一个浴缸，另一个在五分钟内灌满一个浴缸，两个一起会怎么样？她又画了一个浴缸，一个大水龙头和一个小水龙头，把浴缸分成由大水龙头灌三分之二的水，小水龙头灌三分之一的水，但她最终还是在不熟悉的分数问题上误入歧途。

“这是几何吗?”我又问一次。当然这是数学，如果人们告诉你数学是由抽象的东西组成，我就告诉他们这个例子。只是具体化也可以是数学，数学往往是具体化的，而不是抽象的。看到与实际教学缺乏密切联系的教育家，迷失在一种围绕语言分析而不是给定文本具体化应用题教学的调查中，这是一种可怕的经历——这是一种无望的方法。实际需要的具体化通常是几何性质的，就像啤酒瓶问题一样。在女孩给出解决方案之后，有没有必要问她“为什么?”她“看见了”答案，并通过图画清楚地向我展示了她所看见的——事实上，这已成为她的习惯。

“一个有 10 个孩子的生日派对，有男孩也有女孩，当一半的男孩离开时，还剩下 6 个孩子。在聚会上有多少男孩和女孩?”她“看到了”答案，她给妹妹的解释证实了这一点。“一罐全脂牛奶重 10 公斤；当一半的牛奶倒出来时，仍然有 6 公斤；牛奶有多重，牛奶罐有多重?”她在这个问题上遇到了很大的困难——大约半年后，啤酒瓶问题才出现。她的表弟——一个男孩，有点年幼，解决第一个问题有困难，之后就没有任何困难了，他也解决了第二个问题。然而，我应该补充一点，半年前我和那个男孩讨论过重量问题，而和那个女孩，我甚至没有测试过她是否知道重量的含义。

虽然三年级的学生可能对长度测量很熟悉，但他们仍然需要熟悉重量的几何解释。这种解释很容易被接受：他们被教导用天平比较物体（不使用砝码），并根据结果线性排列它们。顺序的线性，在长度上很明显，可以轻松地转移到重量上，而针对传递性的问题甚至没有被理解。线性顺序的全局几何思想在教学上远远要比传递性的局部逻辑思想优越得多——我建议读者参考我在前面说过的这种现象。在教学上重要的是用线性顺序对真实的情况进行数学化。

这不全是不证自明的。教授 8~9 岁的孩子重量问题，需要一个学习过程，随着时间的推移，这甚至是真的——你不会相信。对他们中的许多人来说，区分过去并不是一个有意识的想法。我们数学教育发展研究所的主题“时间、长度和图形”始于对过去的区分，具体表现为几代人的照片（曾曾曾祖母、曾曾祖母、曾祖母、祖母、母亲）；这导致了时间轴技术的出现，宏观和微观课程都是在时间轴上呈现的。第一个图形是婴儿根据身高的生长情况——这是一个非常自然的例子，因为婴儿处于发育阶段，可以将其放置在黑板上的时间轴上，纵轴形成生长情况的图形表示。曲线的陡峭度很容易被解释为增长速度的一种定性衡量。发现并解释了图纸中的一个偶然错误（时间轴上的一个间隔太小，会让人产生更快增长的错误印象）。它讲述了一段复杂的旅程，从地理地图转换成图表，反过来也让人有机会了解这一旅程的特点。学生们经常犯的一个错误是，在时间路径图中，他们认为图形是运动的轨迹，实际上，这种方法避免了这种错误。

这是几何吗？是的，但是在另一个功能下，而不是目前掌握空间的要点。更确切地说，它解释空间的目的不是理解它，而是为了把它作为一种工具来理解那些难以直接掌握的概念。它不是为了几何而几何，而是像今天人们说的把它作为一个模型：曲线作为函数的模型；直线作为线性函数的模型。

比率和比例是以前常用的术语，线性函数则不是，但表达式本身仍然是合乎时宜的，尽管线性函数所建议的整体方法更符合儿童和学科内容的发展。我对比率进行了更深入的教学现象学研究。这是一门需要纵向课程开发的学科；我们在这方面还做得不够。它与几何的紧密联系，是通过一个让每个水平的人都感到惊讶的技巧来展示的。我把一枚硬币放在投影仪的投影台上。“这是什么？”“一个圈。”“这是一枚硬币。哪一个？”……没有回答。我把另一枚硬币放在第一枚硬币旁边，告诉你那是一枚银币。第一个是什么？……“这是一角硬币”……“这是一分硬币。”“是的，那个是五分硬币。”

这台投影机可以放大多少倍？我把铅笔放在投影仪的桌子上。看屏幕。这是同样的铅笔。铅笔怎么能与它的投影作比较呢？把第二个放在第一个旁边吗？不，他们在屏幕上是相同的。是的，但是投影仪放大了多少倍呢？

比例的几何方法显然比数值方法更有效，因此没有人敢否认这一点。但这是几何吗？这也是不可否认的，尽管它缺乏我们数学家在古典学科中所欣赏的、真正几何的丰富内涵。

当然，我已在小学做了足够多的宣传，而且经常宣传几何映射，从反射开始；有一次我们甚至用它做了实验，但它与我们当时工作的框架不太合适，所以我们没有完成工作。我们一定会重新做的。数学教育发展研究所的人，过去和现在都担心映射的概念不会在老师和学生中流行起来。我不像他们那样害怕，但我和他们一样谨慎。

对于六年级（12~13 岁）我们已经开发出了一个学科内容，看起来更像通常所说的几何学，而不是上面提到的科目。它的标题是“我们地球上的时间、距离和速度”；它的最终目标是解释旅行者环游地球时一天的“盈”或“亏”。这本小册子从地球上的圆和对跖点开始；展示地图，并在墨卡托地图上建立对跖点。太阳的高度是确定的；这就引出了实际的角度测量。怎样用直尺的影子来求得太阳的高度呢？太阳的高度和影子在一天中的变化如何？处理本地时间、时区和日期线。根据铁路时刻表的一页，列车运行，以及在铁路和赛道上的会车和超车都以图形化的方式呈现。地球在不同纬度的转动速度有多快？一天的长短如何取决于纬度和季节？指针在时钟表面的运动和超越，指针的位置作为时间的函数，所有这些都以图形的方式表示。最后，同样地，太阳和旅行者围绕地球的竞赛，在相同和相反的意义上，用图形表示，回答了一天的盈亏问题。

本节关于几何学没包含深刻的智慧。小学阶段的几何实验当然在很多地方进行。我的建议是，我们不应该寻找复杂的、绝对数学化的学科内容，而应该首先发现几何本身。向科学方法迈进的另一步是观察学生对这类学科内容的反应，并根据水平进行分析；更进一步的是要找到突破“我是这样看的”几何界限的点，在那里，学生能够从直观的语境中分离几何。这并不是为了敦促他们离开这个语境，而是为了教他们用理性的方法去理解他们所看到的。

4.21 一个教学现象学的例子——比率与比例

4.21.1 准备

与教学现象学相比，这种分析从形式和内容的更高水平开始：面向全局、引入概念、确定术语。然而，为了避免过多的阐述，形式化将是相当宽松的；例如，如果我们想要等量的“对象”，我们就说等量（如果想要的线段长度相等，则说等长，等等）。如果它是这些物体的数量之比的话，有时我们会说两个物体的比率（例如，合金中两种金属的比率而不是它们质量的比）。

我们从一个高度数学化的例子出发：匀速运动。“在相同的时间，走过相同的距离”是现在通行的定义；如果默认了连续性，它应该等价于更正式的表述“距离与时间成比例”。这涉及两个量㊀：时间和长度；还有一个函数，将长度赋给一个时间，也就是在这个“时间”间隔内所通过的路径“长度”。这里的比率被认为是同一个系统（时间或长度）的比值；一个系统中的比值必须与另一个系统中相应的比值相等——这就是匀速直线运动的假设。我们将系统形成的比率，称为“内部”比率，以区别于稍后将讨论的“外部”比率。很长一段时间以来，自然法则都是用内部比率来表述的——开普勒第二定律和开普勒第三定律就是很好的例子；从太阳到行星的半径向量以相等的时间扫过相等的面积；旋转时间的平方与轨道长轴的立方的比率不变。在自然法则的代数化过程中，公式中的重点转移到了外部比率。

如果在上面的例子中，不是考虑距离的比率和时间的比率，而是考虑距离和时间的比率，得到的比率还是一样的量，也就是速度。这是一个“外部比率”的例子。所以内部比率是“抽象”的数字，而外部比率通常是“具体”的数字。长期以来，人们习惯用内部比率来制定自然法则，这种习惯源于希腊传统，这种传统只允许在复杂的几何环境中计算代数关系。在这种环境中，比率只允许在同类数量级之间存在。这一传统在理论科学中渗透的时间比在商业和技术数学中要长。后者是直接的、非几何化的运算，并且外部比率较早被承认。即使在今天，纯数学家们对这些技术的意义和实际价值，也往往知之甚少。

匀速运动也可以由速度的恒常性来定义，即外部比率。内部比率和外部比率一致性定义的等价性是一个重要而不平凡的认知。如果将其形式化，则表示如下等式：

$$s_1 : s_2 = t_1 : t_2$$

（路径与时间的内部比率相同），和

$$s_1 : t_1 = s_2 : t_2$$

或者，简记为

$$s : t = \text{常数}$$

㊀ 关于量的讨论，参考《作为教育任务的数学》，第 199 页。

（路径与时间的比率是常数）。按比例交换中间项，对我们来说是如此熟悉，以至于我们很难意识到这种思维跳跃的广度[⊖]。旧的算术教学则很清楚这种跳跃；人们发明了两种划分法，而不是填补鸿沟。与这对孪生怪物一起，对这个问题的意识消失了，因为今天没有人意识到这种思维跳跃，也没有人提出这样一个问题：对于学习者来说，这个跳跃是否太大了。

我用匀速运动作为范例。对于任意量来说，内部比率的概念是显而易见的。我们所说的根据内部比率的守恒，是一个量映射到另一个量上的意思，这同样是显而易见的。这就是“线性映射”，或者可以使用更老的术语：“比例”。然而，一个量对另一个量的线性映射，也是通过形成系数量值并假定它的恒常性，即外部比率的恒常性而得到的。所以有两种定义线性映射的方法：

通过相应的内部比率的相等；

通过对应值的外部比率的恒常性。

内部比率的定义类似于线性函数的隐式（假设）定义；外部比率的定义类似于线性函数的显式（算法）定义。

然而，这种准备还不够。比率必须放在量值内部和量值之间关系更为广泛的语境下看待。我们希望包括以下不同的对象：

具有平均重量（或其他定量特征）的动物物种的集合；

航班及其价格（或距离）的集合；

国家及其居民数量（或他们的地区的集合）；

物品价格（或重量）的集合；

合金成分及其质量的集合；

人口年龄分类及其数量的集合；

国家与相应地区土壤使用类别的集合；

疾病及其病例数的集合；

平面图形上的点对及其相互距离的集合。

这些例子的共同特征是一个集合（在后面一般用 Ω，Ω' 表示等）和一个函数（用

⊖ 这是希腊几何学的一个缺点，因为缺乏外部比率，中间项的交换必须通过复杂的程序来解决。

w，w'表示等）被赋予一定值的数量。前四个和后四个的区别是很明显的：在第一种情况下 Ω 中有具体的元素，并由其元素的共同特征定义，函数 w 描述元素的内部属性，我们可以相对随意地称这样的对象为“解释”。在第二种情况 Ω 集合的元素类是从一个全集中形成的，这些元素类是根据对那个全集很重要的某些标准形成的；函数 w 描述类的大小（不一定是整数，看第五个例子）。我们称这样的对象为“构成”。第九个例子并不重要，它与前面的八个完全不同。

这些例子在使用方式上也有所不同。第一类的典型用法：Ω 是物品的集合，w 是价格函数，w'是权重函数。这些函数相互比较——它们被证明与“相等”项线性相关。第二类的典型用法是：考虑两种具有“相同”成分的合金及其质量函数；集 Ω 和集 Ω' 通过识别“相同”的成分相关联；质量函数 w，w'相应的相关比较，如果函数 w，w'是线性相关的，它就是相同的合金。最后一个例子的典型用法：两个平面图形一一对应；这归纳出点对的映射，并将距离函数彼此连接起来；如果映射保持一个距离比率，那么两个函数是线性相关的。

这些例子使用的共同特征是：Ω 映射在 Ω' 上，导致 w 和 w'之间的联系，这种联系可能的线性关系是一个有趣的点。

我为这个高度抽象的讨论道歉：与其说这是一种教学现象学分析，不如说这是一种准备，以便事先确定某些概念和术语，以避免迷失方向的离题。

4.21.2 细化

在比率之前，我们必须讨论“比率相等”或“比率守恒”——我们这样称呼它。如果这在非数学家的耳朵里听起来很奇怪，那么它确实符合数学家们的口味——或者至少是我们当中的年轻人——从他们的母亲的乳汁中——我指的是“母校”——所吸收的一整套复杂的思想。在同样的程度上，“同样重”“同样长”“同样好”，都先于“重量”“长度”“良好”。这里它没有解释后验是如何由先验构成的。

比例的保比性是平面或空间图形映射的一种特性，这个印象在儿童早期的发展中就出现了，比如对一幅画的复制品或一个建筑模型的理解。是否具有保比性是通过比较映射和被映射的东西来说明的——实际上被映射的东西可能本身就是一个图像。被比较的东西可能是原图和图像的粗略部分，图像的“头部太大了”，即与躯干比较，或者全局维度："太长了"即与宽度相比。或者成对点的距离可以系统地相互关联，即"所有距离比在映射中都是守恒的"。所有这些例子都考虑到了内部比率的不变性，但也可能涉及更复杂的参数——"这是一个直角，所以图像中的那个角也一定是直角"。

根据一般原则，人们期望可以达到以下水平：

认识到保比或非保比的映射；

构建保比映射；

解决了保比映射构造中的矛盾；

保比的处理标准；

制定保比的标准；

决定这种标准的必要性和充分性。

术语和概念"相对地"（或对比地）独立于比率和比例。"相对"这个概念，如果不是术语的话，是在学龄前结束时就合理建构的。"这种巧克力更甜，因为它相对来说含糖量更高""跳蚤比人跳得相对要高""美国之旅相对比在欧洲更贵""荷兰的自行车比德国的要相对多。"

术语"相对多、一样多、一样少"可以被赋予不同的含义，从定性到精确定量。特别是要确定"更多"和"更少"，估计就足够了——尽管它们可以用"很多""多少""非常多"这样的附加词加以改进。

"相对"一词，可以用更精确的"相对于……"（"对比"可以用"如果与……相对比"来表示）表示。例如在我们的最后一个例子：如果与居民人数相比，荷兰的自行车比德国的要多。

根据一般原则，人们期望可以达到以下水平：

理解在某些顺序中重要的是比较顺序；

将"相对"理解为"与……有关"。

比较的标准填写在空格中；

完成语境中的"相对"和"相对于"；

知道"相对"和"相对于"的一般意义；

解释"相对"和"相对于"的意思。

前面提到的是比率概念的具体化，这可能只是一个例证，但可能会引出更深入的内容。“解释”可以用直方图和图表统计来说明；“构成”可以通过扇形图或平面图形的其他划分来说明。例如，欧洲经济共同体国家是由矩形表示的，这些矩形具有相等的基底、高度与区域成比例、在直方图中彼此相邻；居民的数量可以用一排排人的图形来直观表示，例如，一个图形代表100万居民；两者可以结合在一起，将人的图形放在矩形中，以显示不同的人口密度（居民人数与面积的比率）。“构成”的例子可以是一个圆圈，分成几个部分，其中的区域对应国家使用土壤的类别；几个国家的一系列这样的图表，可以用来直观地表示不同之处，例如土壤的农业用途有多少。

这种插图又是一种保持比率的映射，考虑的比率不是成对点的距离，在最后一个示例中是相对面积、居民的相对数量、使用类别的相对面积。

根据一般原则人们可能期望达到以下水平，如：

理解直方图、图形统计、区域划分和类似的可视化表示，作为解释和构成的保比映射；

构建这样的可视化表示；

决定构建它们过程中的矛盾；

理解这种可视化表示的原则；并描述它们；

辨识保比是这些可视化表示的共同原则，并描述它。

此外，至于比较两个或两个以上的解释和构成：

通过这些可视化表征访求来决定“相对多、一样多、比较少”的问题；

通过操纵材料使这些决定成为可能；理解这些决定的原则；并描述它们。

对应“相对”概念的可视化表征算法的是下面的数值处理技术。在映射f下验证保比性，可简化为

$$w(A):w(B)=w'(f(A)):w'(f(B))$$

不需要检查Ω中所有的A、B数对，事实上A、B和B、C的有效性暗示了A、C的有效性，这是一个可以被称为“比率比较传递性”的性质。对于距离的映射保比而言，根据几何事实进一步简化了验证保比的过程（在平面上，它足以检验两个固定点距离的保比；余数由同余定理确定）。

更重要的是，理解保比能用一个恒定的比例因子，即外部比率来描述。进一步需要了解的是，如果映射是连续进行的，那么则与保比性和比例因子的变化有关。在量值的情况下，重要的是要注意，保比基本上可被识别为相对于量值内的比较和相加的同构。

根据一般原则，人们可能期望达到以下水平：

利用下面五项工具简化保比性的验证：

几何全等性质；

外部比率和比例因子；

在数量内部比较和相加的同构性；

构成映射下的行为；

比率比较的传递性；

通过这些工具简化保比映射的构造；

在使用这些工具时确定矛盾所在；

理解这些工具，并描述它们；

理解这些工具之间的关系，并描述它们。

在算法化的过程中，这一点得到了补充：

在分数算术的语境中理解比率；并描述这种关系；

把比率的性质理解为分数的性质；并描述这种关系；

将映射的比率守恒性质理解为线性关系；并以这种方式描述它；

将比率守恒映射的性质理解为线性映射的性质；并以这种方式描述它们。

虽然在教学现象学中，它们应该属于分数的一章，但我们在这里提到的分数与前一组的相反：

从比率的意义上理解分数；并描述这个关系；

把分数的性质理解为比率的性质；并描述这个关系；

将数域的线性关系理解为保比的性质；并以这种方式描述它；

将数域线性映射的性质理解为保比映射的性质；用这种方式描述它们。

保比映射不仅适用于可视化表征，它们也有自己的认知功能。就像我们的第一个例子所展示的，匀速运动是一种在长度量中保持时间量比率的映射。比率守恒映射本身可通过如下方式进行描述：

图表化（直线作为线性函数的图像），

列线图解法，

借助计算尺，

并可以通过如下方式进行算法化：

比例表（比例矩阵），

线性函数公式。

根据一般的原则，人们期望达到这样的水平：

阅读；

构建；

对原则的理解；

描述原则；孤立的和相互联系的。

要认识到映射是否保比，并预测这一点，就需要更深刻、更不易理解的原则。如果没有先前关于数量概念的教学现象学，它们就很难说得清楚。下面的讨论只是试图勾勒出实现这一目标的一种可能的方式。

我从一系列形容词开始，它们的含义很快就会变得清晰起来：

很多、大、长、宽、高、厚、多、满、持久、重、快；

强、老、尖、钝、软、密；

明亮、温暖、红、响亮、潮湿、高；

甜蜜的、美丽的、痛苦的；

聪明的、有趣的、昏昏欲睡的、困难的；

有价值的、昂贵的、丰富的。

其中一些词有不同的含义（如“明亮”）。形容词“高”在这个列表中出现两次，首先，它可能意味着山脉的性质，其次，它可能意味着声音的性质，但这在这里无关紧要。

可以问一个问题：

哪些性质可以比较？

哪些性质可以加倍？

（“加倍”在这里是一个范式；更一般的说法是“乘”，也可能是“二分”“除”，还有“加”。）

如何检验比较？

如何检验加倍？

怎么作比较？

如何加倍？

这些都是关于事实的问题，虽然有相当多的逻辑或语言分析色彩。

核心问题是加倍。加倍的意义是把两个相等物加在一起。在塔顶放置一个“相等”的塔，它的高度就“加倍了”。而对于温度，并不总是那么容易完成“加倍”：如果加入一种温度相同的液体，液体的温度就不会“加倍”。同样，把一个滚动的球与一个相同速度的球结合起来，它的速度也不会“加倍”。当组合在一起时，表现为可加性的参数称为“外延的”：数量、长度、面积、体积、重量、能量、（光源的）亮度、电荷都具有这个性质；其他类似温度、色彩和甜度，不能表现出可加性的，则被称为“内涵的”。然而，即使是像温度或温差这样的参数，也可以被解释为外延的参数，尽管它是一个过程而不是一种状态。所以对于它们，加在一起的不是状态，而是过程。以温度为例，如果重复“相同”的过程（实际上这只在一定范围内成立），用热源 W 在一段时间 t 内加热所得到的温差会翻倍。在矢量速度的情况下，这与加倍的对象看起来又不同了；如果 A 相对于 B 和 B 相对于 C 有相同的矢量速度，那么 A 相对于 C 的矢量速度是它的两倍。

用来解释和预测映射保比性的原理，现在可以表述如下：

同一对象的两个参数，在加在一起的作用下，每个参数都是外延的，并且是线性相关的。

我并不是说这一挖掘做到了深入浅出。其出现的结果，如果用一种丰富的措辞来说，那就是每一个有能力的老师，如果他想要说服他的学生，在什么地方可以使用“三法则”，在什么地方不可以使用时，或多或少会有意识地求助于这个标准。例如，他说，“工作时间加倍的人，挣的钱也加倍”；也许老师花两倍的时间就能挣双份工资。或者用一个类似的例子说明“时间加倍，距离加倍”。很明显，为什么人们不能从亨利八世到亨利四世的妻子数量中得出任何推论？因为重名国王的等级数，无论如何都不能被解释为一个外延的参数。结果表明，三法则不适用于这个问题，“一条路如果男人走 3 小时，儿子走 2 小时，那么一起走需要多长时间？”根据这个论点，举个例子，速度相等的人走在一起，并不能使速度加倍。然而，对于先单独工作然后再一起工作的工人来说，核心问题是：如果两个人一起做相同的工作，要求的时间会加倍吗？不，它减半了，所以时间的倒数作为一个外延的参数出现了。

根据一般原则，人们预期达到如下的水平：

确定事实语境和问题情境下映射的保比性；

以这种方式重铸事实语境和问题情境，突出保比性；

在这些情况下决定矛盾所在；

描述这种建构和决定的原则。

在这些活动中，需要进行辅助活动。根据一般原则，这些活动可以预期达到以下的水平：

代表所保持比例的趋势；

在相同的综合条件下，查看外延的参数并寻找他们；

掌握这些参数系统对保比的重要性并解释它。

在最后一个项目所需的辅助活动中，根据一般原则，可以预期如下水平：

根据给定的综合方式，决定状态和过程是否是外延的；

为给定的综合方法寻找外延的参数；

找到将给定参数外延综合起来的方法；

找到相互适合的参数和综合起来的方法；

理解什么是外延的参数；并表述它。

4.21.3 最后评论

这一部分是教学现象学的一次典型尝试。虽然它是在一般教学经验的基础上开发的，但它也是一个书桌背后的设计。尽管这是一个重要的问题，但由于课堂经验的影响，它只有一次得到了纠正。我没有对两种现象给予足够的关注，在最终版本中，这两种现象将通过参考教学现象学的其他章节来解释：首先，估计在比率和保比性发展中所起的作用；其次，在概率特征的频率表述中，同样的比率具有不同的含义，例如，$\frac{1}{10}$与$\frac{10}{100}$并不相等。

掌握了这些教学现象学的列表（或记忆中），我们应该观察这个领域——学生、教师、辅导员、家长——对综合主题或项目“比率”的反应并分析它们，以便得出一个教学目标的“后验”列表。我希望这种教学现象学会得到修正，多余的元素不得不被取消，有一些漏洞需要补上，在某种程度上，完善的系统和线性秩序将被决然地破坏。

我不知道这种方法对数学以外的学科是否会是一种挑战：但数学这门学科为自己提供了机会，也知道自己的需求。

后 记

现在这本书实际上是在1973年仲夏到1974年秋之间写的——有几个章节是出现较早或较晚的。原文是德语，由作者本人翻译成英语。

自数学教育发展研究所成立以来，我们的哲学及其实用思想在教育发展中进行了广泛的检验，但这并不意味着这些思想得到了证实，也不意味着它们已成为教育发展工作的手册或指南。不过我会提到——因为这不是我的优点——一种制订教育目标的新体系已被精心设计并大力实施。在观察学生学习过程、教师和教育学生的方法发展方面已做了很多尝试，收集了大量的资料。教学现象学的作品也被创造出来。所有这些都在发展各种各样的数学教育日常课程中实现。但即使到现在，我也不敢为一门数学教育科学写序言。

已完成的工作可由大量内部和外部的非正式出版物所证明。本书的一小部分已经被翻译成英文，还有一部分已经或将要出版。如果数学教育发展研究所能够生存下来并以良好的健康状况克服目前的生存斗争，随后将出版更为广泛的出版物。但无论发生什么，我都要向所有为这项工作做出贡献努力和观点的人表示感谢。

汉斯·弗赖登塔尔

1977年9月27日

汉斯·弗赖登塔尔出版的数学教育文献目录

1. ‘De algebraische en de analytische visie op het getalbegrip in de elementaire wiskunde’, *Euclides*, 24 (1948), 106-121.

2. ‘Kan het wiskundeonderwijs tot de opvoeding van het denkvermogen bijdragen. Discussie tussen T. Ehrenfest-Afanassjewa en H. Freudenthal’ (Publicatie Wiskunde Werkgroep van de V. W. O.), Purmerend, 1951.

2a. ‘Erziehung des Denkvermögens’ (Diskussionsbeitrag), *Archimedes* Heft, 6 (1954), 87-89. (This is a translated extract from 2.)

3. ‘De begrippen axioma en axiomatiek in de Wis- en Natuurkunde’, *Simon Stevin*, 39 (1955), 156-175.

3a. ‘Axiom und Axiomatik’, *Mathem. Phys. Semesterberichte*, 5 (1956), 4-19.

4. ‘Initiation into Geometry’, *The Mathematics Student*, 24 (1956), 83-97.

5. ‘Relations entre l’ enseignement secondaire et l’ enseignement universitaire en Hollande’, *Enseignement mathématique*, 2 (1956), 238-249.

6. ‘De Leraarsopleiding’, *Vernieuwing*, 133 (1956), 173-180.

7. Traditie enOpvoeding’, *Rekenschap*, 4 (1957), 95-103.

8. ‘Report on Methods of Initiation into Geometry’, ed. H. Freudenthal, (Publ. Nederl. Onderwijscommissie voor Wiskunde), Groningen, 1958.

9. ’ Einige Züge aus der Entwicklung des mathematischen Formalismus, I, *Nieuw Archief v. Wiskunde*, 3 (1959), 1-19.

10. ‘Report on a Comparative Study of Methods of Initiation into Geometry’, *Euclides*, 34 (1959), 289-306.

10a. ‘A Comparative Study of Methods of Initiation into Geometry’, *Enseignement mathématique*, 2, 5 (1959), 119-139.

11. ‘Logica als Methode en als Onderwerp’, *Euclides*, 35 (1960), 241-255.

11a. ‘Logik als Gegenstand und als Methode’, *Der Mathematikunterricht*, 13 (1967), 7-22.

12. ‘Trends in Modern Mathematics’, *ICSU Review*, 4 (1962), 54-61.

12a. 'Tendenzen in der modernen Mathematik', *Der math. und naturw. Unterricht*, 16 (1963), 301-306.

13. 'Report on the Relations between Arithmetic and Algebra', ed. H. Freudenthal (Publ. Nederl. Onderwijscommissie voor Wiskunde), Groningen, 1962.

14. 'Enseignement des mathématiques modernes ou enseignement modern des mathématiques?' *Enseignement Mathématique*, 2 (1963), 28-44.

15. 'Was ist Axiomatik, und welchen Bildungswert kann sie haben?' *Der Mathematikunterricht*, 9, 4 (1963), 5-19.

16. 'The Role of Geometrical Intuition in Modern Mathematics', *ICSU eview*, 6 (1964), 206-209.

16a. 'Die Geometrie in der modernen Mathematik', *Physikalische Blätter*, 20 (1964), 352-356.

17. 'Bemerkungen zur axiomatischen Methode im Unterricht', *Der Mathematikunterricht*, 12, 3 (1966), 61-65.

18. 'Functies en functie-notaties', *Euclides*, 41 (1966), 299-304.

19. 'Why to Teach Mathematics so as to Be Useful?' *Educational Studies in Mathematics*, 1 (1968), 3-8.

20. Paneldiscussion, *Educational Studies in Mathematics*, 1 (1968), 61-93.

21. 'L' intégration après coup ou à la source', *Educational Studies in Mathematics*, 1 (1968-1969), 327-337.

22. 'The Concept of Integration at the Varna Congress', *Educational Studies in Mathematics*, 1 (1968-1969), 338-339.

23. 'Braces and Venn Diagrams', *Educational Studies in Mathematics*, 1 (1968-1969), 408-414.

24. 'Further Training of Mathematics Teachers in the Netherlands', *Educational Studies in Mathematics*, 1 (1968-1969), 484-492.

25. 'A Teachers Course Colloquium on Sets and Logic', *Educational Studies in Mathematics*, 2 (1969-1970), 32-58.

26. 'ICMI Report on Mathematical Contests in Secondary Education (Olympiads)', ed. H. Freudenthal, *Educational Studies in Mathematics*, 2 (1969-1970), 80-114.

27. 'Allocution au Premier Congrès International de l' Enseignement Mathématique, Lyon 24-31 août 1969', *Educational Studies in Mathematics*, 2 (1969-1970), 135-138.

28. 'Les tendances nouvelles de 1' enseignement mathématique', *Revue de l' enseignement supérieur*, 46-47 (1969), 23-29.

29. 'Verzamelingen in het onderwijs', *Euclides*, 45 (1970), 321-326.

30. 'The Aims of Teaching Probability', in L. Råde (ed.), *The Teaching of Probability & Statistics*, Almqvist & Wiksell, Stockholm, 1970, pp. 151-167.

31. 'Introduction', *New Trends in Mathematics Teaching*, Vol. II, Unesco, 1970.

32. 'Un cours de géométrie', *New Trends in Mathematics Teaching*, Vol. II, Unesco, 1970, pp. 309-314.

33. 'Le langage mathématique. Premier Sém. Intern. E. Galion, Royaumont 13-20 août 1970', OCDL, Paris, 1971.

34. 'Geometry between the Devil and the Deep Sea', *Educational Studies in Mathematics*, 3 (1971), 413-435.

35. 'Kanttekeningen bij de nomenclatuur', *Euclides*, 47 (1971), 138-140.

36. 'Nog eens nomenclatuur', *Euclides*, 47 (1972), 181-192.

37. 'Strategie der Unterrichtserneuerung in der Mathematik', *Beiträge z. Mathematikunterricht*, Schroedel, 1972, 41-45.

38. 'The Empirical Law of Large Numbers, or the Stability of Frequencies', *Educational Studies in Mathematics*, 4 (1972), 484-490.

39. 'What Groups Mean in Mathematics and What They Should Mean in Mathematical Education', in *Developments in Mathematical Education*, *Proceedings of the Second International Congress on Mathematical Education* 1973, pp. 101-114.

40. *Mathematics as an Educational Task*, Reidel, Dordrecht, 1973.

40a. *Mathematik als pädagogische Aufgabe*, Band 1, 2, Klett Stuttgart, 1973.

41. 'Mathematik in der Grundschule', *Didaktik der Mathematik*, 1 (1973), 2-11.

42. 'Nomenclatuur en geen einde', *Euclides*, 49 (1973), 53-58.

43. 'Les niveaux de l' apprentissage des concepts de limite et de continuité', Accademia Nazionale dei Lincei, 1973, Quaderno N. 184, 109-115.

44. 'De Middenschool', *Rekenschap*, 20 (1973), 157-165.

45. 'Waarschijnlijkheid en Statistiek op school', *Euclides*, 49 (1974), 245-246.

46. 'Die Stufen im Lernprozess und die heterogene Lerngruppe im Hinblick auf die Middenschool', *Neue Sammlung*, 14 (1974), 161-172.

47. 'The Crux of Course Design in Probability', *Educational Studies in Mathematics*, 5 (1974), 261-277.

48. 'Mammoetonderwijsonderzoek wekt wantrouwen', University Newspaper "U", State University of Utrecht, June 1974.

49. ‘Mathematische Erziehung oder Mathematik im Dienste der Erziehung’, Address 21 June 1974, University Week, Innsbruck.

50. ‘Kennst Du Deinen Vater?’ *Der Mathematikunterricht*, 5 (1974), 7-18.

51. ‘Lernzielfindung im Mathematikunterricht’, *Zeitschrift f. Pädagogik*, 20 (1974), 719-738; *Der Mathematikunterricht* 23 (1977), 26-45.

52. ‘Sinn und Bedeutung der Didaktik der Mathematik’, *Zentralblatt für Didaktik der Mathematik*, 74, 3 (1974), 122-124.

53. ‘Soviet Research on Teaching Algebra at the Lower Grades of the Elementary School, *Educational Studies in Mathematics*, 5 (1974), 391-412.

54. ‘Een internationaal vergelijkend onderzoek over wiskundige studieprestaties’, *Pedagogische Studiën*, 52 (1975), 43-55.

55. ‘Wat is meetkunde?, *Euclides*, 50 (1974-1975), 151-160.

56. ‘Een internationaal vergelijkend onderzoek over tekstbegrip van scholieren’, *Levende Talen*, deel 311 (1975), 117-130.

57. ‘Der Wahrscheinlichkeitsbegriff als angewandte Mathematik’, *Les applications nouvelles des mathématiques et l' enseignement secondaire*, C. I. E. M. Conference, Echternach, June 1973 (1975), 15-27.

58. ‘Wandelingen met Bastiaan’, *Pedomorfose*, 25 (1975), 51-64.

59. ‘Compte rendu du débat du samedi 12 avril 1975 entre Mme Krygowska et M. Freudenthal’, *Chantiers de péd. math.*, June 1975, Issue 33 (Bulletin bimestriel de la Régionale Parisienne), 12-27.

60. ‘Pupils’ Achievements Internationally Compared - the I. E. A.’ *Educational Studies in Mathematics*, 6 (1975), 127-186.

60a. ‘Schülerleistungen im internationalen Vergleich’, *Zeitschrift für Pädagogie*, 21 (1975), 889-910. (This is a translated extract from 60.)

61. ‘Leerlingenprestaties in de natuurwetenschappen international vergeleken’, *Faraday*, 45 (1975), 58-63.

62. ‘Des problèmes didactiques liés au langage’, pp. 1-3; ‘L' origine de la topologie moderne d' aprés des papiers inédits de L. E. J. Brouwer’, pp. 9-16. Lectures delivered at the University, Paris VII, in April 1975 (offset). (With Krygowska).

63. ‘Variabelen (opmerkingen bij het stuk van T. S. de Groot’, *Euclides*, 51, 154-155), *Euclides*, 51 (1975-1976), 349-350.

64. 'Bastiaan' s Lab', *Pedomorfose*, 30 (1976), 35-54.

65. 'De wereld van de toetsen', *Rekenschap*, 23 (1976), 60-72.

66. 'De C. M. L-Wiskunde', interview, *Euclides*, 52 (1976-1977), 100-107.

67. 'Valsheid in geschrifte of in gecijfer?' *Rekenschap*, 23 (1976), 141-143.

68. 'Studieprestaties-Hoe worden ze door school en leerkracht beinvloed? Enkele kritische kanttekeningen n. a. v. het Colemanreport', *Pedagogische Studiën*, 53 (1976), 465-468.

69. 'Rejoinder', *Educational Studies in Mathematics*, 7 (1976), 529-533.

70. 'Wiskunde-Onderwijs anno 2000. Afscheidsrede IOWO 14 Augustus 1976', *Euclides*, 52 (1976-1977), 290-295.

71. 'Annotaties bij annotaties, Vragen bij vragen', *Onderwijs in Natuurwetenschap*, 2 (1977), 21-22.

72. 'Creativity', *Educational Studies in Mathematics*, 8 (1977), 1.

73. 'Bastiaan' s Experiment on Archimedes' Principle', *Educational Studies n Mathematics*, 8 (1977), 3-16. (This is a translated extract from 64.)

74. 'Fragmente', *Der Mathematikunterricht*, 23 (1977), 5-25.

75. 'Didaktische Phänomenologie, Länge', *Der Mathematikunterricht*, 23 (1977), 46-73.